舰艇生命力仿真评估技术

侯 岳 王康勃 著

科 学 出 版 社

北 京

内 容 简 介

本书首先对舰艇生命力的内涵、舰艇实战损伤案例和舰艇生命力评估技术研究现状开展论述。舰艇的易损性和可恢复性是舰艇生命力的重要组成部分。通过总结武器的直接损伤效应和二次损伤效应的计算方法，设计任务能力的易损性评估流程及评估软件，得出系统设备的生命力设计与优化方法，完成舰艇易损性“计算-评估-优化”研究。在舰艇可恢复性研究方面，提出可恢复性评估的要素构成、评估指标和评估计算流程，并重点针对基于抗沉干预的进水漫延过程和损伤管网的隔离与路径重构开展研究。

本书可作为船舶与海洋工程专业的研究生教材，也可作为生命力评估研究方向的研究人员的参考用书。

图书在版编目(CIP)数据

舰艇生命力仿真评估技术 / 侯岳，王康勃著. —北京：科学出版社，2019.11

ISBN 978-7-03-062986-9

Ⅰ. ①舰… Ⅱ. ①侯… ②王… Ⅲ. ①军用船-作战效能-仿真系统 Ⅳ. ①E925. 6

中国版本图书馆CIP数据核字(2019)第245335号

责任编辑：张艳芬 王 苏 / 责任校对：郭瑞芝
责任印制：赵 博 / 封面设计：陈 敬

科学出版社 出版
北京东黄城根北街16号
邮政编码：100717
http://www.sciencep.com

北京凌奇印刷有限责任公司印刷

科学出版社发行 各地新华书店经销

*

2019年11月第 一 版 开本：720 × 1000 1/16
2025年 1 月第三次印刷 印张：13
字数：247 000

定价：88.00 元

(如有印装质量问题，我社负责调换)

前　言

作为海上大型作战平台，舰艇面临着日益严重的传统与非传统安全威胁。为了尽可能地保证舰艇服役过程中的安全，需要在设计阶段准确评估并提升舰艇的生命力。随着高新技术在舰艇生命力评估领域的不断应用，近年来舰艇生命力评估技术研究取得快速发展，创新研究成果不断涌现。

本书内容源于作者所在团队的研究成果，旨在对舰艇生命力中的易损性和可恢复性建立一套完整的评估计算流程，并对其提出优化与提升的方法途径。本书重点针对威胁武器直接损伤效应与二次损伤效应、易损性评估软件开发、不沉性恢复能力与管网隔离重构进行深入讨论，不仅为当前舰艇生命力评估提供可量化的理论方法，而且为舰艇生命力评估进一步深入研究建立完整的架构体系。

第 1 章对舰艇生命力的基本概念进行整体介绍，总结归纳现代海战的经典舰艇损伤案例，并综述国外舰艇生命力评估技术研究现状。第 2 章介绍威胁武器对舰艇造成的直接损伤效应仿真。第 3 章给出威胁武器攻击舰艇后产生的进水和火灾两种损伤效应仿真方法。第 4 章和第 5 章基于降功能树分析法，提出舰艇受损后任务能力易损性的通用计算方法并完成软件开发。第 6 章提供设备布置的优化方法，并制定全舰和主要系统设备生命力设计与优化流程。第 7 章阐述可恢复性指标体系要素和各项恢复能力的评估计算流程。第 8 章提出进水漫延过程的全时域耦合模型，对限制海水漫延、液舱调拨、横贯进水三种抗沉干预手段进行建模仿真，并设计调整舰艇姿态的自动平衡装置。第 9 章针对水灭火系统、燃油供应系统和蒸汽动力系统的损伤隔离与路径重构进行算法介绍与案例分析。

本书撰写分工如下：侯岳负责第 1 章～第 3 章、第 7 章和第 8 章，王康勃负责第 4 章～第 6 章和第 9 章。全书由王京齐审阅。舰艇安全技术教研室的其他同事给予了具体指导和支持，在此表示衷心的感谢。

本书得到了国家自然科学基金青年基金项目(51409255)的资助。

作为一个交叉学科，舰艇生命力理论将随着新技术、新理论在舰艇上的应用而不断推陈出新，有许多工作还需要不断地研究与探索。

限于作者水平，书中难免存在不足之处，望读者批评指正。

作　者

于海军工程大学

目　录

第1章　绪　　论

1.1　舰艇生命力定义及内涵

在借鉴美国对舰艇生命力(survivability)研究的基础上，我国对舰艇生命力的定义为：舰艇避免、抵抗各种损伤或灾害，最大限度地保持或恢复平台完整、机动与作战等方面的能力[1]。舰艇生命力主要包括易感性、易损性及可恢复性三个方面[2]。

舰艇易感性是指舰艇在作战环境下易被感知、识别和命中的特性。舰艇易感性可以定量表示为舰艇被武器或其摧毁部件击中的概率，记为 P_H。在估计易感性时，需要考虑下述三个连续阶段：威胁到舰艇的概率(P_{DCT})，识别、瞄准舰艇并起飞（射出）的概率(P_{LF})，飞行突防和击中舰艇的概率(P_I)。可见，$P_H=P_{DCT}\cdot P_{LF}\cdot P_I$[3]。

舰艇易损性是指舰艇不能承受各种损伤或灾害的特性。舰艇易损性可以定量表示为舰艇遭受武器一次命中时被毁伤的条件概率 $P_{K/H}$。威胁武器攻击舰艇的初始灾害(爆炸、破片和冲击)和二次灾害(火灾和进水)均会使任务能力降低，如图 1.1.1 所示。降低易损性可增强舰艇被击中后的生命力。影响易损性的舰艇性能和因素包括：①被击中后要害部件继续工作的能力；②防止或抑制已出现的损伤继续向那些起初未受攻击部件的扩散能力；③备用系统(部件)的利用和要害部位的分隔和防护等。

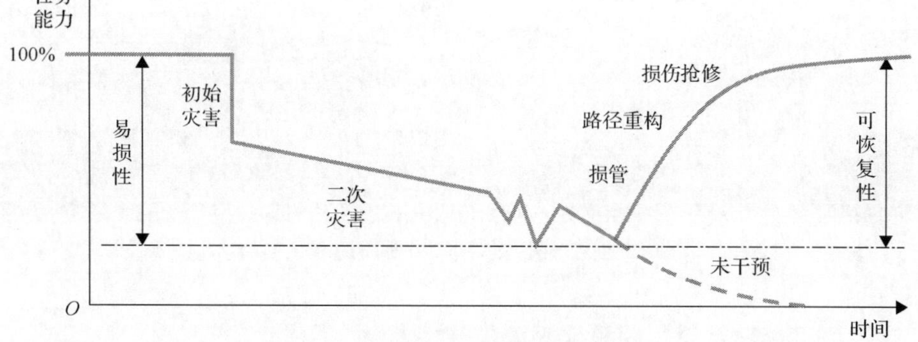

图 1.1.1　任务能力随时间变化曲线

舰艇可恢复性是指舰艇限制、消除各种损伤或灾害，并恢复任务能力的特性。

可通过损管、路径重构和损伤抢修等手段恢复舰艇的任务能力，如图 1.1.1 所示。损管是指通过消防、抗沉等干预措施限制消除火灾和进水灾害。路径重构是指通过开启或关闭管系中的泵阀，对破坏区域隔离并最大限度地恢复管系功能。损伤抢修是指对破损设备进行替换或修复，从而最大限度地恢复舰载系统的功能。

舰艇生命力评估是指对舰艇生命力进行系统描述、建模、定性分析和定量计算，主要包括易感性评估、易损性评估和可恢复性评估。

1.2　国外舰艇实战损伤案例

1. 英国“谢菲尔德”号驱逐舰遭导弹攻击

1982 年，在马尔维纳斯群岛战争(简称马岛战争)中，阿根廷飞机向英国“谢菲尔德”号驱逐舰发射了两枚“飞鱼”导弹，一枚命中右舷船舯，如图 1.2.1 所示。如文献[4]和文献[5]所述，该“飞鱼”导弹命中“谢菲尔德”号右舷船舯水线以上 1.8m 处的位于 2 甲板的指挥控制中心。导弹弹头没有爆炸，但是未燃尽的固体燃料引发了大火，聚氯乙烯电缆表皮燃烧起来像导火索一样四下乱窜并释放出有毒的氯化氢气体。火灾产生的浓烟无法及时排出，导致该舰计算机室里的人全部窒息死亡，操纵、电力、照明、广播系统完全失灵。

消防水总管没有水压，消火栓也无法使用，以至于舰员把绳子系到水桶上从两舷外提水灭火。火灾蔓延到 2 甲板下的主机舱，危险地接近舰上的弹药和燃料。舰上的大火直至第三天才渐渐熄灭。英国海军对“谢菲尔德”号驱逐舰的不沉能力预报不准，做出了拖带回基地抢修的错误决策，最终导致拖航过程中，该舰在大风浪海域沉没。

图 1.2.1　“谢菲尔德”号驱逐舰起火[4,5]

2. 英国“格拉康根”号驱逐舰遭导弹攻击

1982 年 6 月 11 日清晨，“格拉康根”号驱逐舰被一枚陆基发射的“飞鱼”导弹击中左舷后部[4,5]。该舰在导弹来袭前采取了转向措施，导弹未能穿透船体，而是跳射到机库内，炸毁了直升机并在机库与其下的主餐厅引发大火，造成13人死亡。上午10时火灾被扑灭，该舰继续航行。次日，在海上开始修理。6月14日，修理工作转移至更安全的圣卡洛斯海湾进行。6月21日，该舰返航，7月10日回到朴次茅斯港，1983年回到海上。

3. 英国“大刀”号护卫舰遭炸弹攻击

根据文献[4]和文献[5]，阿根廷向英国“大刀”号护卫舰发射了6枚炸弹，其中一枚炸弹命中其船艉右舷，并向上穿透飞行甲板，如图1.2.2所示。

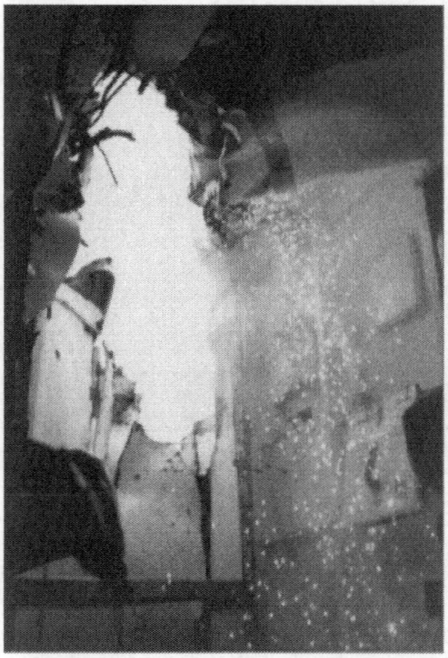

图1.2.2 英国“大刀”号护卫舰受损[4,5]

该舰及时完成了飞行甲板的抢修工作，重新投入战场中，如图1.2.3所示。

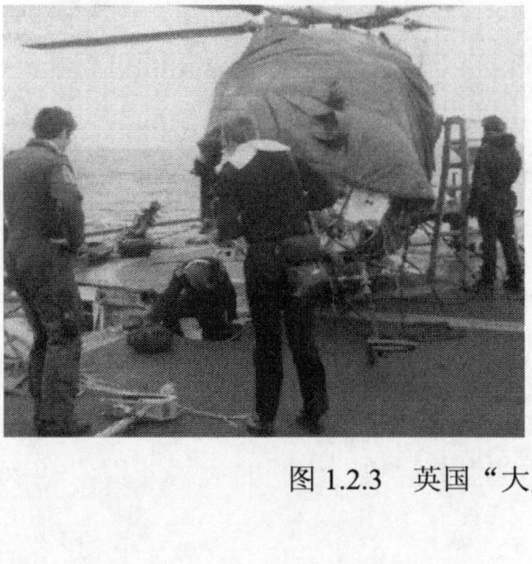

图1.2.3 英国“大刀”号护卫舰战损抢修[4,5]

4. 美国“斯塔克”号护卫舰遭导弹攻击

1987 年，美国“斯塔克”号护卫舰被两枚“飞鱼”导弹先后击中 2 甲板左舷，损伤如图 1.2.4 所示。如文献[6]～[8]所述，第一枚导弹未爆炸，被分成两截，包含战斗部的前半截穿透了 7 层舱壁后到达右舷，后半截的剩余推进燃料泼洒在舰员住舱，造成火灾。第二枚导弹随后命中该舰稍靠前的部位，造成长 7m 多、宽 4m 多的破口，大量的消防积水使该舰倾斜 11.5°，如图 1.2.5 所示。两枚导弹的冲击和第 2 枚导弹的爆炸造成了严重的结构损伤，进而对该舰的水密完整性和消防水总管造成了损伤。

图 1.2.4 “斯塔克”号护卫舰的损伤[6-8]

图 1.2.5 “斯塔克”号护卫舰严重倾斜[6-8]

火灾迅速吞没了炸点，并造成 37 名舰员死亡，21 名舰员受伤。舰员同灾害进行了长时间的艰苦斗争。舰员伤亡人数在增加，其他舰员很快精疲力竭。直到美国“沃尔德”号驱逐舰与“康宁汉”号驱逐舰前来营救，该舰的灾害才得以控制。

该舰除了发生结构损伤和火灾之外，舰上所有通信中断，舰员不得不利用飞行员救生背心上的对讲机与别的舰艇进行通信。虽然一开始就伤亡了18%的舰员，但还是利用12个小时将舰艇救了下来。

1.3　舰艇生命力评估技术研究现状

1.3.1　不沉性评估方法

1. 破口流速计算公式

破口流速的计算是舰艇进水过程仿真的关键。当前破口流速的计算方法主要采用的是伯努利方程[9,10]：

$$q = C_{\mathrm{d}} \cdot A\sqrt{2g\Delta H} \tag{1.3.1}$$

式中，C_{d}表示破口的流量系数；A表示破口面积；g表示重力加速度；ΔH表示破口内外的液位差。

该计算公式假设容器侧壁竖直向下，且不考虑孔口各处流速的差异。舱室破口上缘与下缘在水面下的深度是不同的，因此破口各处流速也是有差异的。对于小破口，可以忽略流速差异；对于大破口，各处深度相差较大，不能忽略流速差异。相比于小破口，大破口会使海水以更短的时间灌满舱室，因而需要对舰艇威胁更加严重的大破口流速进行研究。同时，舰艇发生破损进水还会导致横倾。针对倾斜舱壁上大破口流速的计算问题，许多学者进行了研究。

2. 基于水静力学对破损稳性的解析计算

基于水静力学对破损稳性的解析计算适用于解决破损舰艇准静态条件下的稳性计算问题。

文献[11]已基于静力学条件给出了舱组破损进水时的吃水、干舷、横倾角、纵倾角、初稳度等舰艇姿态参数的计算方法，此外，还通过计算扶正力臂实现了完整舰艇抗风浪能力的评估。文献[12]和[13]计算了舰艇和各个破损舱室在给定浮态参数下的水线面和水下体积几何要素。

3. 基于水动力学对破损稳性的数值计算

基于水动力学对破损稳性的数值计算适用于解决破损船体晃荡过程中的稳性计算问题。

1987年，“自由事业先驱者”号客轮和1994年“爱沙尼亚”号客轮发生由破损导致的倾覆事故[14]。欧洲联盟（简称欧盟）启动了一系列的研究计划，如SAFEDOR（Design，Operation and Regulation for Safety）、FLOODSTAND（Integrated

Flooding Control and Standard for Stability and Crises Management）和 GOALDS（Goal-based Damage Stability）。在这些研究计划的支持下，多个国家研究机构基于计算流体力学对客滚船的动稳性展开研究[15]，主要分为如下三个方面：破损船舶动力学模型、舱内进水与船体的相互作用和开口处的进流与出流模拟。利用这些研究成果可以对舰艇瞬态进水过程进行建模，从而准确反映舰艇瞬态进水过程中的舰艇姿态变化和进水晃荡。

在破损船舶动力学模型中，需要解决横荡、垂荡与横摇三自由度耦合模型。目前通过以下五种方法完成舱内进水与船体相互作用的研究：①舱内进水的瞬态自由表面平行于平均海面且与船体同相运动，两者之间没有相位差；②舱内进水的瞬态自由表面平行于平均海面，但进水运动与船体运动之间存在相位差；③质点轨迹法；④浅水波方程；⑤直接求解舱中水晃荡问题。

1.3.2　美国任务能力易损性设计要求

美国在舰艇受损后的任务能力研究方面，主要经历三个阶段：①舰艇作战特性研究（ship operational characteristics study，SOCS）的制定；②美国海军作战部长办公室 OPNAV9070.1 指令文件的制定（OPNAV 的全称为 Office of the Chief of Naval Operations）；③以战斗特性为基础的易损性需求（operationally oriented vulnerability requirements，OOVR）的制定[16]。OOVR 已经具备了较好的可操作性。它以作战需求文件为基础，给出了设计准则、设计指导文件和特定的需求文件。OOVR 作为一个高水平的需求限制，包括了约束阈值和约束目标，保证了设计时的宽松性。其制定方法包括绝对描述法、概率描述法和综合描述法。

美国海军 DD21 型驱逐舰战斗需求文件的制定，是 OOVR 或者类似 OOVR 应用的一个典型范例。

1. 阶段 1：舰艇作战特性详细研究

1988 年，在 SOCS 中，美国海军高层组织首次把舰艇生命力和舰艇损伤后作战能力突出地列为其最重要的三项建议之一，并提出了编制作战生命力标准的建议。战斗舰艇必须按照作战生命力标准来建造，作战生命力标准要求如下：

(1) 舰艇在被一枚战斗部标称重 1t 的反舰巡航导弹（anti-ship cruise missiles，ASCM）命中后能够继续作战。

(2) 舰艇在被反舰巡航导弹两次命中或其底龙骨被一枚鱼雷命中后，必须能够生存。

(3) 生命力设计必须使舰艇能卸空其弹药舱供其他用途支配。

这一标准进一步向设计者明确界定了舰艇被命中后必须保持的作战能力水准，并向决策者和武器效能评估者提供了可供比较分析的基准。

2. 阶段2：OPNAV9070.1 指令文件

1988 年，与舰艇作战特性详细研究同时颁布的是 OPNAV9070.1 指令文件。该指令文件明确规定了水面舰艇生命力政策和设计职责，并按照舰种类别把舰艇生命力要求分为以下三个等级：

(1) I 级是最低生命力要求，适用于各类支援舰艇、水雷战舰艇、巡逻舰艇或辅助舰艇。这一等级代表了在交战战斗群最接近的区域内，预期的最不严重的威胁环境。除了固有的耐波适航任务外，只要求最小限度的舰艇设计能力。

(2) Ⅱ级是中等生命力要求，适用于护卫舰、两栖战舰和随同战斗群编队航行的补给舰。Ⅱ级舰艇要求包括 I 级舰艇要求，同时加上受到武器攻击后持续作战能力。

(3) Ⅲ级是最高生命力要求，适用于战斗群编队中的水面战舰。这一等级是对战斗群所设定的最严重的威胁环境。Ⅲ级舰艇必须符合Ⅱ级舰艇要求，并能够应对反舰巡航导弹、鱼雷、水雷攻击产生的损伤效应。

该指令文件针对每个生命力防护等级确定了所需的舰艇生命力指标，具体包括主系统冗余度和保障系统冗余度、集中防护系统、改善的结构完整性和分舱、弹片防护、特征信号减小、常规和核弹头爆炸气浪防护、抗核辐射和抗冲击、损管和消防能力，以及应对反舰威胁武器的直接命中。

然而，此指令文件并没有定量的约束要求，并且在实际设计工作中，操作性很差。因为其并没有明确指出，遭到何种武器攻击时，应该具备多大的作战能力。正因为此指令文件没有严格的数量约束，设计人员及管理人员在实施时没有权威的标准。

3. 阶段3：以战斗特性为基础的易损性需求

为保持受损舰艇的作战能力，美军在 SOCS 和 OPNAV9070.1 指令文件的基础上提出了 OOVR。

1) OOVR 的概述

OOVR 确定了在某特定武器攻击下，舰艇必须保持的作战能力。它确保在舰艇设计过程中易损性降低到某个特定的范围。OOVR 以作战需求文件为基础，给出了设计准则、设计指导文件和特定的需求文件。它是对 SOCS 和 OPNAV9070.1 指令文件的一个很好的修正和实现。

OOVR 并没有对所受的攻击武器做出详细的规定。然而，它考虑了舰艇可能受到的攻击武器的所有损伤机理。一般是确定武器的类型(鱼雷、水雷等)，并给出例子加以说明。OOVR 通常根据舰艇的长度和任务需求对冗余系统的分开距离进行限制。

OOVR 是一个全过程的设计约束文件。它能够保证合同设计规定的设计准则与技术设计规定的设计准则不发生冲突。例如，OOVR 不仅在合同设计阶段规定了冷却水系统的设计冗余和冗余距离，还在技术设计阶段对冷却水的其他支管的生命力设计进行了规定，并且两者的要求不会发生冲突。

2) OOVR 的实施

OOVR 作为一个高水平的需求限制，包括约束阈值和约束目标，保证了设计时的宽松性。1993 年，在 LPD17 型两栖战舰研制中，美国海军作战需求书顶层文件(国内常译为“最高需求书”)(operational requirements document，ORD)基于 OOVR 提出了该型战舰应能承受水雷、反舰巡航导弹和鱼雷威胁的生命力要求。

1997 年，美国海军在 DD21 型新对陆攻击驱逐舰方案论证中，首次在其作战需求书顶层文件中提出了以概率为基础的舰艇损伤和丧失作战能力后的生命力要求，规定了将舰艇作战能力易损性与威胁武器类型和舰艇命中后剩余任务能力水准联系起来的性能要求。

1.3.3 智能损管辅助决策及损管监控技术

智能损管辅助决策及损管监控技术的研发是损管技术的一个重要方向。但是，由于损管决策的复杂性，目前仍没有有效的手段和技术开发高智能化水平的辅助决策系统。

1. 损管决策的复杂性分析

舰艇的损管决策任务不仅受时间的限制，还受灾害的复杂性及认知局限性的影响[17]。下面从三个方面对损管决策的复杂性进行分析。

1) 时间的限制

舰艇受到武器攻击后，灾害蔓延速度非常快。以火灾为例，在几分钟之内就有可能蔓延至相邻舱室。因此，智能损管决策系统必须在较短的时间内给出较准确的决策方案。

2) 灾害的复杂性

舰艇在受到武器攻击后，灾害模式较多，包括进水、火灾、热烟气、管路破裂、强度丧失、技术装备损伤及人员伤亡等。因此，损管决策需要考虑灾害和损伤的每一个方面，这也是智能损管决策技术开发的难点。

对于损管决策来说，及时、准确地获得完整信息至关重要。一般来说，灾害发生最近处的战位会将灾害信息及时报告给决策者，但由于战场情况复杂多变，并受战位人员个人因素等的影响，决策者及时、准确地获得完整的灾害信息的可能性大大降低。

3) 认知的局限性

灾害和损伤的复杂性使得舰员难以对舰艇当前的安全状态和损管方案做出准

确评估。以破损船体为例，需要借助不沉性和剩余强度计算软件对其是否会沉没做出准确评估，船员仅依靠经验难以做到。

2. 智能损管决策的基本流程

损管决策是危机决策的一种形式，现实中的损管决策受时间、任务、环境和资源等多种复杂因素的影响。其基本流程如图1.3.1所示。

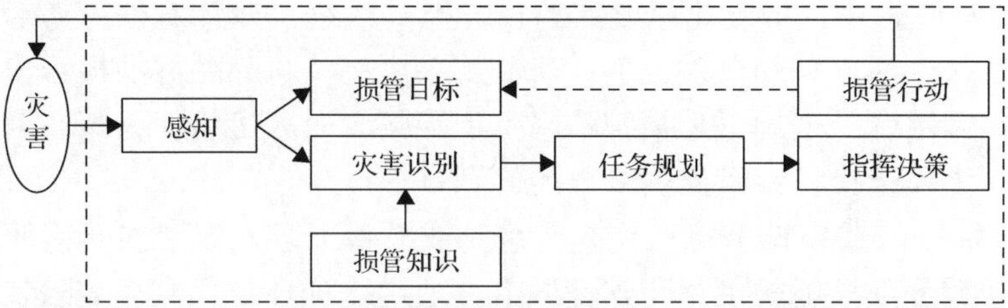

图1.3.1　损管决策的基本流程

通过分析上述损管决策的基本流程，并结合损管的实际情况，可给出智能损管决策的基本步骤：

第1步，灾害探测。对于损管决策来说，及时、准确地获得完整信息至关重要。探测的灾害包括破损进水的位置、火灾烟气的位置及管路的破损情况等。

第2步，损伤评估。灾害发生后，分析处理获得的信息，对灾害和舰艇状态，以及灾害和舰艇状态的发展趋势做出正确评估，为决策提供明确的依据。

第3步，损管决策。灾害和战场形势是瞬息万变的，损管决策是整个过程中最主要的部分，要求决策者能够果断、准确地做出决策，利用现有的资源控制或消除灾害。

损管辅助决策系统是辅助指挥员完成损害分析、制定损管预案的辅助决策工具。损管辅助决策系统的应用开始于20世纪80年代，最先应用的是抗沉辅助决策系统。它作为损管监控系统的软件部分，与监控硬件保留有数据接口。特别是随着计算机技术的进步，以计算机为基础，具有信息处理量大、反应时间快、辅助决策能力强等优点的现代化损管辅助决策系统正日益受到各国海军的重视，已成为损管辅助决策系统的发展趋势。

第4步，执行命令。做出决策并不意味着决策正确和灾害能够被限制或消除，决策者还必须对决策的执行进行监督跟进，不断从灾害现场获得实时信息反馈，以完善和修改决策。

3. 发展趋势

未来的损管是全方位的损管，必将在严密的指导下，以较少的、训练有素的指挥官和损管舰员，在智能化损管系统的引导下，以最有效的方式完成信息收集、损害评估和辅助决策等过程，建立起快速的损管反应能力，将损害带来的损失降到最低程度。舰艇损管决策及监控技术的发展趋势如下：

(1) 加强损管系统的融合和兼顾设计。损管系统的设计应与现行损管体系中的各个机构、损管策略很好地协同，与舰上实际的损管能力兼容。需要在顶层设计中引入系统论、运筹学等方法，设计出更实用的损管系统。

(2) 开发信息化、智能化程度高的损管监控系统。以计算机为基础，研制模块化、标准化、通用化的硬件设备。研制冗余度高、可靠性好的损管信息网络，最大限度地利用硬件资源，使损管信息贯通流畅。以人工智能为核心编制模块化损管软件，为损管指挥决策提供充分的信息资源。

(3) 增加嵌入式模拟训练设计。在系统或设备上装入或增加能够使全体人员更加熟练掌握各项技能的硬件和软件环节，通过这种环节提供与实际装备相同操作的训练。在舰艇实际损管系统中嵌入辅助训练系统是提高损管效能的有效方式。

(4) 加强系统智能重构技术的研究。自动修复技术是提高舰艇生命力和安全性的更高层次的需求。因此，需将监控系统和人工智能相结合，加快智能重构技术在舰艇消防管路、重要装置布置等方面的理论研究和实际运用。

(5) 加强损管辅助决策能力。未来损管系统不仅是一套汇集信息的机械控制系统，还是一套损管报告系统和辅助命令决策系统。当某种损伤发生时，系统能自动唤起相关备件资料或相应人员情况的数据库，供损管指挥员快速决策。

1.3.4 管网智能重构技术

对于现代舰艇来说，消防水管网破损后的有效重构是一个极为复杂的问题[18]。当管路网络拓扑复杂到一定程度时，舰员无法人工判断重构路径与效能。具备战损动态重构能力的分布式智能控制技术是智能化损管的关键技术之一[19,20]。

美国海军研究实验室于 2003 年制订了针对智能型火灾抑制系统的测试计划。该计划中的一个重要部分就是要对受损消防水管网的智能修复能力进行测试。智能修复能力测试的具体目标是对基于阀门调整顺序表的受损点隔离方法的可靠性与反应时间进行考核。这里的阀门调整顺序表是依据特定的触发条件建立的隔离阀操作程序表，特定的触发条件包括消防管路的压力、流量及压阻的变化信号。美国海军研究实验室于 2006 年提出了针对消防水管网智能修复能力的改进计划，该计划指出原有基于阀门调整顺序表的隔离方法存在一定的不足，即阀门调整顺序表的结构并不具有唯一性，这种状况会造成受损区隔离与修复措施的不可靠和低效。

与消防水管网的智能重构类似，美国海军在新型驱逐舰的设计中对冷却水系统采用了分布式智能控制组件。在进行的实弹试验中，分布式智能控制系统表现出了极强的生命力，该产品逐渐应用于美国海军的新研舰艇。当前，管网智能重构技术的发展趋势是把监控系统与人工智能相结合，加快智能重构技术在舰艇消防管路、电力网络系统、供油管路及供气管路重构中的应用。

1.4 国外生命力评估软件

1.4.1 英国SURVIVE评估软件

1. SURVIVE评估软件的基本特点

英国的Qinetic公司开发了生命力评估软件SURVIVE，应用于45型驱逐舰和CVF航空母舰的设计项目中[21]。SURVIVE评估软件首先能够以通用化的方式将舰艇的船体、舱室和设备进行详细的三维建模，设置威胁武器的基本参数和威胁武器炸点分布。该评估软件可仿真威胁武器攻击后的初始灾害与二次灾害，并基于损伤树建立系统功能与设备损伤之间的逻辑关系，通过蒙特卡罗方法得出系统功能的易损性。

2. SURVIVE评估软件的主要功能

该评估软件的主要功能包括以下方面：

(1) 该评估软件允许用户进行船体、系统和设备的自定义，可以三维显示船体模型和系统构成。由于舰上设备的实际形状较为复杂，在定义时对其进行了近似，使用基本的三维形状(长方体、圆柱体等)及其组合来描述设备的外形。图1.4.1给出了SURVIVE评估软件的舰艇系统设备数据采集结果。

图1.4.1 SURVIVE评估软件的舰艇系统设备数据采集结果

(2) 武器炸点是根据武器的制导类型及舰艇的红外场、声场和电磁场分布情况随机生成的。图 1.4.2 给出了 SURVIVE 评估软件的某导弹的典型炸点分布情况。考核的武器主要包括反舰导弹和鱼雷等。

图 1.4.2　SURVIVE 评估软件的某导弹典型炸点分布

(3) 武器损伤效应的仿真计算。考核的主要武器损伤效应包括贯穿动能、爆炸、破片、冲击、火灾和进水，损伤效应的计算模型是采用半经验公式法给出的。软件设计部门和英国海军联合做了多次相关的船模和实船爆炸试验，以获得半经验公式所需要的参数取值。然而，这涉及英国舰艇的装备性能，因此所查文献都并未对其进行详细介绍。

图 1.4.3 针对爆炸的损伤范围，给出了评估软件仿真及试验结果的比较示意图。

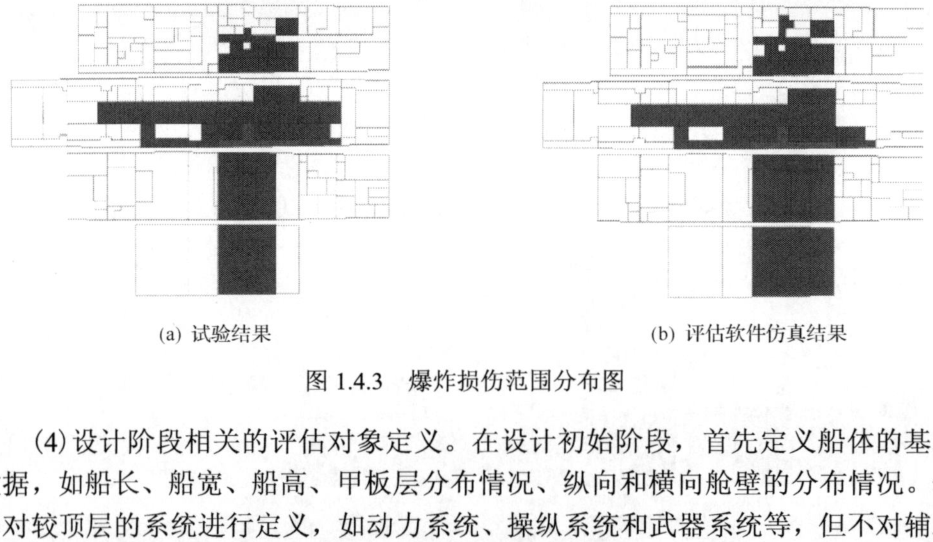

(a) 试验结果　(b) 评估软件仿真结果

图 1.4.3　爆炸损伤范围分布图

(4) 设计阶段相关的评估对象定义。在设计初始阶段，首先定义船体的基本数据，如船长、船宽、船高、甲板层分布情况、纵向和横向舱壁的分布情况。然后对较顶层的系统进行定义，如动力系统、操纵系统和武器系统等，但不对辅助系统(如电力系统、冷却水系统、高压气系统)等进行定义。此阶段主要定义动力系统和武器系统的主功能设备，不定义辅助系统，并假设武器受到攻击后，其是完好的。

随着设计的深入，需要对评估对象进行较详细的定义。例如，对设备辅助系统(电力系统、燃油系统、高压气系统、冷却水系统)等进行定义。在此阶段进行评估时，需要考虑辅助系统损伤对主功能设备的影响情况。

3. SURVIVE Lite 评估软件

Qinetic 公司在 SURVIVE 评估软件的基础上开发了 SURVIVE Lite 评估软件。SURVIVE Lite 评估软件的评估流程和数据格式与 SURVIVE 评估软件相同，但是其三维建模量远小于 SURVIVE 评估软件，其评估界面如图 1.4.4 所示。

图 1.4.4 SURVIVE Lite 评估软件评估界面

SURVIVE Lite 评估软件用于舰艇概念设计阶段，而 SURVIVE 评估软件用于舰艇的详细设计阶段和最终设计阶段。SURVIVE Lite 评估软件通过给设计人员提供快速的易损性评估方案，使得设备在设计初期基本上布置在正确位置，降低了后期修改的成本。

4. 经验启示

在评估软件中，可以为目前国内生命力评估研究领域的几个争议问题找到答案。

(1) 开发适合方案论证和方案设计阶段的评估软件是非常必要的。英国开发的简化版评估软件经过实际检验，能够用于指导系统初步的布置和配置设计，并且它只需要简单的武器属性定义、简单的船体和舱室形状定义、简洁的系统逻辑图和系统设备定义。方案论证和方案设计阶段的评估软件可以快速地给出评估结果，使设计人员在设计之初就能够对系统的生命力有一定的定量认知。

(2) 评估对象的定义是需要考虑设计阶段的。评估对象的详细程度在不同的设计阶段存在差异，这一点在前面已经进行了详细介绍。

(3) 国外并没有全舰生命力的概念，只是细化到作战任务的剩余能力或者说作战系统的使用效能。

国内在过去的生命力评估工作中，总是试图综合分析动力系统、电力系统、作战系统、不沉性等生命力构成要素的评估结果，以获得全舰生命力的概念。然而，英国并没有描述这一概念，而是考虑评估损伤后的作战任务剩余能力，并且在衡量时考虑了电力系统、动力系统及损管系统对作战任务实施的保障能力。

图 1.4.5 给出了对空作战任务评估对象，包括雷达系统(警戒雷达、火控雷达)、武器系统(武器发射装置、弹药舱、火控台)和电力系统(配电板、发电机组)等。

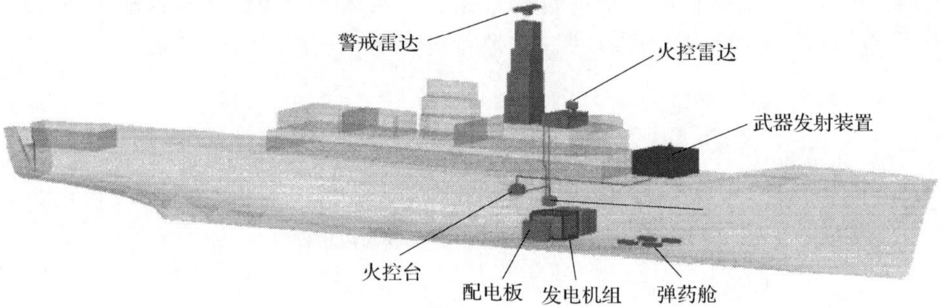

图 1.4.5　对空作战任务评估对象图

1.4.2　英国 PREVENT 评估软件

英国的 BMT 国防服务公司开发了舰艇易损性评估软件 PREVENT[22]。PREVENT 评估软件可以模拟各类反舰武器对舰艇的损伤效应。在 PREVENT 评估软件中，舰艇以多个二维矩形组合的形式显示出来，并且通过树结构来定义舰艇上的各类系统。其评估界面如图 1.4.6 所示。该软件主要具备两个功能：计算一枚反舰武器攻击后的损伤范围；计算一枚反舰武器击中关键系统及其重要部件的损伤概率。例如，图 1.4.6 中的百分比表示武器击中该单元格后电力推进系统的损伤概率。

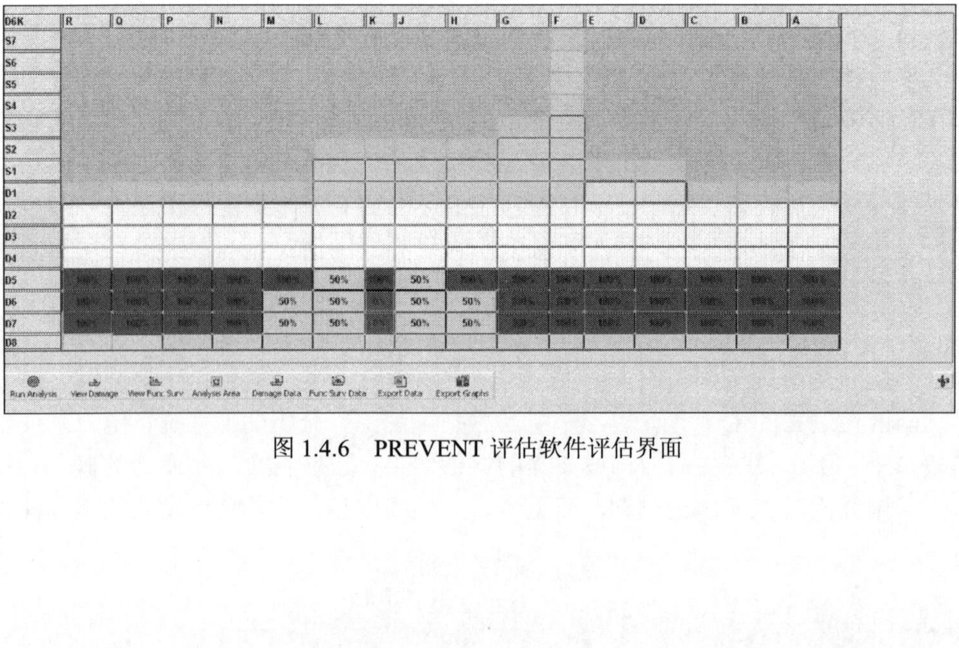

图 1.4.6　PREVENT 评估软件评估界面

1.4.3 芬兰 SURMA 评估软件

芬兰开发的战斗生命力评估软件 SURMA 加强了对生命力评估对象的管理能力[23]。评估指标不仅包括任务能力，还包括任务保障能力，如不沉性、结构强度及剩余供电能力等，如图 1.4.7 所示。

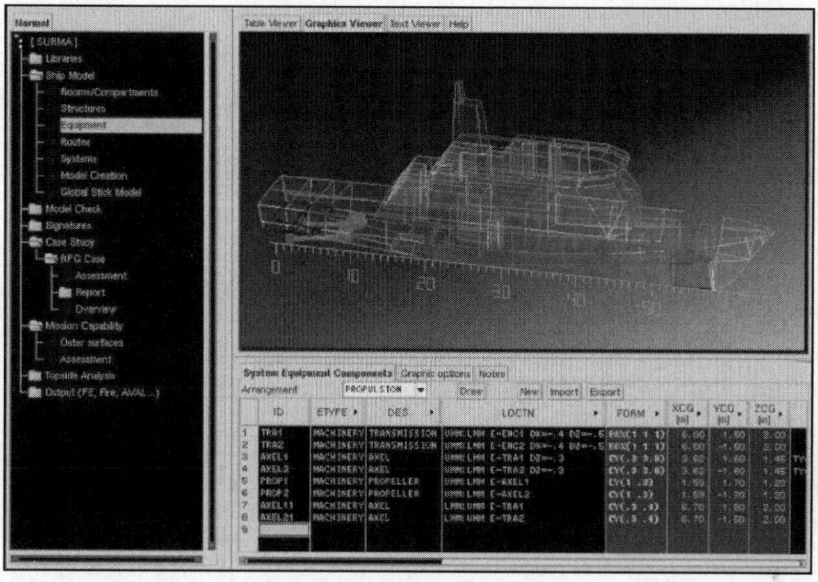

图 1.4.7 SURMA 评估软件

1.4.4 意大利 SAVIUS 评估软件

SAVIUS 评估软件是意大利海军开发的水面舰艇初步设计阶段的易损性评估软件。

1. 主要模块

SAVIUS 共分为四个模块：舰艇模块(对船体外形、舱室布置进行定义)、系统模块(对系统的功能逻辑进行定义)、损伤计算模块(模拟武器损伤和灾害蔓延机理)和分析模块(分析功能损伤概率)。其中，舰艇模块主要用于定义和管理舰艇的几何和非几何数据；系统模块主要在关键设备的基础上，描述舰艇各个系统；损伤计算模块主要完成舰艇的损伤计算仿真，其损伤仿真的要素主要包括内部和外部的爆炸、破片、水下爆炸引起的震动和气泡脉动；分析模块主要在研究武器攻击点概率分布的基础上，计算功能损伤的概率。

2. 武器损伤效应

SAVIUS 评估软件主要考虑的攻击武器包括舰舰导弹、炮弹、鱼雷和水雷。各个武器损伤效应要素构成如表 1.4.1 所示。二次破片不做考虑。

表 1.4.1 武器损伤效应要素构成

武器效果	武器			
	舰舰导弹	炮弹	鱼雷	水雷
内部爆炸	√	√	√	
外部爆炸	√			
破片	√	√	√	
震动			√	√
气泡			√	√
淹水			√	√

(1) 内部和外部的爆炸主要考虑早期震动波的压力峰值和后期的准静态超压。压力波主要是对上层建筑和关键设备的损伤，准静态超压则需要考虑全舰损伤，如整个水密隔舱的损伤。通过半经验公式可以模拟压力与空间、时间的关系，以此来评估作用在舰艇结构上的载荷。在内部爆炸模拟时，需要考虑爆炸能量的传递和衰减。

(2) 此评估软件可以通过经验和半经验公式给出破片的分布、平均剩余速度、密度等破片仿真的初始条件。

(3) 冲击和冲荡。水下爆炸主要产生两个损伤机理：①早期以水中声速传播(几毫秒)的冲击波；②后期(几秒)气泡脉动引起的压力脉动。这两个损伤机理对舰艇的影响是不同的。对于冲击波，它可以使舰艇产生整体和局部的响应。对于整体响应，可能使船体产生加速度并对船体内部和外部的设备造成损伤；对于局部损伤，可能造成船体的破损并导致进水。对于压力脉冲，其一般产生整体的影响，引起船体梁严重的冲荡。船体加速度是根据定义冲击(震动)要素来进行评估的。冲击(震动)要素是弹药量和龙骨与炸点距离相关的参数。对位移、速度和加速度可以使用半经验公式进行计算，这些半经验公式是经过有限元计算校核的。

冲荡现象是最难模拟的，因为这需要将载荷和船体结构特性结合到一起，并且气泡描述相关的公式也较为复杂。

SAVIUS 评估软件使用的分析方法是基于爆炸气泡脉动气体球公式进行分析的。此分析方法可以确定周围区域的流体加速度，进而计算船体各部位的受力，从而计算舰艇的动态响应。

3. 将来的改进方向

SAVIUS 评估软件将来需要改进的部分包括火灾蔓延模型的建立和损伤计算模型的修正。另外，人员伤亡仿真、弹药库爆炸的仿真也是将来需要改进的方向之一。

“标准-仿真与评估-考核与验证”是舰艇生命力体系的核心技术链。三者在体系中互为依存、互动。标准是体系要素的灵魂，是在一定数量的试验和仿真基础上的总结，只有形成标准，试验和仿真才具有权威性，舰艇生命力工作才能规范化。仿真与评估所依赖的数据和仿真结果的验证都必须依靠设备级和实船级考核与验证，有效、典型、一定数量规模的试验是必需的。

为了确保舰艇生命力性能可靠，要重视生命力设计的考核与验证。考核与验证不仅可以验证设计的效果，还可以考核设计方法的正确性和可靠性，同时可以通过试验暴露出生命力设计中存在的漏洞，发现薄弱环节和问题，这样可以有针对性地进行方法手段上的修改和完善。另外，仿真与评估是体系构成的核心，但试验成本昂贵且技术复杂，因此大量的舰艇和设备的生命力性能考核与验证工作必须通过仿真实验来完成，这是提高效费比的最佳手段。

1.4.5　国外生命力评估软件的基本特点与主要功能

通过对英国、芬兰和意大利的生命力评估系统开发现状的分析发现，其生命力评估系统的开发具有以下基本特点：

(1) 侧重于易损性的评估，兼顾易感性和修复性。

(2) 评估软件的开发并非一蹴而就，而是经过多年不断完善才逐步完成的。

(3) 针对不同的设计阶段使用统一的评估模型，保证各个阶段评估结果的一致性。

(4) 都是交互式计算平台，用户可以自定义舰艇和威胁武器的相关属性。

(5) 大多数国家对修复性(人员主动损管能力)的评估研究较少，而英国的生命力评估系统已开始对人员的主动损管能力进行仿真。

通过对国外生命力评估系统的综合分析发现，其具备如下主要功能：

(1) 易感性评估。主要体现在根据武器制导特性和舰艇信号特征，在三维空间对炸点的可能分布进行较为精确的描述。

(2) 可视化评估。包括船体和设备的可视化、灾害环境的可视化及评估结果的可视化等。

(3) 损伤机理和损伤模式仿真。包括弹体侵彻效应、破片损伤效应、冲击损伤效应、爆破超压损伤效应、气泡毁伤效应、火灾毁伤效应及进水毁伤效应等。

(4) 系列生命力指标评估。包括不沉性指标、船体强度指标、机动性指标、战斗力指标及人员生命力(人员疏散能力)等。

(5) 对舰员的修复性、主动损管能力进行评估。

(6) 对评估所需的初始条件进行自定义/再开发，包括攻击武器属性的自定义，船体和设备基本布置、配置和性能参数的自定义，损伤阈值的自定义，系统功能逻辑的自定义，以及损伤仿真模型的再开发等。

参 考 文 献

[1] 浦金云, 金涛, 邱金水. 舰艇生命力[M]. 北京: 国防工业出版社, 2008.

[2] Said M O. Theory and practice of total ship survivability for ship design[J]. Naval Engineering Journal, 1995, 107(4): 191-203.

[3] Ball R E, Calvano C N. Establishing the fundamentals of a surface ship survivability design discipline[J]. Naval Engineering Journal, 1994, 106(1): 71-74.

[4] 离子鱼. 马岛战争启示录——英国舰队防空的得失[J]. 舰载武器, 2009, (4): 50-60.

[5] 毒刺. 马岛战争最大的功臣与最大的冤屈者——马岛战争中的 42 型驱逐舰[J]. 国际展望, 2002, (19): 38-41.

[6] Carney W T. Development of the damage control system assist tool[D]. Monterey: Naval Postgraduate School, 1991.

[7] Mehls M D. Propagation of fire generated smoke in shipboard spaces[D]. Monterey: Naval Postgraduate School, 2000.

[8] 萨苏. 当海军上将遭遇开膛手杰克——“飞鱼”导弹重创“斯塔克”号护卫舰始末[J].舰载武器, 2007, (9): 50-60.

[9] Ruponen P, Lindroth D, Pennannen P. Prediction of survivability for decision support in ship flooding emergency[C]//Proceedings of the 12th International Conference on the Stability and Ocean Vehicles, Glasgow, 2015.

[10] Lee G J. Dynamic orifice flow model and compartment models for flooding simulation of a damaged ship[J]. Ocean Engineering, 2015, 109: 635-653.

[11] 盛振邦, 刘应中. 船舶原理(上)[M]. 上海: 上海交通大学出版社, 2011.

[12] CB/Z 265—1998. 水面舰艇不沉性计算方法[S]. 北京: 中国船舶工业总公司, 1998.

[13] 张凯, 胡玉龙, 熊治国, 等. 基于改进的接触爆炸毁伤模型的航空母舰不沉性评估[J]. 中国舰艇研究, 2014, 9(3): 1-7.

[14] Papanikolaou A, Spanos D, Boulougouris E, et al. Investigation into the sinking of the Ro-Ro passenger Ferry Express Samina[C]//Proceedings of the 8th International Conference on Stability of Ships and Ocean Vehicles, Madrid, 2003: 31-48.

[15] 马丽君, 冯其, 张楠. 国外船舶破损稳性理论分析[J]. 中国舰艇研究, 2012, 7(2): 9-13.

[16] Reese R M, Calvano C N, Hopkins T M. Operationally oriented vulnerability requirements in the ship design process[J]. Naval Engineering Journal, 1998, (1): 19-34.

[17] 蔡成涛, 夏桂华. 舰艇智能化损管系统体系结构研究[J]. 数字技术与应用, 2012, (8): 72-74.

[18] Kim J H, Mays L W. Optimal rehabilitation model for water distribution systems[J]. Journal of Water Resources Planning Management, 1994, 120(5): 674-692.

[19] Lebaudy A, Callahan B, Famme J B. Survivable computing environment to support distributed autonomic automation [C]//Proceedings of Automation and Controls (ACS), Washington D. C., 2007.

[20] Richards L. Multi-attribute trade space exploration for survivability[C]//Proceedings of the 7th Annual Conference on Systems Engineering Research, Chicago, 2009: 879-887.

[21] Schofield J. Tri-service survivability assessment SURVIVE and SURVIVE Lite[C]//European Survivability Workshop, Malvern, 2008.

[22] Jones A, Kimber A. Balancing survivability, operability and cost for a corvette design[C]//RINA: Affordable Warship Conference, Bath, 2012.

[23] Kotiranta R. The assessment of naval vessel's survivability against explosion in air based on a 3-D product model[D]. Helsinki: Helsinki University of Technology, 2003.

第2章　典型威胁武器直接损伤效应及仿真

2.1　武器损伤效应要素构成分析

威胁武器命中舰艇时所产生的损伤效应构成分析，是进行其损伤效应仿真的基础。总体来讲，舰艇可能遭受的威胁武器类型包括空中爆炸武器(导弹、炸弹)和水下爆炸武器(鱼雷、水雷)[1]。其中，空中爆炸武器的爆炸类型包括在舰艇外部爆炸和在舰艇内部爆炸；水下爆炸武器的爆炸类型包括接触爆炸和非接触爆炸。

普通装药武器空中爆炸，实质上是带壳装药的爆炸。毫无疑问，带壳装药爆炸后，炸药释放的能量，一部分消耗于壳体的破裂及破片飞散，另一部分则消耗在爆炸产物的膨胀和空气冲击波形上。因此，对于舰艇外部的空中爆炸而言，其对舰艇的损伤效应主要包括冲击破坏、破片贯穿破坏、高温火球破坏；对于舰艇内部的空中爆炸，除包含上述损伤效应外，还包括弹体的侵彻效应。

普通装药武器水中爆炸与空中爆炸一样，也是一个十分复杂的过程。两者相比，仅就爆炸过程而言，基本上是相同的，不同之处就是水的压缩性小、密度大。在正常条件下，水的密度约为空气的800倍，而水的压缩性却仅是空气的三万分之一到两万分之一。正是基于水所具有的这些特殊性，装药武器在水中爆炸对舰艇具有更大的破坏作用。

水下爆炸武器的爆炸主要是指鱼雷、水雷等水中武器的接触爆炸和非接触爆炸。水下爆炸武器命中后主要产生冲击波、气泡和二次压力波造成的冲击损伤。鱼雷、水雷爆炸后给全舰造成的冲击环境(冲击动态响应)将对船体结构及设备产生冲击破坏。对船体结构的直接冲击波损伤不仅与装药量和离爆心的距离有关，还与船体结构特性、方位、海底情况和海况等因素有关。爆炸后冲击环境使船体结构产生了破口或动态塑性变形(或称为塑性区)。水下船体结构产生破口或塑性区后，会影响结构强度乃至产生破损进水。另外，冲击环境也会造成舰艇内部的各种机械、装置、设备和仪器的冲击损伤。

对于接触爆炸和近距离爆炸的鱼雷，破片可能同样是其损伤环境的构成要素之一。

空中爆炸和水下爆炸的损伤效应构成要素如图2.1.1所示。

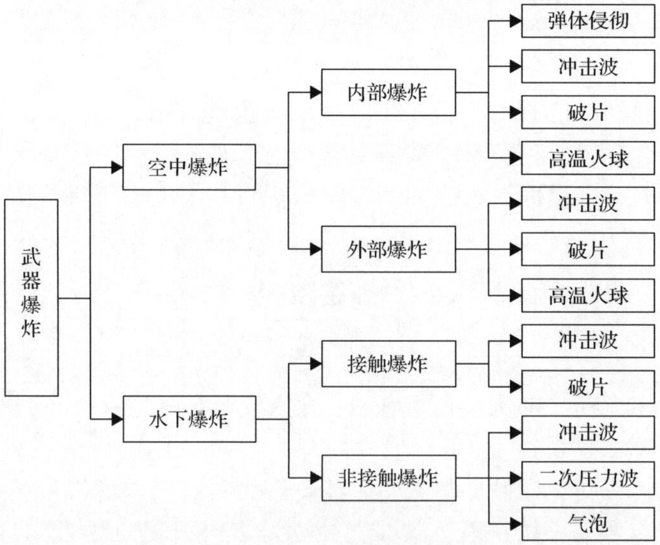

图 2.1.1　威胁武器直接损伤效应构成图

2.2　威胁损伤效应及损伤模式

目前，武器损伤效应的仿真方法主要有两种：一种是机理仿真法；另一种是经验公式仿真法。机理仿真法在进行水密隔舱和设备损伤仿真时，会单独考虑爆炸产物的火球效应、破片损伤效应和冲击损伤效应，并通过其各自的数理模型进行详细的计算来判断受损情况。经验公式仿真法是使用经验公式确定武器在三维方向上的破坏区域，也可以说是各个方向的破坏半径。经验公式仿真法通常也称为损伤体积法。本章采用经验公式仿真法仿真威胁武器的损伤效应。

2.2.1　空中爆炸武器

空中爆炸武器包括反舰导弹、激光炸弹。由于两者的损伤效应和造成的损伤模式基本类似，这里主要以反舰导弹为例进行介绍。

1. 弹体侵彻

导弹(或激光制导炸弹)侵彻船体是高速碰撞。对这一物理过程的完整描述需要考虑下列因素：相互作用物体的几何形状，弹性、塑性及激波的传播，流体动力流动，有限应变及变形，加工硬化，热和摩擦的影响，以及在相接材料中断裂的形成及扩展。弹体侵彻对舰艇损伤的表现形式主要是破口形状、破口大小和塑性区。

2. *爆轰效应*

空中爆炸武器直接命中舰艇并在甲板上或舱室内爆炸时，如果爆心距甲板、舱壁很近，那么对甲板和舱室的破坏主要是由爆轰波引起的。

吉田隆根据第二次世界大战期间舰艇破损资料及实验结果给出了空中爆炸破坏半径公式[2]：

$$R_{\mathrm{d}} = \frac{6.4\alpha W^{0.38}}{t_{\mathrm{k}}} \tag{2.2.1}$$

式中，R_{d}为破坏半径；W为装药量(kg)；t_{k}为板厚(mm)；α为结构特征系数，有加强结构的平板α取0.62。

法国“飞鱼”反舰导弹打靶试验时，靶舰为英国“勇猛”号驱逐舰，标准排水量为2240t[3]。由破损情况看，破口直径约为7～8m，与式(2.2.1)的计算结果基本相符。

3. *超压效应*

爆心超过甲板、舱壁一定距离时，就会产生空气冲击波的超压效应。空气冲击波阵面的压强与未受扰动的空气压强之差称为超压。设备在超压作用下会受到损坏，并使弹体侵彻甲板、舷侧板、舱壁时已形成的破口和塑性区扩大，进一步增加船体结构的破损。

超压所导致的船体结构破损和变形情况如图2.2.1所示。

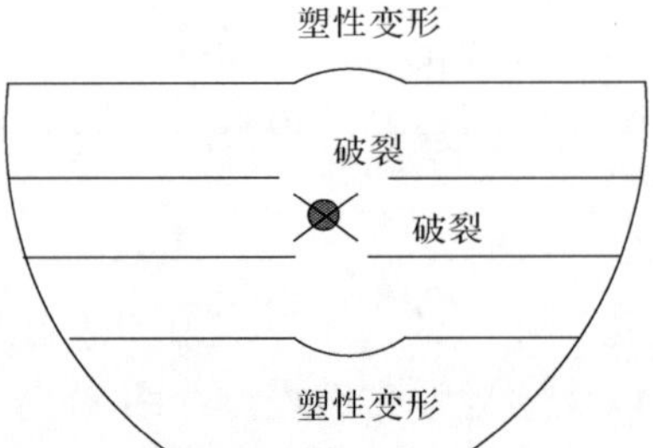

图 2.2.1　船体结构的破损和变形

冲击波对目标的破坏作用可以用3个参数来度量，即冲击波超压、正压区作用时间和比冲量。然而，在舰艇外部爆炸造成的冲击损伤与在舰艇内部造成的冲击损伤又有所不同。在舰艇内部爆炸时，冲击波超压作用、水密隔舱内冲击波在主横舱壁上的反射效应，使冲击波压力增强。这些破坏效果都比战斗部在船体外爆炸毁伤效果强。由于大、中型军舰均设有主横舱壁，这些主横舱壁使冲击波破坏大大减弱。但是，在半穿甲爆破型反舰导弹战斗部设计时，考虑了如何应用壳体制成多个预制破片(或形成自锻破片)与自然破片的作用。破片在舱体内穿透多层主横舱壁，使爆轰产物及空气冲击波、辅助战剂载入其他舱内，同样也起到破坏效果。

4. 破片的损伤效应

导弹、炸弹的战斗部爆炸时，产生大量不同质量的破片，并具有很高的飞行速度，会击穿舱壁和设备，进而加大损伤的影响，破片会对设备、人员、结构具有杀伤性作用并能引燃易燃物体形成火灾或引爆弹药。与破片损伤相关的属性包括破片质量、破片受风面积、破片初速度等指标。

根据弹片质量的一般分布规律与舰艇舱壁的一般厚度，可以得出结论，即爆炸后弹片一般可以穿透第一层舱壁而无法穿透第二层舱壁。取弹片的破坏半径为

$$R_{\mathrm{d}} = L_1 + 0.5L_2 \tag{2.2.2}$$

式中，L_1 为弹片到第一层舱壁的距离(m)；L_2 为第一层舱壁与第二层舱壁的距离(m)。

根据破片运动方程及位移微分方程

$$m_q \frac{\mathrm{d}v_t}{\mathrm{d}t} = -\frac{1}{2} C_x \rho A_{\mathrm{w}} v_t^2 \tag{2.2.3}$$

$$v_t = \frac{\mathrm{d}L}{\mathrm{d}t} \tag{2.2.4}$$

可得

$$v_L = v_0 \mathrm{e}^{-\alpha L} \tag{2.2.5}$$

$$\alpha = \frac{C_x \rho A_{\mathrm{w}}}{2m_q} \tag{2.2.6}$$

式中，C_x 为破片迎面阻力系数(无量纲)；ρ 为空气密度(kg/m^3)；A_{w} 为受风面积(m^2)；t 为破片飞行过程中的任一时刻(s)；v_t 为任一时刻的飞行速度(m/s)；v_0 为破片的初始速度(m/s)；v_L 为破片运动 L 距离后的剩余速度(m/s)；m_q 为破片质量(kg)；α 为破片速度衰减系数，其大小与破片迎面阻力系数、空气密度、受风面积、破片质量等有关。

通过上述公式可以判断距离炸点特定距离的装备能否被某个破片击穿。被击穿的条件为

$$v_L(m_q) > v_{\mathrm{e}}(m_q) \tag{2.2.7}$$

式中，$v_L(m_q)$为破片飞行距离 L 后的速度(m/s)；$v_e(m_q)$为设备极限穿透速度(m/s)。

5. 火球的损伤效应

炸药空中爆炸后，会产生高温火球，使得周围的环境温度瞬间升高。火球直径、持续时间、火球辐射能量随爆心距离的变化关系是衡量高温火球损伤效应的指标。对于火球造成的直接破坏，可以按火球直径计算，即可认为在火球直径范围内的设备全部失效。

火球直径的表达式为

$$D_F = 3.86M^{0.32}\left(\frac{3600}{T}\right)^{\frac{1}{3}} \tag{2.2.8}$$

式中，M 为炸药质量(kg)；T 为火球温度(K)；D_F 为火球直径(m)。

式(2.2.8)是在自由场中计算的，在受限的舱室中，需要对火球直径进行修正。根据以往的研究结论，火球与持续时间之间的经验公式为

$$t_s = 0.299M^{0.32}\left(\frac{3600}{T}\right)^{\frac{10}{3}} \tag{2.2.9}$$

式中，t_s 为持续时间(s)。

炸药爆炸形成的火球以热能的形式向四周辐射能量。下面给出距爆心 R 处单位面积的辐射能量 Q：

$$Q = (bG)M^{\frac{1}{3}}T^{\frac{1}{3}}\frac{\left(\frac{D_F}{R}\right)^2}{161.7+\left(\frac{D_F}{R}\right)^2} \tag{2.2.10}$$

式中，bG 为常数。

2.2.2 水下爆炸武器

鱼雷、水雷等水下爆炸武器是用来摧毁敌方舰艇的有效手段，其爆炸方式是装药水中爆炸。炸药水中爆炸所产生的水中冲击波、气泡和二次压力波都能使舰艇受到一定程度的破坏。其中，冲击波的破坏起决定性作用，能引起舰艇局部破损、技术装备冲击震动损伤等。

1. 水中接触爆炸时的船体破口

普通装药武器水中接触爆炸的破坏半径的表达式为[4,5]

$$R_d = 1.25 \times \sqrt[3]{\frac{\omega_T}{10P_0}} \tag{2.2.11}$$

式中，ω_T 为 TNT 当量(kg)；R_d 为接触爆炸时的破坏半径(m)；P_0 为爆心处静水绝对压力 P_0=0.103×(1+0.1H)(MPa)，H 为爆心处水深(m)。

例如，某鱼雷 TNT 当量 1000kg，在水深 8m 处接触爆炸，则其破坏半径为

$$R_d = 1.25 \times \sqrt[3]{\frac{\omega_T}{10P_0}} = 1.25 \times \sqrt[3]{539.37} = 10.18(\text{m})$$

图 2.2.2 是美国“科尔”号驱逐舰受到水线处接触爆炸的恐怖袭击后，所形成的破口态势图[6]。该破口长 12m、高 4m。

图 2.2.2　“科尔”号驱逐舰破口态势图[6]

2. 近距非接触爆炸的冲击波损伤

1) 船体形变

船体受到水中冲击波的作用时，冲击波直接影响到船体总强度和局部强度。如果海况比较严重，冲击波引起的船体总弯曲与船体升沉、纵摇运动相叠加，可能导致船体产生很大的总体变形，甚至断裂[7]。

2010 年 3 月 26 日，韩国“天安”号护卫舰遭遇鱼雷攻击而沉没[8]。据韩国海军报道，水下底部钢板、左舷钢板处破裂，可以推断是在遭受近距离水中爆炸冲击及伴随气泡射流作用后，船体总纵强度的削弱，从而断裂并沉没的。

1991 年 1 月 17 日，海湾战争期间，美国“特里波利”号两栖攻击舰碰上伊拉克的锚雷，形成的结构撕裂如图 2.2.3 所示，几何尺寸为 4.87m×6.10m[9]。

图 2.2.3　美国“特里波利”号两栖攻击舰结构撕裂图[9]

近距离非接触爆炸的破坏区域一般包括三类，如图 2.2.4 所示。第一区是大面积船体破损区，该区域的特点是船体产生大破口，大面积破损进水。第二区是主横舱壁破损区，该区域的主横舱壁受冲击破裂，海水向邻舱漫延。第三区是裂纹和褶皱区，某些结构薄弱处或者焊缝及应力集中处，将会产生裂纹和褶皱。

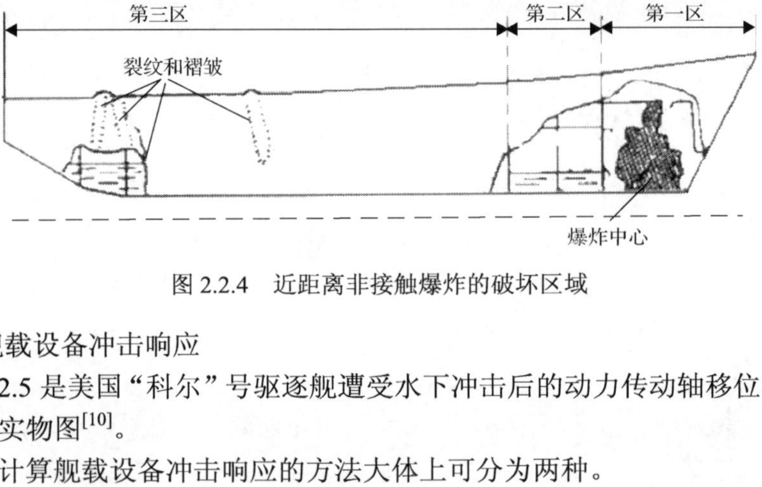

图 2.2.4　近距离非接触爆炸的破坏区域

2）舰载设备冲击响应

图 2.2.5 是美国“科尔”号驱逐舰遭受水下冲击后的动力传动轴移位与破坏主横舱壁的实物图[10]。

目前计算舰载设备冲击响应的方法大体上可分为两种。

一种方法是把船体结构与舰载设备离散化，并用相应的集中质量代替。若垂直位移为 Z，则有

$$M\ddot{Z} + K\dot{Z} + CZ = F \tag{2.2.12}$$

式中，M、K、C 分别为系统的质量阵、刚度阵和阻尼阵；F 为系统所受冲击波压力。

图 2.2.5　“科尔”号驱逐舰遭受水下冲击后的动力传动轴移位与破坏主横舱壁的实物图[10]

这种方法可以一次性求出设备的冲击响应，但是 M、K、C 较难确定。

另一种方法是将船体看成初级质量，首先求出船体各处的冲击响应，然后把设备看作次级质量，并以船体相应部位的冲击响应作为输入求取设备的冲击响应，或直接给出设备基础的冲击参数(如设计冲击谱)进行求解。目前，在计算设备的冲击响应和判别其损伤情况时，一般使用第二种方法。

然而，水下爆炸时，引起的船用设备破坏十分复杂。设备破坏不仅取决于炸点与设备的距离与方位，还与炸药种类、装药量及船的质量、船形、受载面积、材质等因素有关。对于船内某一典型部位(某一设备)所给出的相应于若干指定点鱼雷、水雷爆炸的环境条件，其爆炸武器因素和船体影响因素都是一定的，只有炸点距离和方位是变化的。于是，可由已知炸点爆炸时在典型部位的环境条件，计算任意炸点距离和方位在此处的环境条件。

以冲击加速度的求解为例，简化的计算方法如下所示。

根据船模试验与数值模拟的分析结果，舰艇设备受到的冲击加速度可用以下经验公式表示：

$$a = \frac{k}{R_{\mathrm{g}}^{\alpha}} \tag{2.2.13}$$

式中，k 为与药包当量、船底舱强力构件及水平层总质量和底板有效承载面积有关的常数，对于舰艇上的同一个考核点，k 为常量；a 为待求的加速度(m/s^2)；R_{g} 为药包到考核点的距离(m)；α 为常量。

该经验公式可用于根据插值控制点上爆炸冲击加速度插值计算非控制点上的药包爆炸对舰艇上同一设备或部位的冲击加速度。对于水下爆炸，尤其是当药包只在沿船长方向变动的情况，该经验公式具有较好的精度。

具体来说，对于 n 个插值控制点，第 s 个非控制点上爆炸后舰艇上某一设备或部位的冲击加速度为

$$a_s = \frac{\sum_{i=1}^{n}(a_i R_i^{\alpha})}{n R_{\mathrm{g}}^{\alpha}} \tag{2.2.14}$$

式中，a_i为药包在第i个插值控制点上爆炸时该设备或部位上的冲击加速度($\mathrm{m/s^2}$)。

3) 远距非接触爆炸的冲击变形

对于水雷的远距离非接触爆炸，除了会形成设备冲击和船体破口外，还可能引起船体板的局部塑性变形[11]。

2.2.3　损伤模式分析

根据前面对空中爆炸和水下爆炸的损伤效应分析，本小节给出反舰导弹、鱼雷和水雷攻击下的船体和设备损伤模式，如表 2.2.1 所示[11,12]。

表 2.2.1　船体和设备的损伤模式

序号	爆炸类型	标志特征	主要载荷	船体损伤模式	设备损伤模式
1	反舰导弹，穿透爆炸	外板产生撕裂性破口、产生舱内超压冲击和火灾	爆轰产物、爆炸超压、破片	①产生大破口；②主横舱壁、水密门、舱口盖等水密和气密结构破损或者塑性变形；③大面积火灾；④船体沉没	机械类：破孔、裂缝、变形、折断、松动、弯曲、烧蚀、漏液、漏气、阀门无法打开或者关闭、设备基准和对中不正常 电气类：短路、断路、击穿、接触不良、局部高温、电压不足
2	水雷，远距离非接触爆炸	全舰弹性冲击振动；设备在较大范围内的冲击损伤；船体梁的鞭状运动	冲击波、气泡脉动压力	①船体形成破口；②船体产生中垂和中拱交替的鞭状运动，严重时可能导致断裂；③船体沉没	
3	鱼雷，近场水下非接触爆炸	有限范围内的板架塑性变形，板架结构失效，进水后总纵强度削弱、局部的冲击	冲击波、气泡射流	①船体局部破裂；②板架结构产生塑性变形；③纵骨、纵桁、横梁、肋骨等强力构件变形；④船体断裂；⑤船体沉没	
4	鱼雷，水下接触爆炸	外板花瓣形破口、内部结构损伤；局部的剧烈冲击	冲击波、爆轰产物、气泡射流	①产生大破口；②炸点处的内部结构损伤；③总纵强度丧失或者减弱；④船体断裂；⑤船体沉没	
5	非武器导致的损伤	碰撞损伤和搁浅损伤	撞击	①艏部或艉部断裂；②产生破口，破损进水；③丧失动力；④在浅滩倾覆	

2.3　破片灾害仿真系统

本节基于 VB.net 开发了破片灾害仿真系统，并基于 OpenGL 动态链接库完成设备和破片的三维可视化。设备数据和破片场数据记录在 SQL server 数据库中。该仿真系统的构架如图 2.3.1 所示。

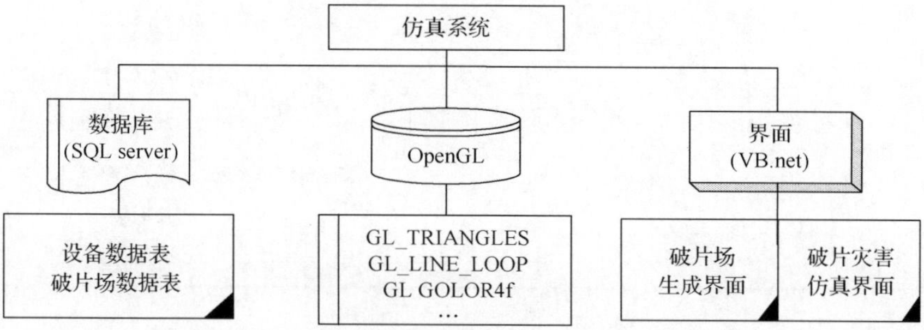

图 2.3.1　仿真系统的架构

2.3.1　仿真系统的数据库

仿真系统数据库包含设备数据表和破片场数据表。

1. 设备数据采集

设备数据表用于记录设备的几何特征和物理参数，其数据格式如表 2.3.1 所示。

表 2.3.1　设备数据表的数据格式

序号	字段	含义
1	ID	记录的序号
2	Ename	设备名称
3	Tname	三角形名称
4	Point1	三角形第一个顶点的坐标 $P_1(x,y,z)$
5	Point2	三角形第二个顶点的坐标 $P_2(x,y,z)$
6	Point3	三角形第三个顶点的坐标 $P_3(x,y,z)$
7	Color	颜色矢量值 (r, g, b)
8	E_b	穿透设备所需的最小动能
9	t_k	设备厚度
10	MT	设备材料

2. 破片场数据采集

破片场数据表用于记录破片的飞行特征和物理参数，其数据格式如表 2.3.2 所示。

表 2.3.2　破片场数据表的数据格式

序号	字段	含义
1	ID	破片射线的序号
2	m	破片的质量
3	v_0	破片的初始速度
4	θ_z	破片射线与 $z(\phi)$ 轴的夹角
5	θ_x	破片射线在 xOy 面上的投影与 $x(\beta)$ 轴的夹角
6	A_w	受风面积
7	ρ	破片的密度

2.3.2　程序界面

破片生成界面如图 2.3.2 所示。图 2.3.2 中生成的破片场数据储存在数据库中。舰艇横剖面的破片灾害仿真如图 2.3.3 所示。全舰三维模型的三角形切分视图如图 2.3.4 所示。破片灾害仿真结果如图 2.3.5 所示。

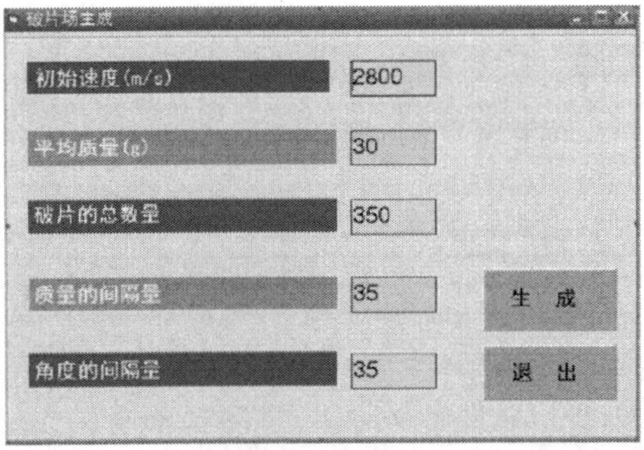

图 2.3.2　破片生成界面

图 2.3.3　横剖面的破片灾害仿真

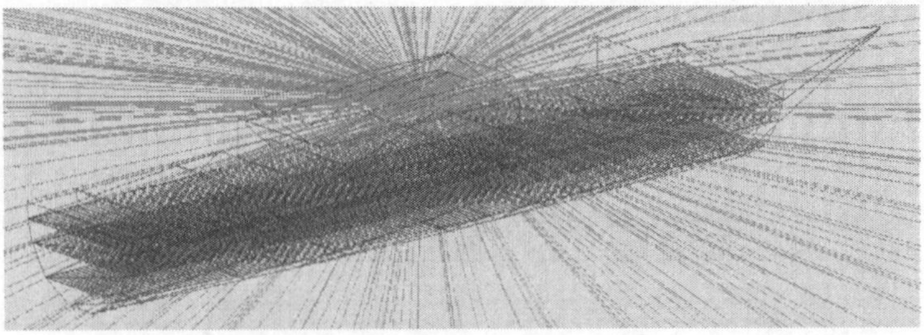

图 2.3.4　全舰三角形切分

图 2.3.5　全舰破片灾害仿真

由全舰灾害仿真结果可知，破片可能穿透多层甲板和多层舱壁，通过仿真可以查到受损的构件。因此，该仿真系统对于舰艇易损性评估非常有用。

参 考 文 献

[1] Dongkon L, Soon-Sup L, Beom-Jin P. A study on the framework for survivability assessment system of damaged ships [J]. Ocean Engineering, 2005, 3 (1): 1122-1132.

[2] 吉田隆. 二次世界大战初期日本海军舰船在炸弹攻击下的损伤实例分析[J]. 船舶科学, 1990, 43 (5): 70-81.

[3] 朱锡, 白雪飞, 张振华. 空中接触爆炸作用下船体板架塑性动力响应及破口研究[J]. 中国造船, 2004, 45 (2): 43-49.

[4] 张振华, 朱锡, 白雪飞. 水下爆炸冲击波的数值模拟研究[J]. 爆炸与冲击, 2002, 24 (2): 182-188.

[5] 陈永念. 舰艇水下爆炸数值仿真及抗爆结构研究[D]. 上海: 上海交通大学, 2008.

[6] Burnett B. The Attack on the USS Cole in Yemen on October 12, 2000[M]. New York: The Rosen Publishing Group, 2003.

[7] 刘建湖. 舰艇非接触水下爆炸动力学的理论与应用[D]. 无锡: 中国船舶科学研究中心, 2002.

[8] 王逸峰. “天安”舰事件新观察[J]. 舰载武器, 2010, 30 (7): 10-22.

[9] Middleton K J, Carr A J. The identification of combat survivability tasks associated with naval vessel damage in maritime environments[J]. Applied Ergonomics, 2017, 59 (9): 27-33.

[10] Varelas G. Evaluation of modern navies' damage control and firefighting training using simulator platforms[D]. Monterey: Naval Postgraduate School, 2011: 75.

[11] 姚熊亮, 郭君, 许维军. 船舶结构远场爆炸冲击动响应的数值试验方法[J]. 中国造船, 2004, 45 (4): 35-41.

[12] 张阿漫, 郭君, 孙龙泉. 舰艇结构毁伤与生命力基础[M]. 北京: 国防工业出版社, 2012.

第3章　二次灾害损伤效应

当舰艇遭受威胁武器攻击后，威胁武器通过对舰艇的船体舱室结构和消防水总管进行破坏将使舰艇发生破损进水，可能会使舰艇发生倾覆或沉没。威胁武器也可以使其自身携带的燃料或弹头引燃舰艇上的火灾危险源，使舰艇发生火灾并丧失任务能力。

3.1　开口流速的计算

在进水漫延过程中，海水可通过开口(包括舱门、舱口盖、开孔及威胁武器在甲板或舱壁上造成的破口)从破损舱向相邻舱漫延，需要对开口流速进行计算。如图 3.1.1 所示，舱壁上的开口为竖直开口，可使海水发生横向进水漫延或纵向进水漫延；甲板上的开口为水平开口，可使海水发生垂向进水漫延。

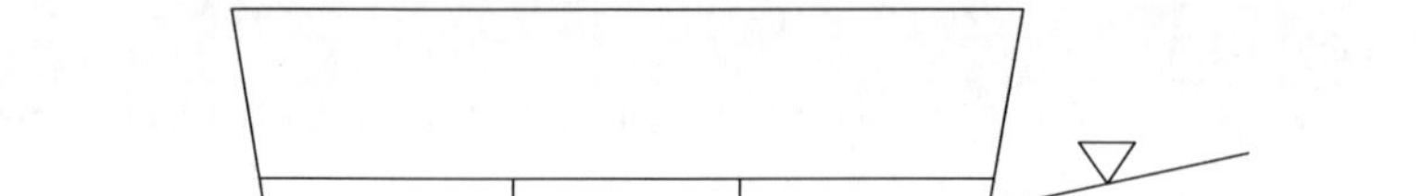

图 3.1.1　进水漫延流向示意图

3.1.1　开口流速的差异分析

1. 竖直开口的流速差异分析

设点 A 为舱外液面上的某一点，点 B 为开口上某一点，如图 3.1.2 所示。对从点 A 到点 B 的流线运用伯努利方程[1-3]，可得

$$\int_A^B \frac{\mathrm{d}p}{\rho}+\frac{1}{2}\left(u_B^2-u_A^2\right)+g\left(H_B-H_A\right)+\frac{1}{2}k_\mathrm{L}u_B^2=0 \tag{3.1.1}$$

式中，p 为气压(Pa)；ρ 为水的密度(kg/m^3)；u 为水流线速度(m/s)；H 为水深(m)；k_L 为摩擦损失系数或压力损失系数(无量纲)。

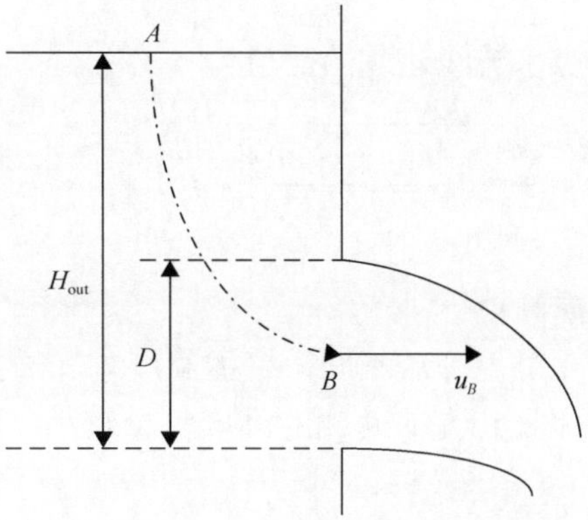

图 3.1.2　竖直开口流速差异示意图

假设不考虑空气压缩效应(p_A=p_B)，u_A=0，则 B 处水流线速度为

$$u_B=C_\mathrm{d}\sqrt{2g\left(H_A-H_B\right)} \tag{3.1.2}$$

通过面积为 ds 的开口的体积流速为

$$\mathrm{d}q=C_\mathrm{d}\sqrt{2g\left(H_A-H_B\right)}\cdot\mathrm{d}s \tag{3.1.3}$$

式中，流量系数 C_d 为常量，其表示实际流量与理想流体流量之比。

流量系数的计算公式为

$$C_\mathrm{d}=\frac{1}{\sqrt{1+k_\mathrm{L}}} \tag{3.1.4}$$

当舰艇姿态和开口两侧水位固定时，开口尺寸会造成流速差异，现对开口上缘与下缘的流速差异进行量化分析。

如图 3.1.2 所示，开口下缘距外液面的高度为 H_{out}(m)，开口上缘到开口下缘的距离为 D(m)。根据式(3.1.3)，开口下缘水流线速度为 $C_{\text{d}}\sqrt{2gH_{\text{out}}}$，开口上缘水流线速度为 $C_{\text{d}}\sqrt{2g\left(H_{\text{out}}-D\right)}$。开口上缘与开口下缘水流线速度的比值为

$$\eta=\frac{\sqrt{2g\left(H_{\text{out}}-D\right)}}{\sqrt{2gH_{\text{out}}}}=\sqrt{1-\frac{D}{H_{\text{out}}}} \tag{3.1.5}$$

式中，当 D/H_{out}=0.05 时，η=0.97；当 D/H_{out}=0.1 时，η=0.95；当 D/H_{out}=0.2 时，η=0.89。

开口下缘到外液面的高度越小且开口越大，开口上缘与开口下缘的水流线速度差距越明显。

2. 水平开口的流速差异分析

开口上缘与开口下缘水流线速度的比值为

$$\eta=\frac{\sqrt{2g\left(H_{\text{out}}-D\sin\theta\right)}}{\sqrt{2gH_{\text{out}}}}=\sqrt{1-\frac{D\sin\theta}{H_{\text{out}}}} \tag{3.1.6}$$

式中，θ 表示舰艇当前横倾角(°)。

开口的流速差异主要是由开口不同位置的高度差异造成的。在实际的进水漫延中，通常$|\theta|<15°$，水平开口左右两侧的高度差异较小，因此水平开口流速差异可以忽略不计。

3.1.2 竖直开口流速

如图 3.1.3 所示，设定 H_{out} 为外液面到开口最低点的距离(m)；H_{in} 为内液面到开口最低点的距离(m)；D 为开口高度，即开口最低点到最高点的距离(m)。

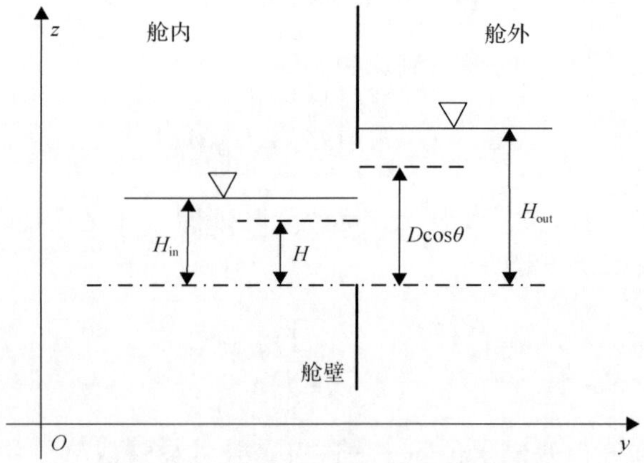

图 3.1.3 横向进水漫延的横剖面视图

首先将开口在水平方向上分割成无数的条形开口微元，根据伯努利公式，条形开口微元的进水速度为

$$dq = C_d \cdot B_R \sqrt{2g\Delta H} \cdot dH \tag{3.1.7}$$

式中，B_R 为开口微元的宽度(m)；ΔH 为开口微元两侧液面的高度差(m)；H 为开口微元到开口最低点所在水平面的距离(m)，如图 3.1.3 所示；g 为重力加速度(9.8m/s^2)。

然后对条形开口微元的流速积分，即可得开口流速：

$$q = \pm\int_0^{D\cos\theta} C_d \cdot B_R \sqrt{2g\Delta H} \cdot dH \tag{3.1.8}$$

当开口流速为正值时，表示海水向舱内流入；当开口流速为负值时，表示海水向舱外流出。

当内液面不高于外液面($H_{out} \geqslant H_{in}$)，且外液面始终高于开口下缘时，会出现海水向舱内漫延的情况。根据式(3.1.7)分别建立进水速度表达式。

(1) 当 $H_{out} \geqslant D\cos\theta$ 且 H_{in} 不存在时，进水速度的表达式为

$$q = \int_0^{D\cos\theta} C_d \cdot B_R \sqrt{2g(H_{out} - H)} \cdot dH \tag{3.1.9}$$

(2) 当 $H_{out} \geqslant D\cos\theta$ 且 $0 < H_{in} < D\cos\theta$ 时，进水速度的表达式为

$$q = \int_0^{H_{in}} C_d \cdot B_R \sqrt{2g(H_{out} - H_{in})} \cdot dH + \int_{H_{in}}^{D\cos\theta} C_d \cdot B_R \sqrt{2g(H_{out} - H)} \cdot dH \tag{3.1.10}$$

(3) 当 $H_{out} \geqslant D\cos\theta$ 且 $H_{in} \geqslant D\cos\theta$ 时，进水速度的表达式为

$$q = \int_0^{D\cos\theta} C_d \cdot B_R \sqrt{2g(H_{out} - H)} \cdot dH \tag{3.1.11}$$

(4) 当 $0 < H_{out} < D\cos\theta$ 且 H_{in} 不存在时，进水速度的表达式为

$$q = \int_0^{H_{out}} C_d \cdot B_R \sqrt{2g(H_{out} - H)} \cdot dH \tag{3.1.12}$$

(5) 当 $0 < H_{out} < D\cos\theta$ 且 $0 < H_{in} < D\cos\theta$ 时，进水速度的表达式为

$$q = \int_0^{H_{in}} C_d \cdot B_R \sqrt{2g(H_{out} - H_{in})} \cdot dH + \int_{H_{in}}^{H_{out}} C_d \cdot B_R \sqrt{2g(H_{out} - H)} \cdot dH \tag{3.1.13}$$

式中，$H_{out} \geqslant D\cos\theta$ 表示外液面不低于开口上缘；$0 < H_{out} < D\cos\theta$ 表示外液面低于

开口上缘且高于开口下缘；H_{in}不存在表示内液面低于开口下缘；$0<H_{in}<D\cos\theta$表示内液面低于开口上缘且高于开口下缘；$H_{in}\geqslant D\cos\theta$表示内液面不低于开口上缘。

3.1.3　水平开口流速

开口的流速差异主要是由开口不同位置的高度差异造成的。在实际的进水漫延中，通常$|\theta|<15°$，水平开口左右两侧的高度差异较小，因此水平开口流速差异可以忽略不计。水平开口流速为开口中心点线速度与开口面积之积。

如图 3.1.4 所示，H_{in}表示本舱室液面到开口的距离，H_{out}表示与该舱室连通的相邻舱室自由液面到开口的距离。

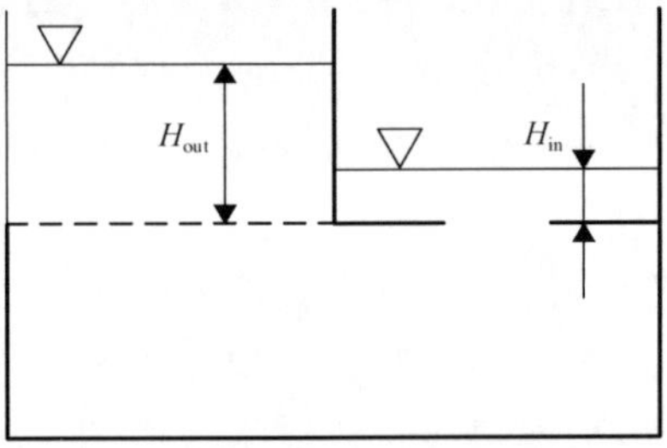

图 3.1.4　水平开口流速示意图(I)

水平开口流速为

$$q=S_H\cdot C_d\sqrt{2g\left(H_{out}-H_{in}\right)} \tag{3.1.14}$$

如图 3.1.5 所示，当进水舱室下方无海水时，水平开口流速为

$$q=S_H\cdot C_d\sqrt{2gH_{in}} \tag{3.1.15}$$

式中，S_H表示水平开口的面积(m^2)。

若开口为矩形开口，且矩形的宽为B、高为D，则$S_H=BD$；若开口为椭圆形开口，且椭圆形的长轴为B、短轴为D，则$S_H=\pi/4\cdot BD$。

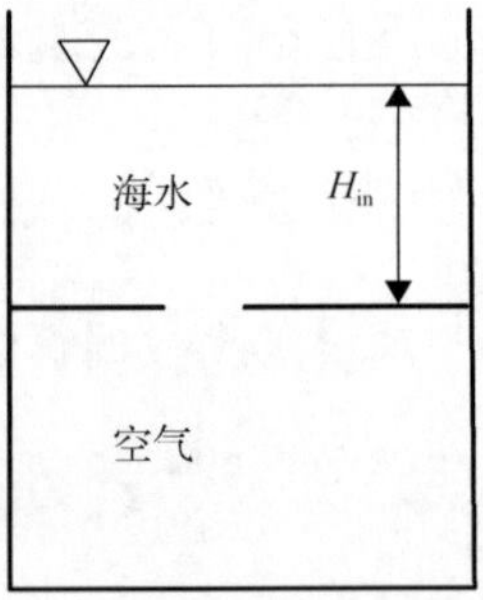

图 3.1.5　水平开口流速示意图(II)

3.1.4　舱室进水速率

3.1.2～3.1.3 节主要讨论了外液面不低于内液面时，开口的流入速度公式。当外液面低于内液面($H_{out}<H_{in}$)，且内液面始终高于开口下缘时，会出现海水向舱外漫延的情况。将式(3.1.9)～式(3.1.15)中的 H_{out} 替换为 H_{in}，H_{in} 替换为 H_{out}，并取负值，即为开口的流出速度公式。

在实际破损灾害中，同一个舱室中可能出现多个开口。若 n 为开口的数目，则第 j 个舱室的总进水速率为

$$q_j = \sum_{i=1}^{n} q_i \tag{3.1.16}$$

式中，q_i 表示第 i 个开口的流速(m^3/s)。

3.2　横摇条件下舰艇稳性的评估计算

3.2.1　横摇进水过程中的姿态模型

舰艇破损进水后，由横摇导致的舰艇倾覆是舰艇面临的最危险的情况。为此，本小节主要研究舰艇横摇运动时进水过程中的运动模型。

在一定的海况条件下，舰艇在破损进水过程的横摇运动中将受到风倾力矩(M_{WD})、舰艇自身惯性力矩(M_{int})、阻尼力矩(M_{damp})、扶正力矩(M_r)及舱室进水的倾斜力矩(M_{inc})的作用，如图 3.2.1 所示。在横摇过程中，横倾角、横倾角速度和横倾角加速度分别用 θ、θ' 和 θ'' 表示。

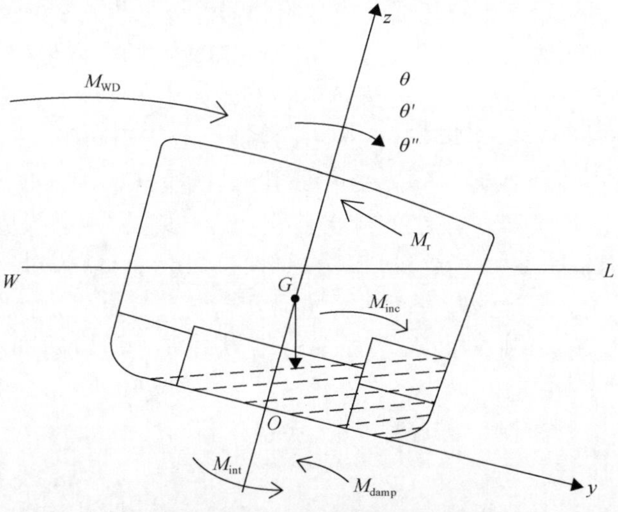

图 3.2.1　进水过程横摇受力图

本小节在建立进水过程的姿态参数计算模型时，做如下基本假设：

(1) 外界动倾力矩不考虑波浪力矩，主要考虑横向风倾力矩的作用，包括突风力矩和静风力矩。

(2) 进水和舰艇的横摇耦合运动是主要的，忽略纵摇和升沉运动的影响。

(3) 在横摇过程中，舱内液面保持与外界水平面相平，不考虑舱内液体的激荡作用。

横摇运动时，舰艇进水过程中的姿态参数模型应满足如下方程：

(1) 横摇运动方程。

(2) 垂向受力平衡方程。

(3) 纵向平衡方程。

(4) 所有进水舱室应满足进水量平衡方程，即任意时刻通过破口流入舱室的总流量等于舱室内进水的增加量。

(5) 各个破口的进水流线应满足伯努利方程。

此时，计算模型满足如下方程组[4-6]：

$$
\begin{cases}
(I+I_{\mathrm{fc}})\ddot{\theta}(t)+B_1\dot{\theta}+B_2\left|\dot{\theta}\right|\dot{\theta}+V\left[\left(\overline{y}_C-y_G\right)\cos\theta+\left(\overline{z}_C-z_G\right)\sin\theta\right]=\dfrac{0.0035V_{\mathrm{w}}^2A_{\mathrm{w}}z_{\mathrm{w}}\cos^2\theta}{2240} \\
\overline{V}(T_{\mathrm{m}},\theta,\phi,V_{\mathrm{c}})-V_0=0 \\
M_{yz}(T_{\mathrm{m}},\theta,\phi,V_{\mathrm{c}})+M_{xy}(T_{\mathrm{m}},\theta,\phi,V_{\mathrm{c}})\tan\phi=0 \\
s_j\cdot\dfrac{\mathrm{d}H_j}{\mathrm{d}t}=q_j
\end{cases}
\tag{3.2.1}
$$

式中，I 和 I_{fc} 分别为船体本身的惯性矩和附加惯性矩 (m^4)；B_1 和 B_2 为阻尼系数；θ 为横倾角 (°)；ϕ 为纵倾角 (°)；y_G 为未破损舰艇重心的横向坐标 (m)；z_G 为未破损舰艇重心的垂向坐标 (m)；“ ¯ ”表示船体初始要素与进水损失要素之差，称为水线面或水下部分的有效要素；$\overline{y}_C$ 为破损舰艇浮心的横向坐标；$\overline{z}_C$ 为破损舰艇浮心的垂向坐标；V_{w} 为风速；A_{w} 为受风面积；z_{w} 为受风面积中心至平均吃水一半点处的距离 (m)；V 为破损舰艇的排水体积 (m^3)；V_0 为未破损舰艇的排水体积 (m^3)；V_{c} 为舱室的进水体积 (m^3)；T_{m} 为船舯吃水 (m)；M_{yz} 为对 yOz 平面的纵向体积静矩 (m^4)；M_{xy} 为对 xOy 平面的垂向体积静矩；s_j 为第 j 个舱室的自由液面面积 (m^2)；H_j 为第 j 个舱室的水位高 (m)；q_j 为第 j 个舱室的进水速率 (m^3/s)，计算方法见式 (3.1.16)。

3.2.2 模型求解流程

对上述方程组进行分析可知，q_j 是关于 H_j 的函数，因此该微分方程组中变量

的个数是 $n+4$ 个，依次为 H_j、T_m、θ、ϕ 和 t。但方程组(3.2.1)中仅包含了 $n+3$ 个方程，分别为 n 个破损舱室的进水量平衡方程、1 个垂向受力平衡方程、1 个纵向平衡方程和 1 个横摇运动方程。因此，为了求解 H_j、T_m、θ 和 ϕ 随时间 t 的变化关系，必须对 t 进行离散化处理，通过设定时间仿真步长 dt，以求得特定时刻下 H_j、T_m、θ 和 ϕ 的值，进而描述舰艇进水过程中姿态参数的变化规律。由上述分析可知，微分方程组在不同的时刻 T_m、θ 和 ϕ 的值是不同的。换而言之，当时刻 t 固定时，T_m、θ 和 ϕ 可以看成定值，此时该微分方程组就包含了 n 个 H_i 未知量，并且由 n 个非线性微分方程构成，具备了求解的最基本条件。

通过求解进水量平衡微分方程，可以得出任意时刻 t 破损舱室的进水增量，并得到当前时刻破损舱室总的进水量。根据方程组(3.2.1)中的第 1 个方程求出 $t+dt$ 时刻的横倾角，再由其他方程计算出该时刻舰艇新的船舯吃水、纵倾角、破损扶正力矩和阻尼力矩，并以此作为下一步循环的舰艇横摇姿态。如此循环计算，直到破损舱室的进水量不再发生变化，其求解流程如图 3.2.2 所示。

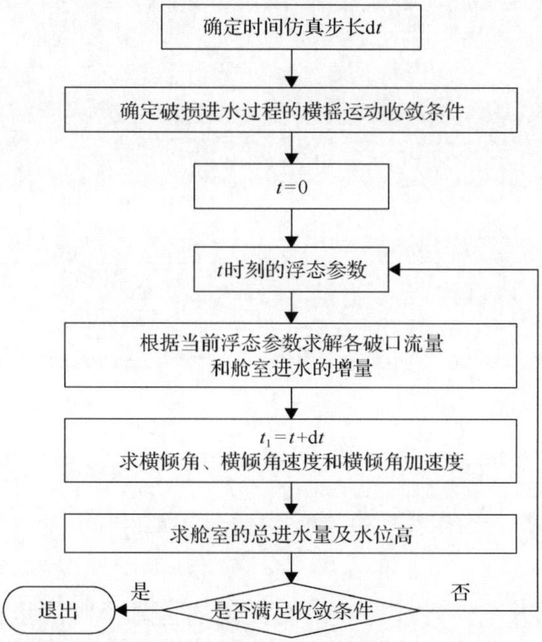

图 3.2.2　求解流程图

3.2.3　横摇运动方程的数值求解

在图 3.2.2 的求解流程中，如何根据方程组(3.2.1)中的第 1 个方程求出 $t+dt$ 时刻的横倾角是求解的关键。本小节将介绍如何使用四阶龙格–库塔方法求解横倾运动微分方程。

横摇运动微分方程可表示为

$$\theta'' = f(t,\theta,\theta') \tag{3.2.2}$$

假设舰艇横倾角及横倾角速度的初始值分别为

$$\theta(0) = \theta_0, \quad \theta(0)' = \theta'_0 \tag{3.2.3}$$

若 $\omega = \theta'$，则二阶微分方程可变为如下一阶微分方程组：

$$\begin{cases} \omega' = f(t,\theta,\omega), \quad \omega(0) = \theta'_0 \\ \theta' = \omega, \quad \theta(0) = \theta_0 \end{cases} \tag{3.2.4}$$

对横摇运动微分方程而言，设第 k–1 个仿真时刻，即 $(k\text{–}1)\cdot \mathrm{d}t$ 时刻的横倾角为 θ_{k-1}，横倾角速度为 ω_{k-1}。通过下面的四阶龙格–库塔方法求解 $k\cdot \mathrm{d}t$ 时刻舰艇的横倾角及其横倾角速度为

$$\begin{cases} K_{k,1} = f(t_{k-1},\theta_{k-1},\omega_{k-1}) \\ K_{k,2} = f\left(t_{k-1} + \dfrac{\mathrm{d}t}{2}, \theta_{k-1} + \dfrac{\mathrm{d}t}{2}\omega_{k-1}, \omega_{k-1} + \dfrac{\mathrm{d}t}{2}K_{k,1}\right) \\ K_{k,3} = f\left(t_{k-1} + \dfrac{\mathrm{d}t}{2}, \theta_{k-1} + \dfrac{\mathrm{d}t}{2}\omega_{k-1} + \dfrac{\mathrm{d}t^2}{4}K_{k,1}, \omega_{k-1} + \dfrac{\mathrm{d}t}{2}K_{k,2}\right) \\ K_{k,4} = f\left(t_{k-1} + \mathrm{d}t, \theta_{k-1} + \mathrm{d}t\omega_{k-1} + \dfrac{\mathrm{d}t^2}{2}K_{k,2}, \omega_{k-1} + \mathrm{d}tK_{k,3}\right) \\ \omega_k = \omega_{k-1} + \dfrac{\mathrm{d}t}{6}(K_{k,1} + 2K_{k,2} + 2K_{k,3} + K_{k,4}) \\ \theta_k = \theta_{k-1} + \mathrm{d}t\omega_{k-1} + \dfrac{\mathrm{d}t^2}{6}(K_{k,1} + K_{k,2} + K_{k,3}) \end{cases} \tag{3.2.5}$$

横摇运动微分方程的系数是随时间变化的。每个时间步长内，$K_{k,1}$、$K_{k,2}$、$K_{k,3}$ 和 $K_{k,4}$ 是不同的，其与 $(k\text{–}1)\cdot \mathrm{d}t$ 时刻的进水量、舰艇横倾角及横倾角速度有关。

3.2.4 实验设计

为了验证上述计算模型的准确性，本小节设计并进行了船模实验。船体和舱壁均使用 2mm 厚的钢板制作；船模长 1.2m，水线宽 0.3m、高 0.7m；重心坐标为

(0m, 0m, 0.16m)；船模重 113kg，平均吃水 0.335m，初始横倾角和纵倾角均为 0°，船模的基本外形如图 3.2.3 所示。

图 3.2.3　船模外形图

船模共设置 7 个液位传感器。其中，3 个液位传感器用于测量 3 个实验舱室的水位高度，另外 4 个液位传感器用于测量船艏、船艉、船舯底部及船舯右舷连杆端的吃水。

船模共设置 5 个纵舱壁和 1 个横舱壁，纵舱壁及横舱壁的设置情况如图 3.2.4 所示。整个船模共分为 3 个区域。纵舱壁 2 和纵舱壁 3 之间为压载区，主要用于放置钢块，调整船模重心的垂向坐标和纵向坐标；纵舱壁 1 和纵舱壁 2 之间为两舱横向漫延和不对称单舱的进水过程横摇运动实验区；纵舱壁 3 和纵舱壁 4 之间为横向对称单舱的进水过程横摇运动实验区。

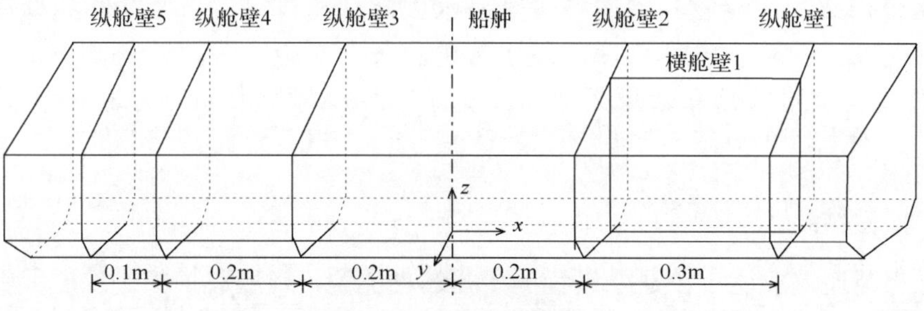

图 3.2.4　船模舱壁构成图

实验测量装置主要包括液位传感器和数据采集系统。其中，液位传感器型号为 JPGX3MC4，测量范围为 0～10kPa，即 0～1m 的液位高度，供电电压为 24V 直流电，输出信号为 0～5V 电压信号，测量精度为 0.1%。数据采集系统是为了实时采集实验过程中的液位变化，采用 Visual Basic 语言编写，可以同时采集和显示 8 个通道的测量装置电压信号，并且可以指定采样频率。数据采集装置及系统界面如图 3.2.5 所示。

这里进行三类横摇运动下进水过程的船模实验，分别为横向对称单舱的进水过程横摇运动实验、不对称单舱的进水过程横摇运动实验及两舱横向漫延的进水过程横摇运动实验。

上述实验涉及的 3 个舱室的具体设置情况如图 3.2.6 所示。

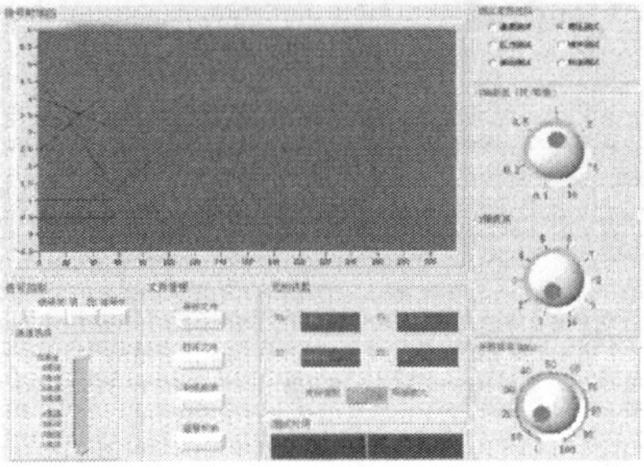

图 3.2.5　数据采集界面

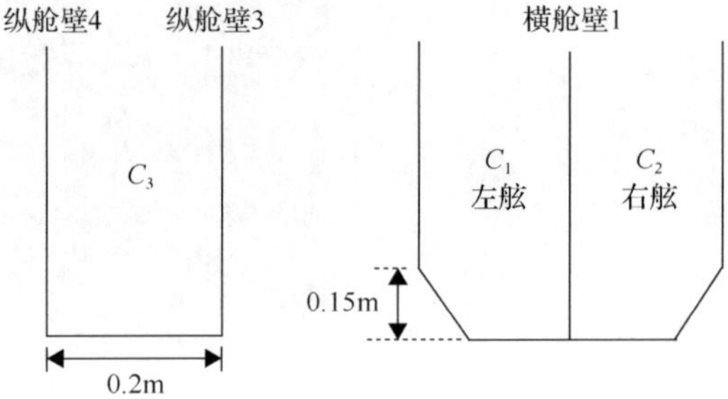

图 3.2.6　船模的舱室设计

设计的实验内容如表 3.2.1 所示。

表 3.2.1　实验内容表

序号	实验内容	实验区域
1	横向对称单舱的进水过程横摇运动实验	C_3 舱
2	不对称单舱的进水过程横摇运动实验	C_2 舱
3	横向漫延的进水过程横摇运动实验	C_1 和 C_2 舱

实验步骤如下：首先将船模置于静水中，使船模横倾于某一初始横倾角，并记录下来；然后打开和关闭上述实验内容各自对应的破口，任其自由横摇；最后通过液位传感器和数据采集系统记录初始横倾角和进水过程的横摇运动曲线。

3.2.5　实验结果

本小节通过上述 3 个进水过程的横摇运动实验，对舰艇横摇进水过程中的姿态参数计算模型予以验证。实验数据由数据采集系统获得；仿真计算数据则根据求解流程图，利用四阶龙格–库塔算法，通过 Visual Basic 语言编程，并结合 Access 数据库计算求得。实验测量数据和仿真计算结果如图 3.2.7～图 3.2.9 所示。本小节主要给出横倾角的变化情况。图中，3 个初始横倾角在传感器测量精度较大的角度范围(20°)内选取。

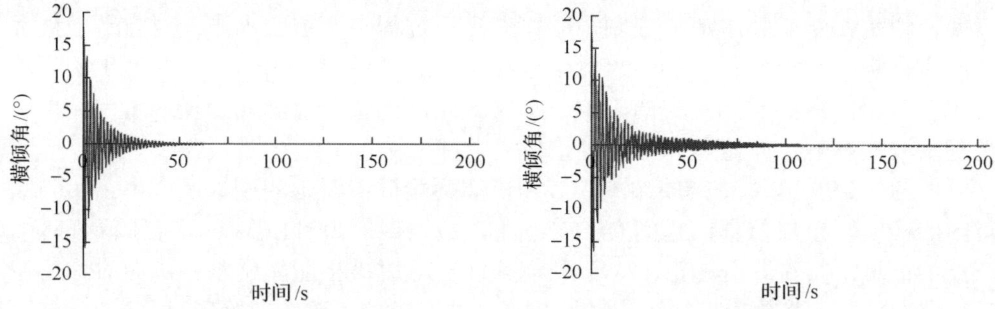

(a) 仿真结果　　(b) 实验结果

图 3.2.7　初始横倾角为 19.1°时的横向对称单舱进水过程

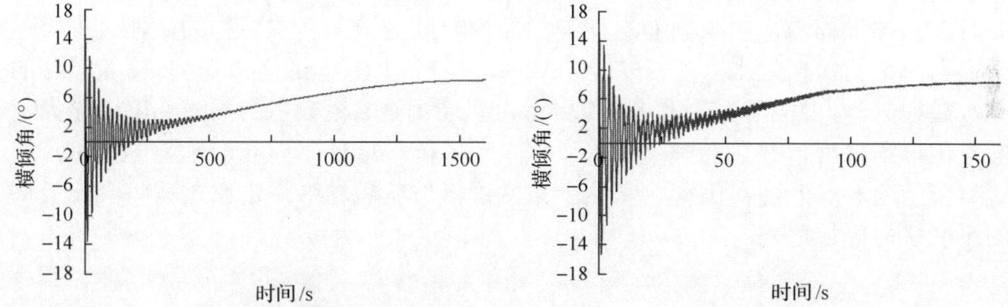

(a) 仿真结果　　(b) 实验结果

图 3.2.8　初始横倾角为 16.3°时的不对称单舱进水过程

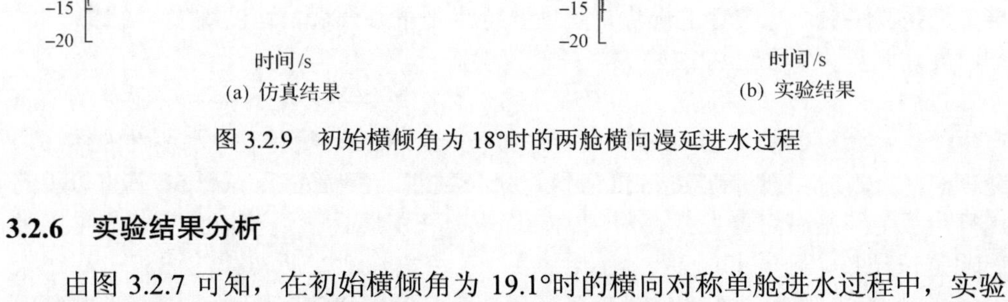

(a) 仿真结果　　(b) 实验结果

图 3.2.9　初始横倾角为 18°时的两舱横向漫延进水过程

3.2.6　实验结果分析

由图 3.2.7 可知，在初始横倾角为 19.1°时的横向对称单舱进水过程中，实验测得的船模横倾角与仿真结果基本一致，误差在 8%之内。

由图 3.2.8 可知，在初始横倾角为 16.3°时的不对称单舱进水过程中，实验测得的船模横倾角与仿真结果间的误差相对较大，最大误差达 10%。产生该误差的主要原因是：受实验水池的限制，船模在横摇过程中产生的水波会对自身横摇运动产生影响；实验装置中的传感器信号线是从船模横向引出的，由此产生的附加力矩会对船模横摇起到一定的影响；不仅如此，传感器信号线会浸入水中，也会受到水波的影响，而这些因素在理论仿真中都无法计算。

由图 3.2.9 可知，在初始横倾角为 18°的两舱横向漫延的进水过程中，实验测得的船模横倾角与仿真值之间有一些差距，最大误差为 11.6%。但对于漫延时间节点的计算，实验测得在第 198 个采集点(19.8s)时破损舱室进水开始向对称舱室漫延；仿真显示是在第 215 个采集点(21.5s)时破损舱室进水开始向对称舱室漫延，两者相差较小。

C_1 舱和 C_2 舱是横向对称的，如果两者同时进满水，那么最终横倾角为 0°，并且在横摇过程中，船模向右与向左的摇摆幅度应该是基本对称的。该过程类似于横向对称舱破损进水，相对安全。然而，当考虑 C_2 舱通过破口向 C_1 舱漫延的进水过程时，从图 3.2.9(a)和图 3.2.9(b)可以看出，船模向右的摇摆幅度明显大于向左的摇摆幅度，并且在整个进水过程中，船模长期处于向右舷倾斜的状态，船模有可能向右舷倾覆。因此，从这个角度讲，破舱后的中间进水过程将会比最终的平衡状态更加危险。

3.3　火灾效应的损伤仿真

3.3.1　舰艇火灾的类型

我国对火灾的分类完全采用国际标准化组织(International Organization for Standardization，ISO)的分类方法。按照国家标准《火灾分类》(GB/T 4968—2008)的规定，火灾分为 A、B、C 和 D 四类。此外，舰艇上还可能发生带电设备燃烧火灾、弹药火灾[7]。

(1) A 类火灾。俗称普通火，指由含碳固体物质发生的火灾，如木材、棉、麻、纸张、塑料、橡胶等的燃烧，其主要特点是里外燃烧，速度缓慢，温度不高。同时要注意灭火后防止深层隐火，死灰复燃。

(2) B 类火灾。俗称油火，指液体物质和在燃烧条件下可溶化的固体物质所产生的火灾。这类物质包括石油产品(汽油、煤油、柴油、石蜡等)、水溶性液体(醇、醚、酮、醛等)。主要特点是表面燃烧，火势猛烈，容易蔓延、爆炸。航空母舰的飞行甲板上还很有可能发生非限制的油面火、飞机障碍火、流淌火等。根据国外燃油测试结果，舰载机的副油箱破裂后，航空燃油泄漏所覆盖的面积可高达近 400m^2。因此，舰载机在航空母舰飞行甲板上引起的火灾，相对于中小型舰艇而言，火场范围更广、火灾面积更大，更难扑救。

【案例链接】1975 年 11 月 22 日，“肯尼迪”号航空母舰在地中海与“贝尔纳普”号巡洋舰发生碰撞，如图 3.3.1 所示[8]。碰撞时，“肯尼迪”号航空母舰正在给飞机加油，所有的加油管都处于加压状态，巡洋舰的撞击冲击引起加油管破裂，飞机燃油外泄并起火。油火迅速蔓延，引燃了储藏室中电子设备的泡沫包覆物和易燃性包装。这使得火灾规模进一步扩大。该火灾事故既有油火(B 类火灾)，也有普通火(A 类火灾)。

图 3.3.1　“肯尼迪”号航空母舰碰撞图[8]

(3) C 类火灾。俗称气体火，由气体物质(如氢气)燃烧造成的火灾。潜艇蓄电池容易产生氢气，极有可能引起爆炸。

【案例链接】2010 年，印度“辛杜拉克沙克”号潜艇的电池阀门错误打开，导致氢气泄漏，最终造成蓄电池室爆炸起火[9]。

(4) D 类火灾。俗称金属火，由金属燃烧产生的火灾。这类金属有钾、钠、锂、镁、锌及铝镁合金等。用轻金属(如铝)合金构成上层建筑的舰艇可能发生此类火灾。这类物质化学性质特别活泼，与水、N_2、CO_2、卤代烷及普通干粉能发生激烈的化学反应或者发生爆炸。

【案例链接】1966 年 10 月，美国“奥里斯坎尼”号航空母舰有一枚信号弹在搬运时，拉线被挂在水密门上，该信号弹开始燃烧[10]。由于惊慌失措，舰员不慎误将这枚燃烧的信号弹投入了装有 700 枚信号弹的箱内。舰员接上水灭火系统来扑灭火焰，然而，火与燃烧的镁(信号弹内)接触后释放出氢气，结果造成该舰起火。

(5) 带电设备燃烧火灾。俗称电火，这类火灾的特点是起火突然，并带电燃烧。灭火时为防止人员触电须选用不导电的灭火材料，如 CO_2、卤代烷、干粉等。灭火前应尽可能切断电源。

(6) 弹药火灾。俗称弹药火，由弹药燃烧造成的火灾。由于弹药本身带有助燃剂(氧化剂)，不需要外界供给氧气即可维持燃烧，因此不能使用覆盖类或稀释氧类的灭火剂。

【案例链接】1967 年，A-4 攻击机的飞行员不慎把机上悬挂的油箱掉落到了“福莱斯特”号航空母舰的飞行甲板上[11]。油箱内燃油起火，并沿飞行甲板流出，大火引爆了机上的一枚导弹。飞行甲板上飞机密集，火焰很快席卷了整个机群，甲板上的水灭火系统和泡沫灭火系统未能控制火势，如图 3.3.2 所示。大火烧了一昼夜直至次日 12 时 30 分才完全熄灭。舱室内充满了大量有害气体，这是电缆和其他材料燃烧释放的，这些毒烟历时三昼夜才被完全清除。

图 3.3.2　美国“福莱斯特”号航空母舰飞行甲板大面积火灾[11]

弹药引起的火或者火引向弹药，比前五类火灾更严重，危害更大。战时的火灾，往往是由中弹引起的。舰艇中弹后，不仅灼热的弹片会引起舰艇火灾，而且导弹等武器剩余燃料的燃烧，使舰艇火灾更为迅猛。加上舰艇的破损，装备的损毁，人员的伤亡，灭火更为困难。舰载机的上舰，不仅使闪点很低的煤油上舰成为必然，而且舰载机的起飞降落使得火灾发生的可能性显著增大。由此可见，军舰特别是战斗舰艇防火、灭火较民船更具有重要意义。在和平时期，舰艇由火灾造成的灾害损失约占其灾害总损失的 40%。

3.3.2　燃烧热

放热是燃烧反应的重要特征。可以认为，可燃物质的燃烧过程是吸热和放热化学过程及传热物理过程的综合。放出的热量由可燃物中的化学能经燃烧反应转换而来。在反应的所有区域内，吸热量与放热量的平衡遭受破坏时，若放热量大于吸热量，则燃烧持续进行；若放热量小于吸热量，则燃烧熄灭[12]。

1. 燃烧热的表示方法

燃烧热（$\Delta H_c^{\ominus}$）：1mol 有机化合物在 25℃、101.325kPa 下完全燃烧时所放出的热量称为该化合物的燃烧热。完全燃烧是指 C 变为 CO_2(气)，H 变为水，S 变

为 SO_2(气)，N 变为 NO_2(气)等。燃烧热的单位为 kJ/mol。

有很多可燃物，如木材、棉花、煤及竹制品，由于其分子结构很复杂，其摩尔质量很难精确确定，因此燃烧放出的热量用热值表示。

2. 热值

单位质量或单位体积可燃物完全燃烧时放出的热量称为热值。对于液态和固态的可燃物，其热值单位通常是 kJ/kg；对于气态的可燃物，其热值单位通常是 kJ/m^3。以质量作为单位的热值又称质量热值，用 Q_m 表示；以体积作为单位的热值又称体积热值，用 Q_v 表示。热值越高的可燃物，燃烧时火势越猛，温度越高，热辐射强度越大。

某些单质或化合物燃烧放出的热量，既可以用燃烧热表示，又可以用热值表示，并具有以下换算关系：

$$\Delta H_c^\ominus = \frac{M}{1000} Q_m \tag{3.3.1}$$

$$\Delta H_c^\ominus = \frac{22.4}{1000} Q_v \tag{3.3.2}$$

$$Q_m = \frac{22.4}{M} Q_v \tag{3.3.3}$$

式中，M 为摩尔质量，g/mol。

如果可燃物中含有水分和氢元素，那么热值还可以表示为高热值和低热值。

高热值(Q_H)是指可燃物中的水和氢燃烧生成的水以液态存在时的热值。

低热值(Q_L)是指可燃物中的水和氢燃烧生成的水以气态存在时的热值。

因为水从液态变成气态时，需从燃烧放出的热量中吸收部分热量(即汽化热)，故低热值比高热值低。

热值可以用如下门捷列夫公式进行计算：

$$Q_H = 4.2\left(81w(C) + 300w(H) - 26\left(w(O) - w(S)\right)\right) \tag{3.3.4}$$

$$Q_L = 4.2\left(81w(C) + 246w(H) - 26\left(w(O) - w(S)\right) - 6W\left(H_2O\right)\right) \tag{3.3.5}$$

式中，$w(C)$、$w(H)$、$w(O)$、$w(S)$和 W 分别为可燃物中碳、氢、氧、硫和水分的质量分数。

例 4-1-1　求 5kg 木材燃烧的高、低热值。已知木材的组成如下：C 质量分数为 43%，H 质量分数为 7%，O 质量分数为 41%，N 质量分数为 2%，水质量分数为 7%。

解

$$Q_H=4.2\times(81\times43+300\times7-26\times41)$$

$$Q_L=4.2\times(81\times43+246\times7-26\times41-6\times7)$$

5kg 木材的高热值为 18971.4×5=94857(kJ)；低热值为 17207.4×5=86073(kJ)。

在火灾燃烧反应中，水均以气态存在，应取低热值进行计算。

燃烧热或热值在燃烧反应中可以用热化学方程式来表示，把反应热写在生成物的末端。

$$2CO+O_2\longrightarrow 2CO_2\qquad \Delta H=-566.306\text{kJ/mol}$$

$$2C_2H_2+5O_2\longrightarrow 4CO_2+2H_2O\qquad \Delta H=-2604.190\text{kJ/mol}$$

3.3.3　火灾能量传递的方式

1. 热传导

热量从物体中温度较高的部分传递到温度较低的部分，或者从温度较高的物体传递到与之接触的温度较低的另一物体的过程，称为热传导，又称导热。这种热传递形式主要是依靠物体分子的热运动来进行的，物体本身并没有相对移动。例如，某房间着火，火源靠近穿墙管，而穿墙管伸入隔壁房间的另一端又接触到易燃物，那么热量就有可能从起火的房间沿穿墙管传递到隔壁房间的易燃物上，并使其着火，这就是热传导的例子。

同样，因为舰艇是金属建造的，火灾可以以热传导的方式通过甲板和舱壁从起火舱室向其相邻舱室蔓延。

固体、液体和气体物质都有这种热传导性质，其中以固体物质为最强，气体物质为最弱。固体物质是多种多样的，其热传导能力也各不相同。通常金属比非金属材料的热传导性能好。例如，在火灾条件下，木质结构表面虽然已达到高温，甚至发生燃烧，但其内部温度几乎不发生变化。如果是钢梁就会被迅速加热，并能把热量很快地传导出去，使钢梁失去支撑。这是因为金属比木材的热传导能力强。几种固体物质的导热率如表 3.3.1 所示。此外，热源温度也会影响传热速率。热传导性能好，传热速率越快，就越容易使火灾蔓延扩大。因此，从消防观点来看，物质导热率越大、热源温度越高，对灭火工作越不利。

表 3.3.1　几种固体物质的导热率　　(单位：W/(m·K))

物质	导热率	物质	导热率	物质	导热率
木材	1.25～4.18	毛毡	0.63	黄铜	1086.80
纸板	1.25	石棉	1.25～2.5	碳钢	528.00～501.60
胶合板	0.42～1.25	石棉酚醛塑料	1.05	水泥	2.93
陶瓷	10.45	混凝土	8.63～12.54	石英	66.88～125.40
普通玻璃	5.85～7.52	大理石	29.68		
泡沫玻璃	0.42～1.25	花岗岩	33.44		

2. 对流

对流换热是指流体在流动过程中与周围固体或者流体之间发生的热量交换。例如，环境流体在固体表面流动过程中，热量从固体传向气体、液体或是从气体、液体传向固体。流体在外力作用下连续不断地流过固体表面，这种对流称为受迫对流。例如，火灾中暴露于热气体中的水喷淋头易爆阀与热气体之间的换热即属于受迫对流换热；靠近热固体的热气流由浮力驱动的流动称为自然对流。

低甲板上火灾引起的热烟会水平沿着通道传播，然后经梯子和舱口上升，沿着其路径加热易燃材料。为了防止火灾蔓延，便于灭火，有必要通过舰艇舱口向船外排出热量、烟和气体。如果使用舰艇通风系统，热烟气可能沿着通风道引起二次火灾。

火场中通风孔洞面积越大，热对流的速度越快；通风孔洞所处位置越高，热对流速度越快。热对流是热传播的重要方式，是影响初期火灾发展的最主要因素。

(1) 高温热气流能加热其流经途中的可燃物，产生新的燃烧点。

(2) 热气流能够向任何方向传递热量，但一般总是向上传播，引起上层甲板、上层舱室的燃烧，或者从舱室舱口流出引燃上层舱室可燃物等物造成蔓延。

(3) 通过通风孔口进行热对流，使新鲜空气不断流进燃烧区，供应持续燃烧。

扑救火灾时，为消除和降低气体流动对火势发展的影响，应考虑以下方面：

(1) 设法堵塞能够引起气体流动的孔洞。

(2) 把烟雾导向没有可燃物质和危险性较小的地方。

(3) 用喷雾(水)冷却，降低烟气流的温度，如图 3.3.3 所示。

对流不仅发生在气体之间，还发生在液体之间。以电饭煲煮饭过程中的热量传递为例进行说明，热源(火)对容器(锅及代替品)以辐射的方式传递热量，容器吸收热量后又以传导的方式对容器内的液体(水)加热，液体中靠近容器的部分受热膨胀，使受到的浮力大于重力时上升，上升过程对其间的固态食物以传导的方式加热。当热源不断放热时，固态食物也就不断吸热，直至由生变熟。这个过程，主要是液体的对流。

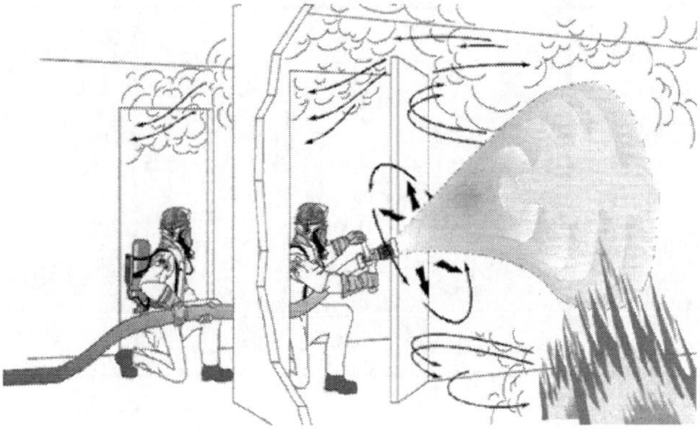

图 3.3.3　水雾扫射降低热对流的热传递

3. 热辐射

热辐射是物体因其自身温度而发射出的一种电磁辐射。当一个物体被加热其温度上升时，一方面它将通过对流损失部分热量[若置于流体(如空气)中]，另一方面它通过热辐射损失部分热量。当其温度为 550℃左右时，辐射大量能量的波长对应于光谱的暗红到可见光区域，随着温度进一步升高，可明显地观察到其颜色的变化，因而可以通过观察、对比物体颜色的变化来粗略地确定其温度，这说明温度不同的物体，辐射波长的范围也不相同。

在火场上，为减小热辐射对灭火工作的影响和防止辐射产生新火点，可采取以下方法：

(1) 可增加受辐射物体与辐射源的距离和改变物体角度以减少辐射。灭火人员要选择适当的水枪喷射角度，以减少辐射的影响。

(2) 灭火时，可利用移动式屏障或水枪水帘，遮断或减少辐射热。

表 3.3.2 和表 3.3.3 给出了典型材质在不同能量传递方式下，被引燃的时间阈值。表 3.3.4 和表 3.3.5 给出了人体和电子设备的耐热极限。

表 3.3.2　典型材质的引燃阈值(30s 内引燃)

材料	热烟气(烤炉效应)	热金属接触(煎锅效应)	热辐射强度/(kW/m^2)
纸张	450℉(230℃)	480℉(250℃)	20
布料	480℉(230℃)	570℉(300℃)	35
木头	570℉(300℃)	660℉(350℃)	40
线缆	700℉(370℃)	840℉(450℃)	60

表 3.3.3　不同热辐射条件下的纸张引燃时间

热辐射强度/(kW/m^2)	引燃时间/s
20	25
25	14
35	8
50	3.5
75	2.5

表 3.3.4　人体耐热极限

热烟气温度	人体损伤	热辐射强度/(kW/m^2)	人体损伤
200℉ (90℃)	35min 人体机能损伤，60min 死亡	1	晴天正午太阳辐射
300℉ (150℃)	5min 人体机能损伤，30min 死亡	5	裸露皮肤痛感阈值
380℉ (190℃)	即刻人体机能损伤，15min 死亡	10	皮肤立刻灼伤起泡
400℉ (200℃)	不可逆呼吸道损伤		
650℉ (340℃)	死亡		

表 3.3.5　电子设备耐热温度阈值

耐热温度	电子设备损伤
120℉ (50℃)	计算机出现故障
300℉ (150℃)	计算机永久故障
480℉ (250℃)	数据传输线缆失效

4. 典型舱室火灾发展过程中的能量传递方式

某舱室的火灾发展过程如图 3.3.4～图 3.3.7 所示。

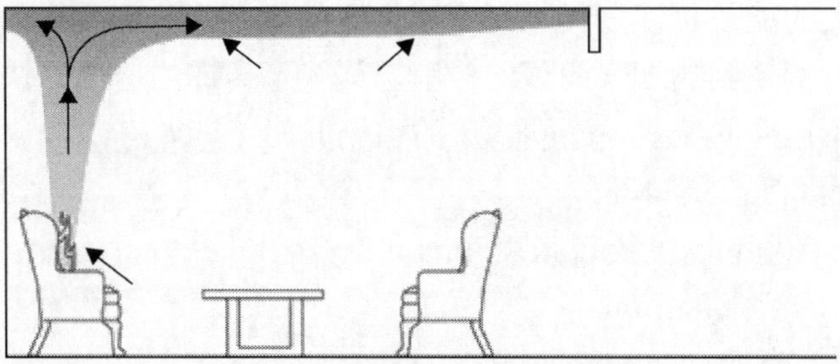

图 3.3.4　可燃物着火并形成热烟气层

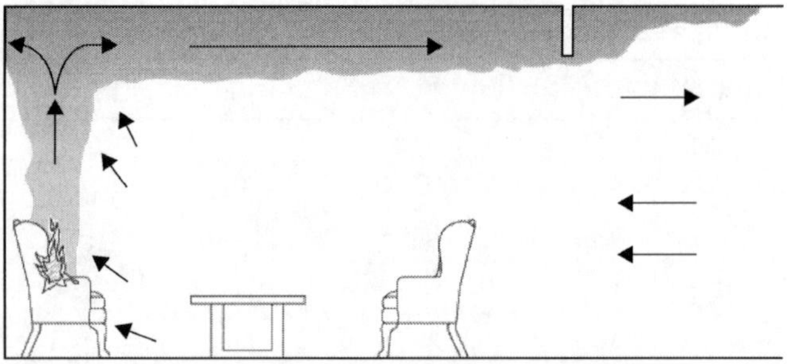

图 3.3.5　热烟气层开始累积沉降

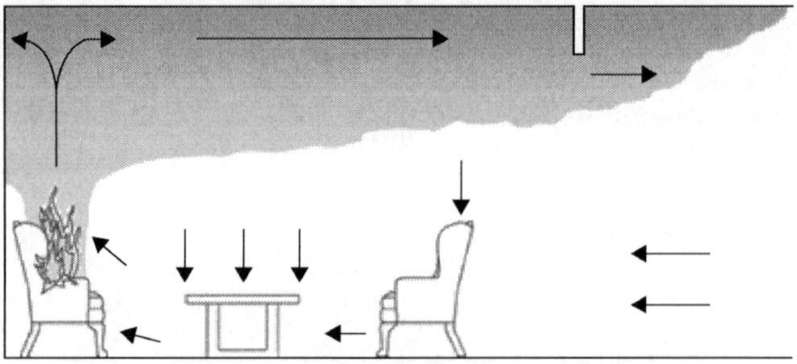

图 3.3.6　热烟气层厚度增加并开始向新的可燃物辐射能量

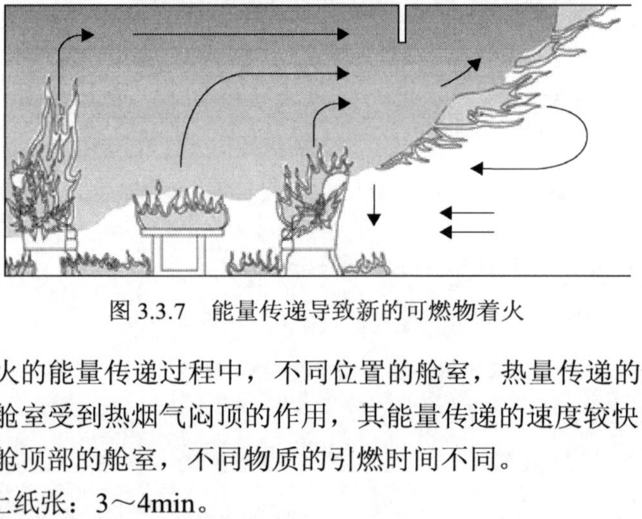

图 3.3.7　能量传递导致新的可燃物着火

在舱室起火的能量传递过程中，不同位置的舱室，热量传递的速度不同。在起火舱顶部的舱室受到热烟气闷顶的作用，其能量传递的速度较快。

对于起火舱顶部的舱室，不同物质的引燃时间不同。

(1) 甲板上纸张：3～4min。

(2) 甲板上 0.33m 高度的纸张：5min。

(3) 柜子内的纸张：15min。

(4) 舱室顶部电缆：25min。

对于起火舱右侧相邻的舱室，不同物质的引燃时间不同。

(1) 距离起火舱壁 0.33m 的纸张：20min。

(2) 紧贴起火舱壁的纸张：7min。

(3) 距离起火舱壁 0.33m 的电缆：40min。

(4) 舱室顶部纸张：未引燃。

3.3.4　火灾能量传递的影响

起火舱室可以使相邻舱室的空气温度、甲板温度和舱壁温度升高，如图 3.3.8 所示；起火舱室使相邻舱室产生热辐射，如图 3.3.9 所示；起火舰室并使相邻舱室发生设备损失和人员伤亡，如图 3.3.10 所示。

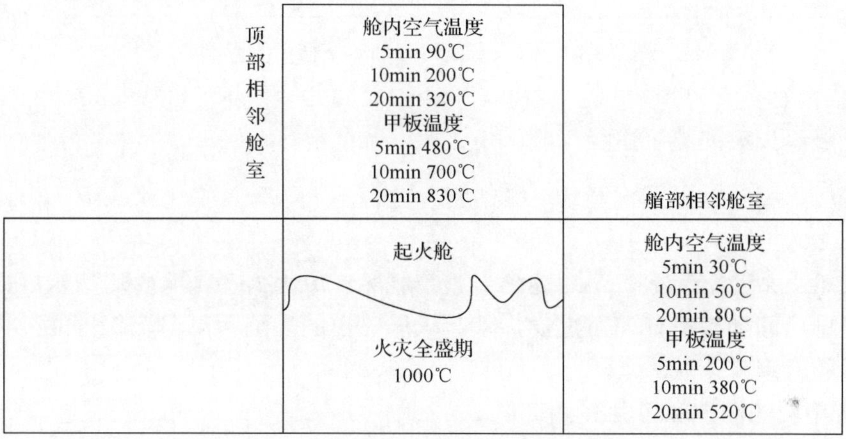

图 3.3.8　火灾蔓延对相邻舱室温度的影响

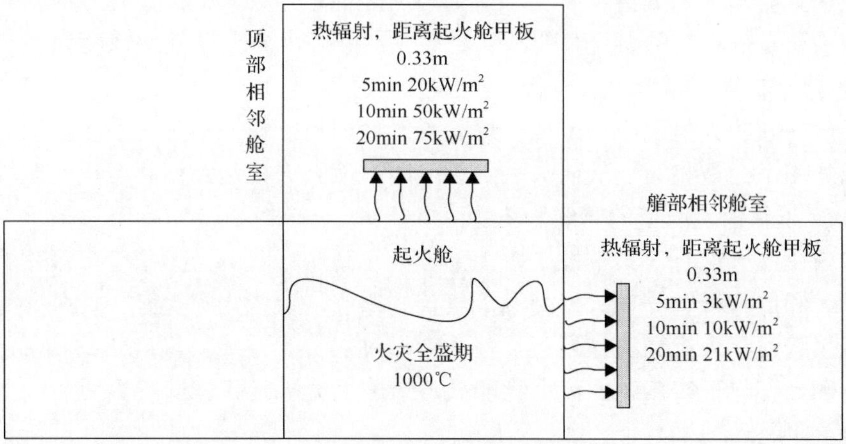

图 3.3.9　火灾蔓延对相邻舱室热辐射的影响

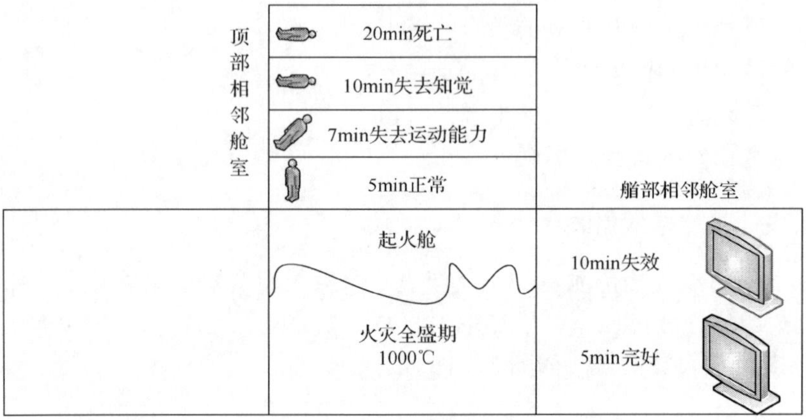

图 3.3.10　火灾蔓延对相邻舱室伤亡的影响

3.3.5　舰艇火灾的蔓延途径

舰艇火灾有以下五种蔓延途径。

1）舱壁门

舰艇上某舱室起火，最后蔓延到整个舰艇，原因大多是舱内的门未能把火挡住。走廊内即使没有任何可燃物，从起火舱喷出的火焰和高温烟气也能把火蔓延到较远的舱室或区域。

2）甲板的洞孔和各种竖井管道

由于舰艇功能的需要，舰艇往往设有各种竖井管道和竖向开口部位等。在舰艇发生火灾时，大部分情况下会产生如前所述的正向烟囱效应，造成火灾迅速向上部甲板层蔓延。实验研究表明，高温烟气在竖井内向上蔓延的速度为 3～5m/s。

3）舱内非防火隔墙

当舱内非防火隔墙应当采用不燃、难燃性材料制作，而耐火性很差时，在火灾高温作用下会被烧坏，从而失去隔火作用，使火灾蔓延到相邻舱室或区域。

4）穿越甲板、舱壁的管线和缝隙

舱内发生火灾时，其中性层以上部位处在高压力状态，该部位穿越甲板、舱壁的管线和缝隙很容易把火或高温烟气传播出去，造成火灾蔓延。此外，穿过舱室的金属管线在火灾高温作用下，往往会通过热传导方式将热量传到相邻舱室或区域一侧，使与管线接触的可燃物起火，造成火势蔓延。

5）闷顶

因为高温烟气是向上升腾的，所以舱顶上的入孔及通风都是高温烟气的必经之处。高温烟气一旦进入闷顶空间内，若闷顶内没有主防火墙并且空间大，则很容易造成火灾水平和垂向蔓延。

3.3.6　烟气的危害

在许多火灾中，人不是被火直接烧死的，而是有毒烟雾使其窒息中毒而死。当烟火区 CO 的含量达到 0.5%，或空气中氧的含量低于 14.18%时，均可致人死亡。另外，烟气中还含有其他有毒气体，如 CO_2、H_2S、HCl、SO_2、NO_2 等，这些气体会刺激人的呼吸中枢，导致呼吸急促，烟气吸入量增加，使人头痛、神志不清甚至窒息。

1. 对人体的毒害

实验表明，当空气中 CO 含量为 0.7%～1.0%时，数分钟就会使人失去知觉，以致死亡。CO 是一种无色、无味、有毒的气体，CO 极易与血红蛋白结合形成碳氧血红蛋白，使人缺氧窒息。当空气中 CO 含量达到 1.0%时，1～2min 就可使人中毒死亡。

【案例链接】1982 年，在马岛战争中，英国“谢菲尔德”号驱逐舰中弹起火，点燃了舱内的电缆绝缘层，产生有毒的 HCl 气体。火灾产生的浓烟无法及时排出，导致该舰计算机室里的人全部窒息死亡[13]。

2. 对安全逃生不利

烟气还会使火场上的能见度降低，能见距离缩短。一般情况下，能见距离小于 3m 时，不熟悉建筑结构情况的人，难以找到安全出口。特别是在电源中断的情况下，无天然采光和电气照明，使人内心产生恐惧，引起混乱。

美国海军航空母舰管理规定，所有人员在上舰报到后 96h 之内必须完成紧急逃生训练。该训练必须包括在蒙住眼睛的条件下从工作和休息位置逃生。

3. 不便于起火点的搜寻

损管队员在进行灭火救援时，同样会因为烟气找不到起火点，辨不清火势发展方向，进而扑救工作难以有效开展，进而形成新的更大火灾区。

【案例链接】2008 年 5 月 22 日，“华盛顿”号航空母舰由舰员乱扔烟头而引发火灾，如图 3.3.11 所示[14]。该舰的官兵用了 7h 才弄清楚火源发生的舱室，继而开始灭火。而这时火灾已经蔓延了 6 层甲板的 80 个舱室。之后消防工作进行了将近 12h 才将大火扑灭。

图 3.3.11 “华盛顿”号航空母舰火灾损伤和灭火图[14]

3.3.7 舱室的火灾载荷密度

火灾对周围环境或物体的影响主要体现在火释放的热量，这是人们考虑火灾危害的首要出发点，也是人们判断火灾危险程度的指标。这里的热量包含如下两层含义：

(1) 可燃物从开始燃烧到熄灭所能释放的最大能量。

(2) 火灾过程中这些能量的释放速率，即可燃物的质量燃烧速率。

在通常情况下，这两项指标主要取决于火灾的种类。由前面描述可知，舰艇火灾种类主要包括 A、B、C、D 类及带电设备燃烧火灾和弹药火灾。

显然，这些不同种类的火灾所能释放的能量和热释放速率都是不同的。不过，不同种类的火灾所能释放的能量和热释放速率主要取决于可燃物的性质。在质量相同的条件下，不同可燃物燃烧时所能释放的能量和能量释放速度是不可能相同的。那么如何规定这些可燃物在火灾中的热释放量呢？本小节用火灾载荷来解决这个问题。火灾载荷是指与所有可燃物完全燃烧时产生相等热量的木材的质量，单位为 kg。

为简化舱室火灾载荷的计算，通常采用如下假设：

(1) 整个舱室内，可燃物均匀分布。

(2) 火灾发生时，着火舱室内的所有可燃物都会全部燃尽。

(3) 火灾载荷由不同可燃物的总热值转换为当量的标准木材量来表示。

经上面假设就可以利用下式表示每个舱室内所有可燃物燃烧时所能释放的最大能量：

$$P_{\mathrm{F}}=\frac{\sum G_i \Delta H_i}{\Delta H_{\mathrm{v}}} \tag{3.3.6}$$

式中，P_{F} 为舱室可燃物的火灾载荷(kg)；G_i 为舱室可燃物的质量(kg)；ΔH_i 为舱室可燃物的热值(kJ/kg)；ΔH_{v} 为木材的燃烧热值(kJ/kg)，一般取 ΔH_{v}=18400kJ/kg。

虽然式(3.3.6)能够描述舱室内可燃物的总量，但是同一可燃物在大小不同的两个空间内燃烧的危险程度是有很大区别的。因此，本小节采用火灾载荷密度来解决这个问题。火灾载荷是指室内单位表面积上的火灾载荷，其表达式为

$$p_F = \frac{P_F}{A_F} \tag{3.3.7}$$

式中，p_F 为火灾载荷密度(kg/m^2)；A_F 为舱室的内表面积(m^2，通风口除外)。由于舱室相对封闭，与舱室的内表面积相比，连通口面积比较小，通常可以忽略连通口的面积。

火灾载荷密度 p_F 表示舰艇上不同大小舱室内可燃物的密集程度。这样，通过火灾载荷密度和舱室的内表面积两个参数，就可以清晰地了解舱室内可燃物的总量。

尽管舰艇上可燃物的种类比陆地建筑中的少得多，但是这些可燃物的种类繁多，起火性质千差万别。不过，这些可燃物在舰艇上的分布是有规律可循的。换句话说，当舰艇舱室的类型确定时，这个舱室可能发生的火灾类型也就基本确定了，如油舱内主要发生油料火灾；集控室最可能发生电气设备引起的电火。

按照防火设计的要求，舰艇建造都尽量避免采用那些易燃易爆物品或者材料，舰艇某些舱室火灾中的热释放量相似但不同于建筑火灾的热释放量。并非所有舱室火灾热释放量要远远高于同条件下的建筑火灾。例如，现代舰艇上的餐厅内可燃物很少，桌椅大多采用不燃材料(如钢铁)做成，而陆地餐厅从人员的舒适性、温馨感受出发，采用了大量的化工材料装饰(这些材料都是可燃的)。舰艇餐厅内的火灾只能为少量的电气设备和线路起火，也就是餐厅这类舱室发生火灾后的热释放量不会很大；相反，弹药库或者油舱起火时，这里的可燃物密集，热释放量极大，若不果断采取措施，后果不堪设想。总之，舰艇上可燃物的热释放量与舰艇舱室的类型具有直接关系。一般而言，根据舰艇舱室空间狭小的特点，弹药库、油舱的载荷密度最大，机舱次之，住舱、餐厅类生活舱室最小。

参照建筑中的火灾载荷密度的规定方法及对各类舱室内可燃物的性质分析，这里给出一般情况下的舰艇各类舱室的平均火灾载荷密度，如表 3.3.6 所示。

表 3.3.6　各类舱室可燃物平均火灾载荷密度

舱室类型	平均火灾载荷密度/(kg/m^2)
一般舱室	0.4～2
厨房	0.2～1
餐厅	＜0.05
住舱	0.6～1.3
集控室等电气设备密集舱室	2～4.5
机舱	3～10
油舱或者弹药舱	＞30

经过前面的分析，本小节可以描述舰艇舱室内可燃物密集程度，从该角度也可以分析判断该舱室所能发生的火灾的危险程度，即火灾载荷密度越大，相应的舱室火灾危险等级也就越高。

3.3.8 火灾的热释放速率

不同种类的火灾的热释放速率是不完全相同的。本节介绍火灾过程中热释放速率随时间的变化规律。可燃物的热释放速率直接严重影响着火灾过程中的辐射能量、烟气的生成以及火灾蔓延等情况。

1. 基本原理

根据火场经验和大量的实验室测试结果分析，人们通常对一定空间内的火灾发展过程用具体的数学计算公式来描述。针对火灾中可燃物的热释放速率，大部分采用“时间-平方火灾”(t-square fire)来设计计算。根据火焰成长系数 α 的改变可以将火灾成长速度分为极快、快速、普通、慢速四种情形，本小节将式(3.3.8)应用到舰艇舱室火灾发展过程的研究。

$$Q = \alpha t^2 \tag{3.3.8}$$

式中，Q 为火灾 t 时刻的热释放速率(kJ/s)；α 为火焰成长系数(kJ/s^2)，具体见表 3.3.7。

表 3.3.7 不同火灾成长类型的火焰成长系数与热释放速率上升时间

火灾成长类型	火焰成长系数/(kJ/s^2)	热释放速率达到 1000W 所用时间/s
慢速	0.0029	584
普通	0.0117	292
快速	0.0469	146
极快	0.1876	73

本小节假定舱室发生火灾时，火灾能量按照 $Q = \alpha t^2$ 释放。不过，这与实际情况是有出入的。例如，油火的热释放速率显然要比沙发等物体大。但是，油舱由于气密性很好，舱内的空气明显不足，只有少量的油料参与燃烧过程。火灾前期，油舱的热释放速率要高于沙发，但中后期油舱的热释放速率就不一定比沙发高了。700mm×700mm 油盆热释放速率曲线如图 3.3.12(b)所示。对于具体舱室可能发生的所有火灾，它的热释放速率要具体分析，不能笼统地做出硬性规定，要综合考虑可燃物的性质及环境条件。

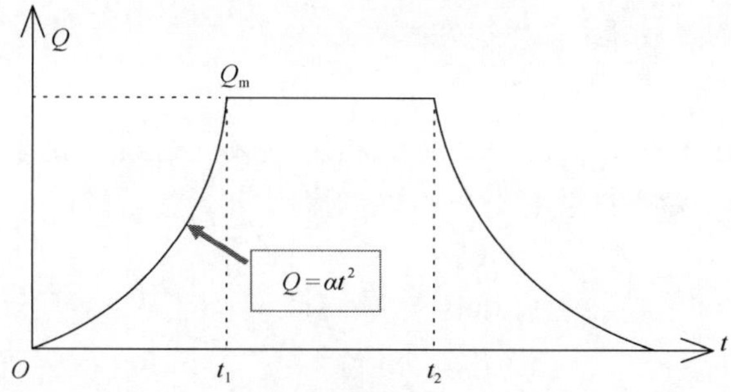

(a) 理论值

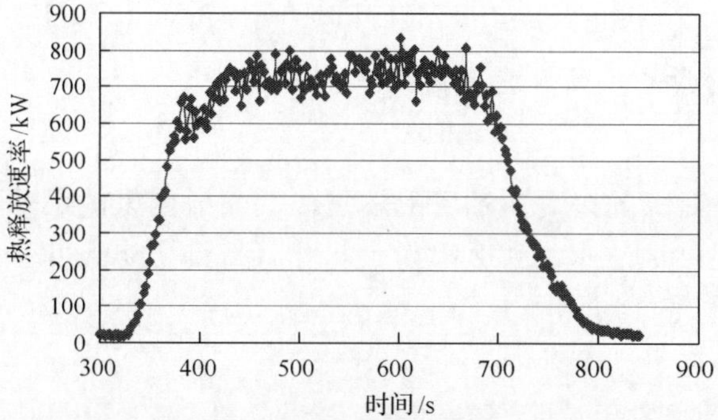

(b) 实验值

图 3.3.12　700mm×700mm 油盆热释放速率曲线(室外，汽油助燃)热释放速率曲线图

热释放速率曲线具备以下三个基本特性：

(1) α 值的大小表示热释放速率上升阶段的斜率，代表火灾发展的快慢程度。

(2) 热释放速率曲线下的面积表示释放出的总热量。

(3) 在通风条件充足的条件下，多个物质的热释放速率曲线可以在时间域内进行叠加，如图 3.3.13 所示。

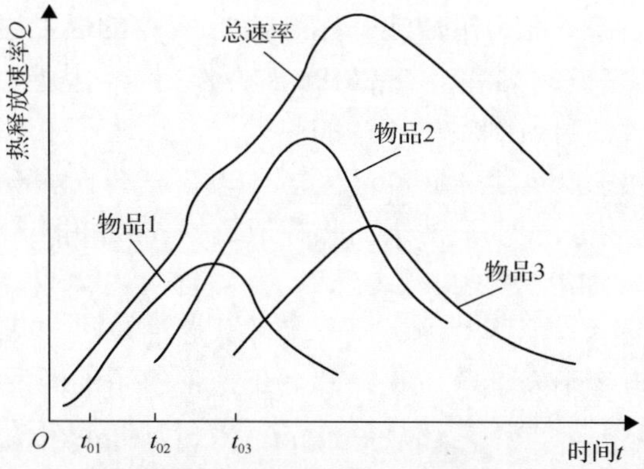

图 3.3.13　热释放速率曲线叠加图

2. 与载荷密度之间的关系

在空气量充足的理想情况下，由舰艇舱室火灾的热释放速率和火灾载荷密度的定义，从可燃物燃烧的角度出发，可以得出如下表达式：

$$\Delta H_{\mathrm{v}} p_{\mathrm{F}} A_{\mathrm{F}} = \Delta H_{\mathrm{v}} P_{\mathrm{F}} = \int_0^{t_{\mathrm{n}}} \alpha t^2 \mathrm{d}t \tag{3.3.9}$$

式中，t_{n} 为舱室火灾从开始到可燃物燃尽所需的时间(s)；α 为火焰成长系数($\mathrm{kJ/s^2}$)。

3. 特殊火灾场景的热释放速率曲线

1）喷射火

最容易引起喷射火的是高压油管的爆裂，其喷射出来的燃油被邻近的热表面点燃。如果不关闭供油油阀，那么喷射火将一直持续燃烧，并且热释放速率可近似认为不变，如图 3.3.14 所示。

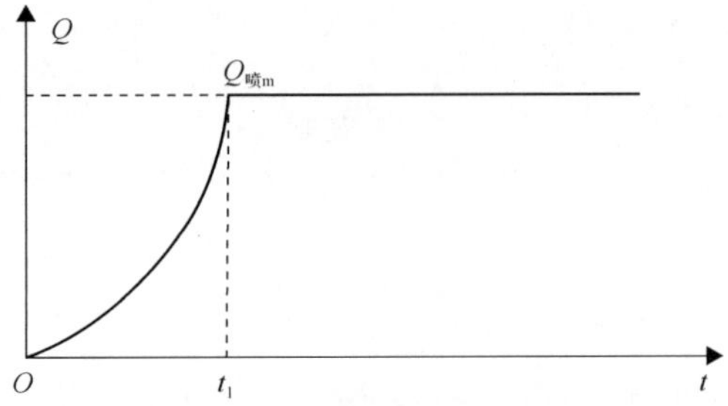

图 3.3.14　喷射火热释放曲线图

2）喷射火引发油池火

某机舱舱底的隔栅下面为污油池，表面有 5mm 厚的燃油层。机舱另一处法兰接头密封圈老化，发生燃油泄漏。在 3MPa 压力作用下，从直径为 3mm 的小圆孔中喷出形成射流，燃油喷射到温度较高的热壁上，迅速产生喷射火。同时，燃烧的燃油溅落到污油池中，形成油池火。$Q_{喷\mathrm{m}}$ 和 $Q_{池\mathrm{m}}$ 分别表示喷射火和油池火的最大热释放速率值。喷射火引发油池火的热释放速率曲线如图 3.3.15 所示。

3）油蒸气火引发油池火

某机舱燃油泄漏后，形成油池，同时一部分燃油被热壁蒸发为油蒸气。首先油蒸气被高温热源点燃引发油蒸气火，然后迅速使整个油面发生燃烧。在较短的时间内，油蒸气消耗完，并不能燃烧。油蒸气火引发油池火的热释放速率曲线如图 3.3.16 所示($Q_{气\mathrm{m}}$表示油蒸气的最大热释放速率值)。

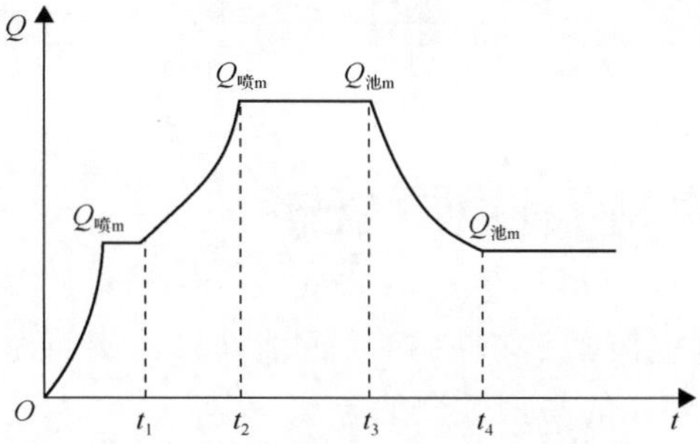

图 3.3.15　喷射火引发油池火的热释放速率曲线图

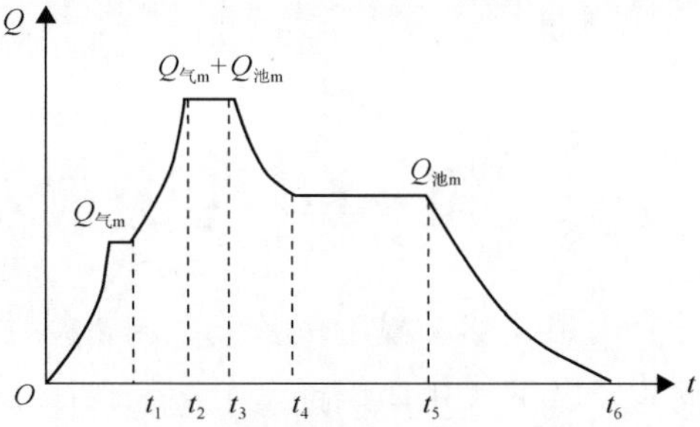

图 3.3.16　油蒸气火引发油池火的热释放速率曲线图

参 考 文 献

[1] Kulow K S. Modeling the progressive flooding characteristics of the Arleigh Burke class destroyer using simsmart and excel[D]. Monterey: Naval Postgraduate School, 2000.

[2] Russell A. Improved computer modeling of ship progressive flooding as a design tool[D]. Monterey: Naval Postgraduate School, 1998.

[3] Ruponen P. Pressure correction method for simulation progressive flooding and internal air flows[J]. Ship Technology Research, 2006, 53 (1): 63-73.

[4] 侯岳. 舰艇进水过程中的不沉性指标计算及实验研究[J]. 船舶力学, 2013, 17 (8): 878-887.

[5] Lee D, Hong S Y. Theoretical and experimental study on dynamic behaviour of a damaged ship in waves[J]. Ocean Engineering, 2007, (34): 21-31.

[6] 张明霞. 船体及破损舱与任意水线的交点处理[J]. 造船技术, 2003, (3): 18-20.

[7] Quintiere G. 火灾科学基础[M]. 杜建科, 译. 北京: 化学工业出版社, 2010.

[8] 海天. 美国航空母舰之五十五——CV-67 “约翰·肯尼迪” 号[J]. 舰载武器, 2007, (3): 57-62.

[9] 苏强. 印度 “辛杜拉克沙克” 号潜艇爆炸事故分析[J]. 现代舰船, 2014, 51 (1): 44-45.

[10] 海天. 美国航空母舰之三十四——CV-34 “奥里斯坎尼” 号[J]. 舰载武器, 2005, (6): 42-45.

[11] Wander S. Forrestal in flames[J]. System Failure Case Studies, 2007, 1 (9): 1-4.

[12] 范维澄, 王清安, 张人杰. 火灾科学导论[M]. 武汉: 湖北科学出版社, 1993.

[13] English A, Watts A. Battle for Falklands Naval Forces[M]. London: Osprey Publishing Ltd, 1982: 15-23.

[14] 郭亚东, 顾滨兵. 星火燎原—— “华盛顿” 号航母失火事件的真相[J]. 现代舰船, 2009, 46 (2): 21-24.

第4章　任务能力的易损性评估流程

为了能够对舰艇任务能力的易损性(即损伤概率)进行准确评估计算，从而为舰载系统的优化提供依据，本书提出了 DDSA 的易损性评估方法。

4.1　DDSA 评估流程

本章对舰艇剩余任务能力开展评估采用的 DDSA 方法由以下四个步骤构成：数据采集(data)、武器炸点分布(distribution)、武器损伤效应仿真(simulation)、评估计算(assessment)。

第 1 步，数据采集包括评估对象数据采集和设备-系统功能映射数据采集。

如图 4.1.1 所示，评估对象数据采集包括船体几何信息、舱室基本信息、舱室几何信息、设备基本信息、设备几何信息和威胁武器破坏半径。对于树状结构的系统设备，通过绘制降功能树完成设备-系统功能映射数据采集。数据采集的方法见 4.2 节。

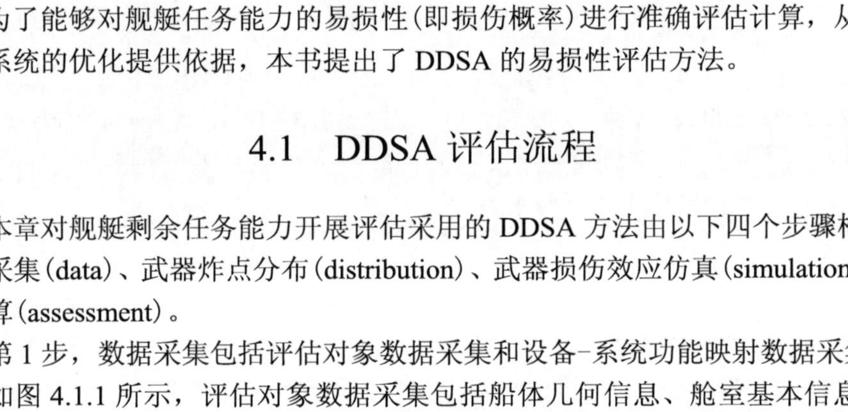

图 4.1.1　评估对象数据采集示意图

第 2 步，如图 4.1.2 所示，炸点分布是根据炸点的分布范围和分布函数及船体几何信息生成若干个炸点坐标。生成方法见 4.3 节。

第 3 步，根据威胁武器的破坏半径和炸点坐标，以及舱室和设备的基本信息和几何信息，生成各个炸点对应的损伤设备清单，如图 4.1.3 所示。生成方法见 4.4 节。

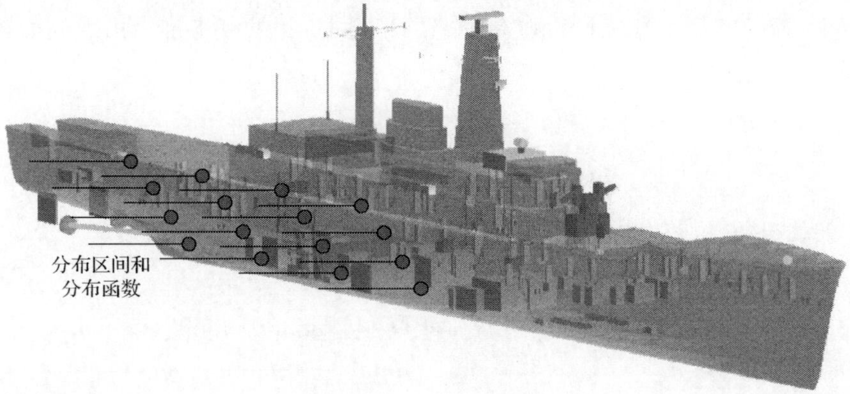

图 4.1.2　炸点分布

图 4.1.3　武器损伤效应仿真

第 4 步，根据损伤设备清单和设备-系统功能映射数据(图 4.1.4)，首先评估威胁武器单次攻击后舰艇各个系统的任务能力[1,2]，然后采用蒙特卡罗方法多次

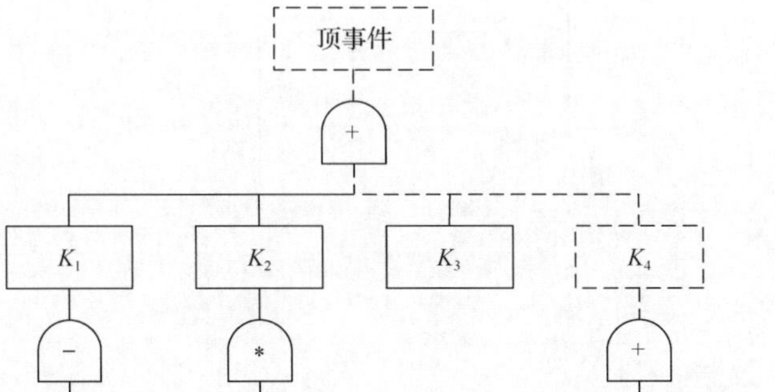

图 4.1.4　判断降功能树顶事件是否发生

重复攻击(前后不累加)，计算舰艇各个系统不同等级的任务能力出现的概率。评估计算的方法见 4.5 节。

4.2　数据采集

4.2.1　船体数据

通过量取船体几何信息，实现船体的三维可视化显示，并为炸点坐标生成提供基础。本章采用切片法量取船体几何信息，如图 4.2.1 所示。

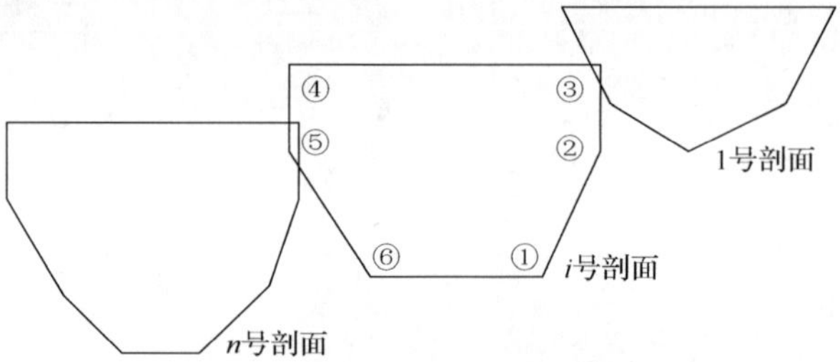

图 4.2.1　切片法量取船体几何信息示意图

4.2.2　舱室数据

舱室数据用于存储舱室基本信息，并为舱室三维可视化显示提供数据支持，为计算设备损伤清单提供基础。

首先记录舱室编号、舱室名称、所属甲板和舱室位置等舱室基本信息；然后将舱室划分为若干个棱柱形子单元体，分别量取棱柱形子单元体底面上各个顶点坐标，完成舱室几何信息的量取，如图 4.2.2 所示。

图 4.2.2　舱室子单元体示意图

4.2.3　系统设备数据

系统设备数据包含系统信息表、设备基本信息表和设备几何信息表。系统信息表用于存储系统的信息；设备基本信息表用于存储设备名称、所属系统、损伤特性和所属舱室信息；设备几何信息表用于量取设备的位置和尺寸。设备的基本形状包括棱柱形、圆台形和球冠形。任意复杂的设备形状均可以由这三种基本形状构成。

如图 4.2.3 所示，棱柱形子单元体需要量取上下底面各个顶点的坐标。

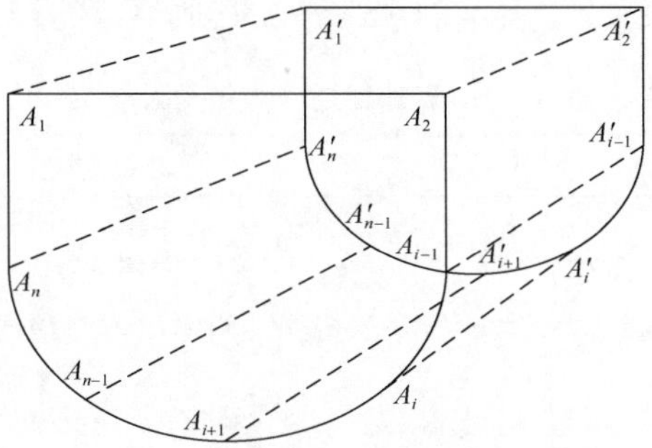

图 4.2.3　设备的棱柱形子单元体

如图 4.2.4 所示，圆台形子单元体需要量取上下底面中心和半径。如图 4.2.5 所示，球冠形子单元体需要量取顶点坐标、底面坐标和底面半径。

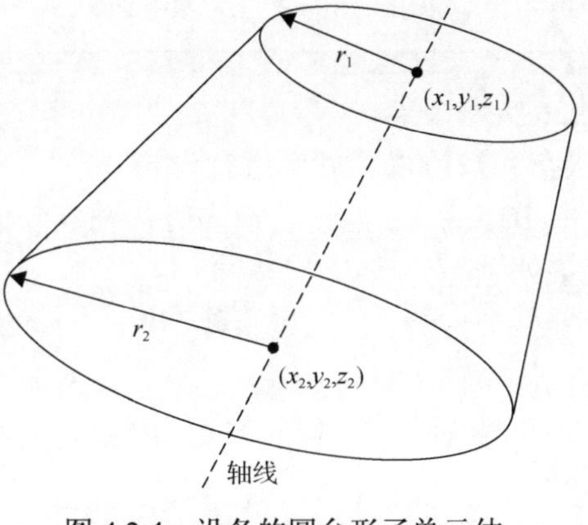

图 4.2.4　设备的圆台形子单元体

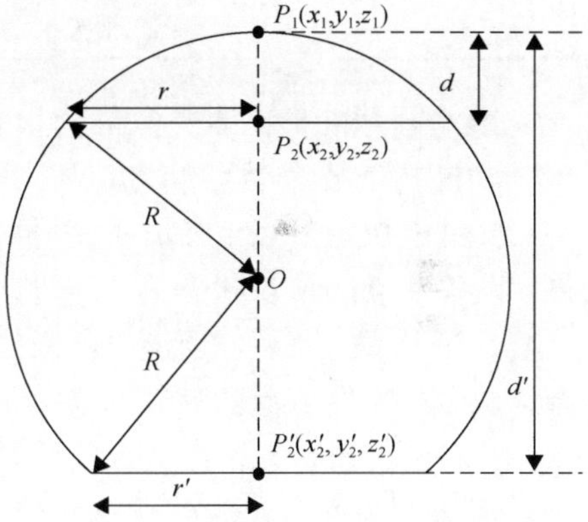

图 4.2.5　设备的球冠形子单元体

4.2.4　降功能树数据

为突破传统损伤树的局限性，基于传统损伤树的绘制方法提出了降功能树的概念，完成了以下改进[3]：

(1) 可绘制非门逻辑节点。通过非门逻辑节点，描述部分设备损伤且部分设备完好的状态，从而实现基于降功能树对系统降功能使用状态描述。

(2) 以降功能树逻辑字串的形式将降功能树保存至数据库中。通过将降功能树以字符串的形式存储在数据库中，可以实现降功能树的重复利用，为降功能树节点的自动编辑提供条件。

在降功能树中共有 4 种节点类型，分别为逻辑节点、事件节点、设备节点和转入节点。其中，逻辑节点又分为或门、与门、非门。

作为特殊的事件节点，顶事件放置在降功能树的顶部，在事件节点下添加逻辑节点，接下来按照表 4.2.1 所示的规则添加其他节点的符号。

表 4.2.1　降功能树节点符号及含义

节点名称	节点符号	本节点的含义	子节点的类型	根节点的类型
逻辑节点（或门）	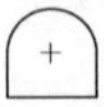	子节点取并集	若干个事件节点、设备节点和转入节点	单个事件节点
逻辑节点（与门）		子节点取交集	若干个事件节点、设备节点和转入节点	单个事件节点
逻辑节点（非门）		子节点的否命题	单个事件节点、设备节点或转入节点	单个事件节点
事件节点	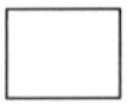	该事件发生	单个逻辑节点	单个逻辑节点
设备节点		该设备损伤	无	单个逻辑节点
转入节点	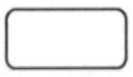	转入的降功能树顶事件发生	无	单个逻辑节点

完整的降功能树的末端只能为设备节点或转入节点。

降功能树的各个节点分为 0 和 1 两种状态，按照以下规则进行设定：

(1) 对于设备节点，当设备完好时，设备节点为 1；当设备损伤时，设备节点为 0。设备节点的默认状态为 1，即默认设备处于完好状态。

(2) 对于事件节点，当该事件发生时，事件节点为 1；当该事件不发生时，事件节点为 0。事件节点的默认状态为 0，即默认事件不发生。

(3) 对于转入节点，当转入的降功能树顶事件发生时，转入节点为 1；当转入的降功能树顶事件不发生时，转入节点为 0。

按照下列降功能树逻辑运算法则计算降功能树顶事件是否发生：

(1) 非门逻辑节点只有 1 个子节点，且–0=1；–1=0。

(2) 与门或或门逻辑节点只有 1 个子节点时，+1=1；∗1=1；+0=0；∗0=0。

(3) 与门或或门逻辑节点有多个子节点时，1+1=1；1+0=1；0+1=1；0+0=0；1∗1=1；1∗0=0；0∗1=0；0∗0=0。

当逻辑节点无子节点时，作为该逻辑节点的根节点的事件节点的状态为 0。

4.2.5　威胁武器数据

为了能够计算损伤椭球体的损伤范围，存储威胁武器的破坏半径，本节建立了威胁武器数据。该数据包括威胁武器损伤范围数据表和威胁武器动态损伤范围数据表。

舰艇在特殊部位增强了装甲防护，导致威胁武器命中特殊部位时的破坏半径小于其他位置。因此，本小节分别针对威胁武器信息列表内的各种威胁武器在 x 轴上的不同区间设置威胁武器动态损伤范围。

本节按照式(4.2.1)生成威胁武器的损伤椭球体破坏半径。

$$\text{损伤椭球体破坏半径}=\begin{cases}\text{威胁武器损伤范围}, & \text{炸点坐标}\notin\text{坐标区间}\\ \text{威胁武器动态损伤范围}, & \text{炸点坐标}\in\text{坐标区间}\end{cases} \tag{4.2.1}$$

4.3 炸 点 分 布

本节主要讲述炸点分布的四类模型，包括均匀分布、正态分布、三角形分布和线性分布及其随机抽取模型。其中，均匀分布、正态分布、三角形分布主要用于描述炸点沿船长方向的分布；船高方向的分布可以使用任意一种。根据国外的研究现状，一般不考虑炸点沿船宽方向的分布规律，而是根据攻击武器特性和舰艇结构，先将船宽方向坐标 y_0 设为一个定值。本节建立的四类炸点分布模型适合于舰艇的任何设计阶段。

4.3.1 炸点沿船长方向分布特征

威胁武器的炸点沿船长方向(x 方向)的分布分为三种情况，分别是均匀分布、正态分布和三角形分布。

1. 均匀分布

均匀分布的概率密度函数可以表示为

$$f(x)=\frac{1}{x_2-x_1},\quad x_1\leqslant x\leqslant x_2\text{且}x_1<x_2 \tag{4.3.1}$$

式中，x_1 和 x_2 分别表示武器炸点在 x 方向爆炸区间的极小坐标和极大坐标。

在实际计算中，x_1 和 x_2 的值可以分别取为船艏和船艉的坐标，即 $-L/2$ 和 $L/2$，其中 L 为设计水线长。

2. 正态分布

均匀分布的炸点在船长方向上任一点出现的可能性相等。然而，还应考虑到武器命中舰艇不同位置时机会不均等的情况。正态分布就可以描述此类武器炸点的分布特征。

正态分布的概率密度函数一般表达式为

$$f(x)=\frac{1}{\sqrt{2\pi\delta}}\mathrm{e}^{\frac{(x-u)^2}{2\delta^2}} \tag{4.3.2}$$

式中，u 表示炸点的均值坐标；δ 表示方差。

正态分布概率密度函数的一个重要特点是：炸点以 99.7%的可能性落在区间 $(u-3\delta, u+3\delta)$ 中，也称为 3δ 原则。通过 3δ 原则，可以得出正态分布概率密度函数的相关参数。

3. 三角形分布

三角形分布类似于正态分布，也可以用来描述武器命中舰艇不同位置机会不均等的情况，也将其看成一种典型的武器炸点分布类型。

三角形分布的概率密度函数如图 4.3.1 所示。

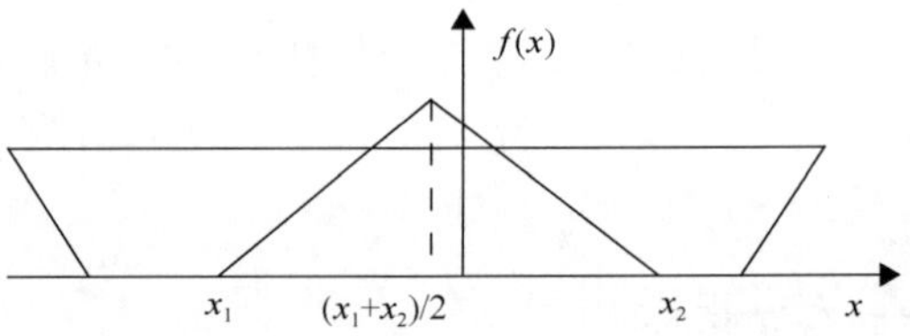

图 4.3.1　三角形分布的概率密度函数

三角形分布的概率密度函数可以表示为

$$f(x)=\begin{cases}\dfrac{4(x-x_1)}{(x_2-x_1)^2}, & x_1 \leqslant x \leqslant (x_2+x_1)/2 \\ \dfrac{4(x_2-x)}{(x_2-x_1)^2}, & (x_2+x_1)/2 < x \leqslant x_2 \\ 0, & \text{其他}\end{cases} \tag{4.3.3}$$

式中，x_1 和 x_2 分别为武器炸点在 x 方向爆炸区间的极小坐标和极大坐标。三角形分布的概率密度最大点是 $(x_1+x_2)/2$ 处。

三角形分布具有类似于正态分布 3δ 原则的特点。由

$$\int_{(3x_1+x_2)/4}^{(x_1+3x_2)/4} f(x)=0.75 \tag{4.3.4}$$

可知，炸点以 75%的可能性落在区间 $((3x_1+x_2)/4, (x_1+3x_2)/4)$ 内，如图 4.3.2 所示。

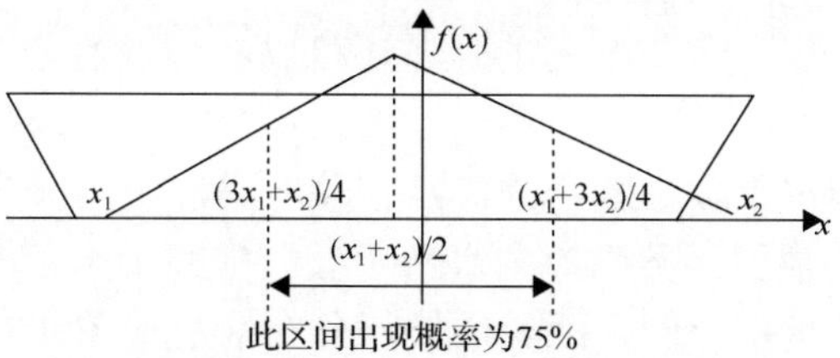

图 4.3.2　三角形分布特点分析

三角形分布有时可以作为正态分布的近似。对于某均值为 u、方差为 δ 的正态分布，根据 3δ 原则，炸点以 99.7%的可能性落在区间$(u-3\delta,\ u+3\delta)$，因此可以看作 $x_1=u-3\delta$、$x_2=u+3\delta$ 的三角形分布。根据前面介绍的三角形分布的特点，炸点以 75%的可能性落在区间$((3x_1+x_2)/4,\ (x_1+3x_2)/4)$内，通过计算可得，此区间正态分布的概率为 0.86。两者虽有较小的差距，但都可以用于描述炸点的不均匀分布特征。

4.3.2　炸点沿船高方向分布特征

威胁武器的炸点沿船高(z 方向)分布特征可以分为四种。前面介绍的均匀分布、正态分布和三角形分布都可以用来描述炸点沿 z 方向的分布特征。作为示例，图 4.3.3 给出了鱼雷和导弹沿 z 方向的三角形分布和均匀分布示意图。

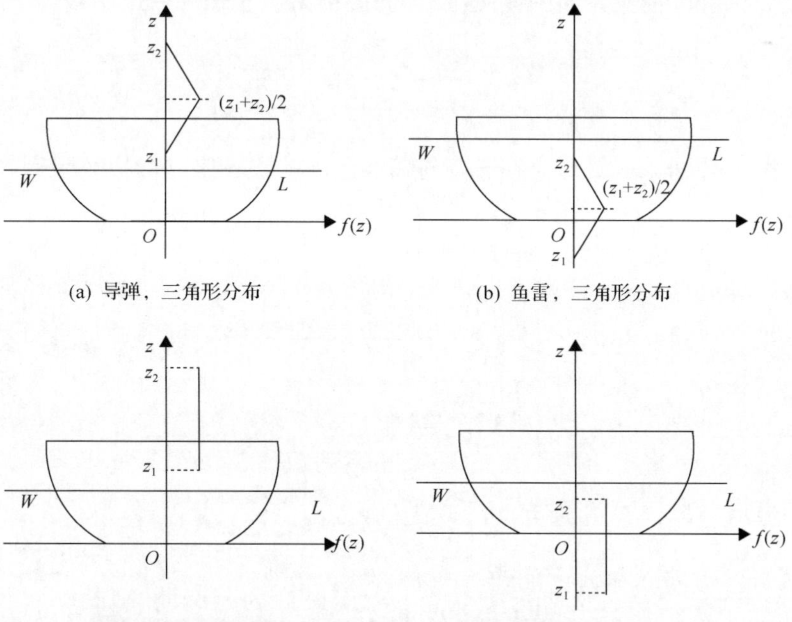

图 4.3.3　炸点沿 z 方向分布示意图

值得指出的是，炸点沿 z 方向的分布还可以看作线性分布。下面主要对这种分布情况进行详细讨论。

水上攻击武器和水下攻击武器的炸点在舰艇垂向上的分布截然不同。假设某舰艇共有 3 个水密甲板层，分别为主水密甲板、中间层水密甲板和液舱层水密甲板。以空对舰导弹和鱼雷为例，两者的炸点分布情况如图 4.3.4 所示。

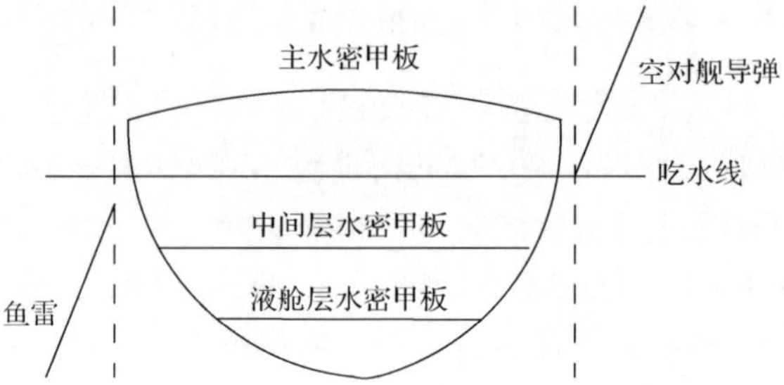

图 4.3.4　空对舰导弹和鱼雷炸点的线性分布示意图

空对舰导弹炸点的出现概率在主水密甲板及其以上的位置处较大，而在水线处较小。因此，其损伤水线以上舱室的概率较大，而液舱通常不会受到损伤。然而，鱼雷炸点在液舱层甲板及其以下出现的概率较大，在水线处出现的概率较小。鱼雷造成船体底部破损的可能性较大，而主水密甲板一般保持完好。

线性分布可以抽象为如图 4.3.5 所示的图模型，其概率密度函数为

$$f(z)=\frac{2}{(z_2-z_1)^2}(z-z_1) \tag{4.3.5}$$

式中，z_1 和 z_2 分别为武器炸点在 z 方向爆炸区间的极小坐标和极大坐标。

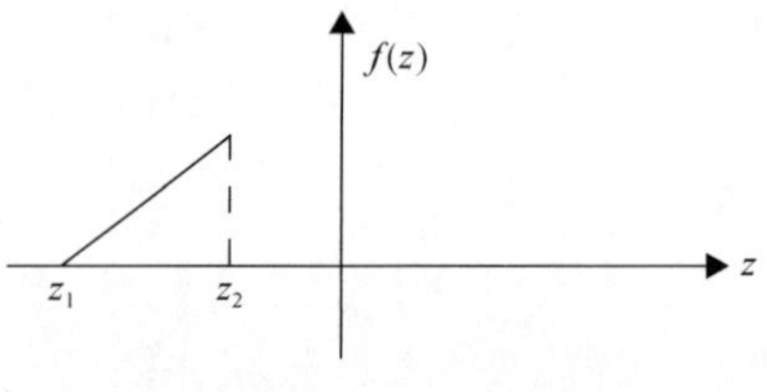

图 4.3.5　线性分布图模型

4.3.3　炸点沿船宽方向分布特征

1. 威胁武器炸点在 x 轴和 z 轴上的分布

在方案论证阶段，舰艇声场、红外场和电磁场的分布并不完全清楚，此时在 x 方向上，使用均匀分布作为武器炸点分布的概率密度函数。随着设计的深入，

如果舰艇声场、红外场和电磁场的分布及待考察的武器制导类型已经非常清楚，那么在 x 方向上可以选用三角形分布和正态分布作为武器炸点的概率密度函数。舰艇声场、红外场和电磁场的分布及待考察武器的制导类型，决定了概率密度函数最大点的位置，或者说是概率分布函数的均值，如正态分布的 u 值和 δ 值、三角形分布的 $(x_1+x_2)/2$ 或 $(z_1+z_2)/2$ 值。

在 z 方向上通常使用线性分布作为武器炸点分布的概率密度函数。

2. 鱼雷和水雷炸点在 y 轴上的分布

鱼雷和水雷引信分为触发引信和非触发引信两大类。有的鱼雷只安装了触发引信，而很多鱼雷则同时安装了触发和非触发两类引信。因此，根据鱼雷到目标舰艇的距离，其一般分为接触爆炸、近距离非接触爆炸和远距离非接触爆炸。接触爆炸是指爆炸中心距离目标很近的爆炸情况；近距离非接触爆炸是指装药与目标距离小于气泡最大半径 r_{m} 的情况；远距离非接触爆炸是指装药与目标距离大于气泡最大半径 r_{m} 的情况。其中，接触爆炸和近距离非接触爆炸对船体的损伤较为严重。在进行不沉性概率评估时，一般不考虑鱼雷的远距离非接触爆炸。

对于接触爆炸和近距离非接触爆炸，由于距离目标很近，当炸点的 x、z 方向坐标确定以后，一般可以认为炸点是个确定值，假设为 y_0。此时只考虑攻击的舷侧，不考虑炸点在 y 方向的概率分布问题，或者认为炸点的横向坐标以概率 1 出现。

3. 导弹的炸点分布

现代的反舰导弹一般是穿甲型，其炸点与导弹自身设定的延时爆炸时间、导弹类型及船体的结构形式等有关。因此，对于导弹，一般认为其炸点以中纵剖面为界，单侧服从某特定类型的分布(均匀分布、正态分布、三角形分布或者线性分布)。

4.3.4　炸点生成流程

威胁武器接近船体或钻入船体后才会触发引信发生爆炸，威胁武器的攻击路径决定了炸点的 x 坐标和 z 坐标，引信触发方式决定了炸点的 y 坐标。本节开发了根据炸点的 x 坐标和 z 坐标及船体几何信息生成炸点 y 坐标的算法。炸点生成流程如下：

第 1 步，输入威胁武器的攻击方向(左舷、右舷)、炸点 x 坐标分布区间$[x_1，x_2]$及其分布函数、最大攻击深度 b、炸点 y 坐标分布函数、炸点 z 坐标分布区间$[z_1，z_2]$及其分布函数。其中，x_1 应大于等于船体 x 坐标的最小值；x_2 应小于等于船体 x 坐标的最大值；z_1 应大于等于船体 z 坐标的最小值；z_2 应小于等于船体 z 坐标的最大值；b 应为非负数。

第 2 步，根据炸点 x 坐标分布区间$[x_1, x_2]$及其分布函数生成炸点的 x 坐标 x_0，根据炸点 z 坐标分布区间$[z_1, z_2]$及其分布函数生成炸点的 z 坐标 z_0。

第 3 步，若直线 l：$\begin{cases} x = x_0 \\ z = z_0 \end{cases}$ 与船体不相交(图 4.3.6 中的点 1、点 6 和点 7)，则 y_0=0，并结束炸点生成流程；若直线 l：$\begin{cases} x = x_0 \\ z = z_0 \end{cases}$ 与船体相交(图 4.3.6 中的点 2、点 3、点 4 和点 5)，则转入第 4 步。

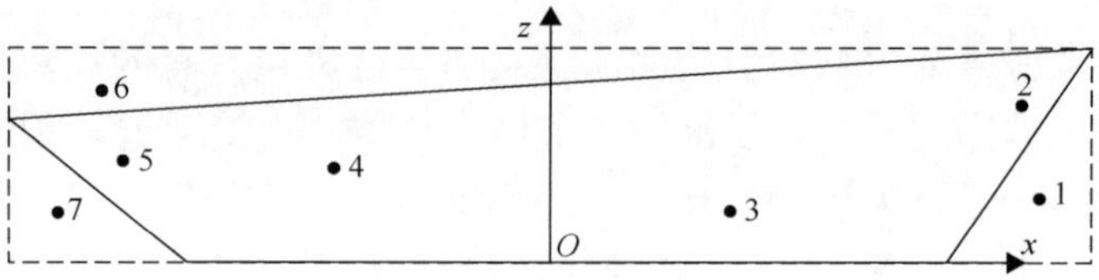

图 4.3.6　武器炸点分布(xOz 平面)

第 4 步，根据船体的点列坐标计算威胁武器在船体上命中点的 y 坐标。当攻击方向为左舷时，命中点的 y 坐标为负值；当攻击方向为右舷时，命中点的 y 坐标为正值。

第 5 步，如图 4.3.7 所示，根据最大攻击深度 d 可得出炸点 y 坐标的分布区间。当攻击方向为右舷时，炸点 y 坐标的分布区间为$[y-d, y]$；当攻击方向为左舷时，炸点 y 坐标的分布区间为$[y, y+d]$。

第 6 步，根据 y 坐标的分布区间及其分布函数随机生成炸点的 y 坐标 y_0。其中，当最大攻击深度 d=0 时，炸点(x_0, y_0, z_0)位于船体上。

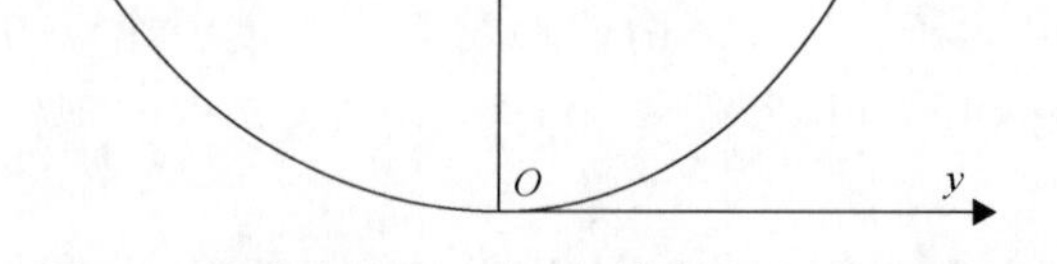

图 4.3.7　武器炸点分布(右舷攻击，yOz 平面)

4.3.5　威胁武器炸点分布区间的选取

对于水上武器(反舰导弹、火炮)而言，其攻击位置位于水线以上，炸点 z 坐标分布区间应位于水线以上。水上武器通常钻入船体后再发生爆炸，因而水上武器的最大攻击深度通常大于 0。

对于水下武器(鱼雷、水雷)而言，其攻击位置位于水线以下，炸点 z 坐标分布区间应位于水线以下。水下武器的引信通常为非触发式，只需要近距离靠近船体即可发生爆炸，因而水下武器的最大攻击深度通常为 0。

4.4　武器损伤效应仿真

4.4.1　损伤体积法的含义

损伤体积法是在以往破坏半径法和网格分析法的基础上建立起来的。在进行损伤体积法的介绍之前，简要介绍一下破坏半径法和网格分析法。

1. 破坏半径法

基于破坏半径的损伤范围确定方法综合考虑了威胁武器的所有损伤效应，使用经验公式给出沿船长方向的破坏区域。它较适合于近距离非接触爆炸、接触爆炸和内部爆炸。空中爆炸和水中爆炸的破坏半径计算方法见式(2.2.1)和式(2.2.11)。

2. 网格分析法

网格分析法不仅考虑了破口在 x 方向的大小，还考虑了破口在 z 方向的大小。因此，网格分析法需要确定破口在 x 方向和 z 方向的破坏半径 R_x 和 R_z。若某水密隔舱或者设备的纵剖面投影与网格破坏区域相交，则认为此水密隔舱或者设备损伤，如图 4.4.1 所示。

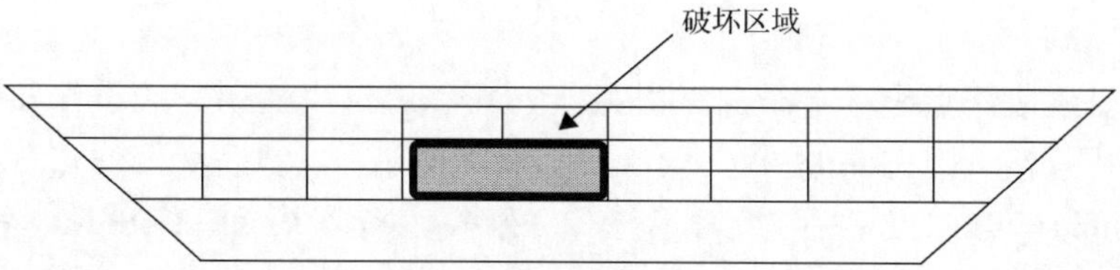

图 4.4.1　网格破坏区域

3. 损伤体积法

破坏半径法根据经验公式给出沿船长方向的破坏区域；网格分析法根据经验公式给出沿船体侧面投影区的破坏区域。然而，通过观察实船和船模爆炸实验发现，对于鱼雷和导弹接触爆炸造成的损伤区域在纵剖面的投影并非是绝对的长方形，而是类似椭圆形区域，并且对于大型舰艇而言，还需要考虑在 y 方向的损伤范围，因此可以使用椭球形状表示接触爆炸下的破坏区域。

损伤体积法与破坏半径法及网格分析法的关系如图 4.4.2 所示。

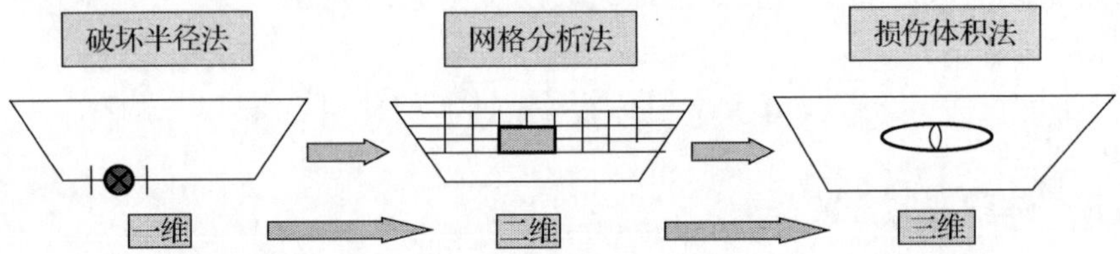

图 4.4.2　损伤体积法与破坏半径法及网格分析法的关系图

4.4.2　基于损伤体积法的损伤判别方法

在通过损伤体积法给出攻击武器在 x、y、z 方向破坏半径的基础上，将武器攻击的破坏区域看作椭球体，此椭圆体的体积就是损伤体积。因此，此时损伤判别的实质就是判定损伤椭球体是否与任意形状的舱室外形或者装备的外形相交，如图 4.4.3 所示。

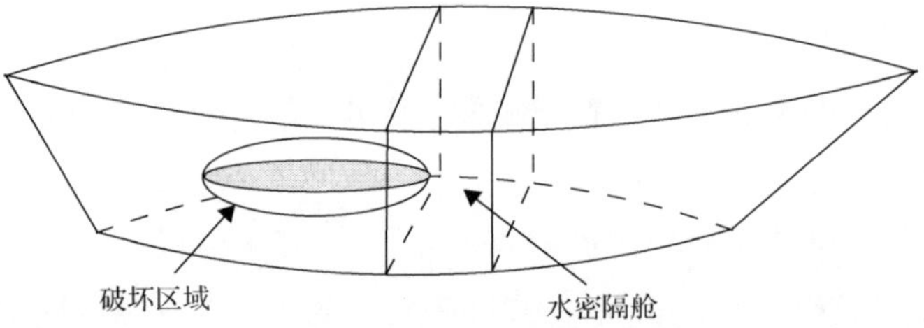

图 4.4.3　损伤体积法建模图

在随机生成炸点坐标 x_0、z_0 的基础上，可以通过武器引信的设计和船体几何信息获取炸点在 y 轴方向的坐标 y_0。如图 4.4.4 所示，以威胁武器炸点 (x_0, y_0, z_0) 为中心，可以绘制出以 x 轴破坏半径 R_x、y 轴破坏半径 R_y 和 z 轴破坏半径 R_z 为半径的损伤椭球体。损伤椭球体的破坏区域可以表示为

$$\frac{(x-x_0)^2}{R_x^2}+\frac{(y-y_0)^2}{R_y^2}+\frac{(z-z_0)^2}{R_z^2}\leqslant 1 \tag{4.4.1}$$

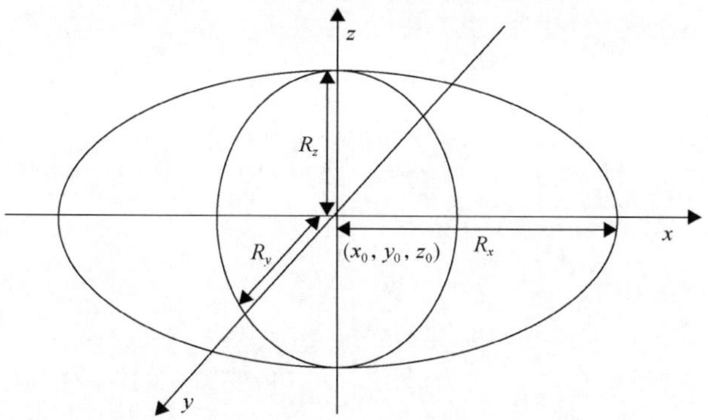

图 4.4.4　损伤椭球体

1. 数学判别模型

舱室或者设备破损判别模型的实质就是判定上述损伤椭球体是否与任意形状的舱室或者设备外形相交。因此，它是一个区域相交判定的数学问题。假设某舱室或者设备形状是立方体，则其数学判别模型如式(4.4.2)所示。若式(4.4.2)有解，则表示舱室破损；否则表示舱室未破损。

$$\begin{cases} \dfrac{(x-x_0)^2}{{R_x}^2}+\dfrac{(y-y_0)^2}{{R_y}^2}+\dfrac{(z-z_0)^2}{{R_z}^2}\leqslant 1 \\ x\geqslant x_1,\ y_1\leqslant y\leqslant y_2,\ z_1\leqslant z\leqslant z_2 \\ x\leqslant x_2,\ y_1\leqslant y\leqslant y_2,\ z_1\leqslant z\leqslant z_2 \end{cases} \tag{4.4.2}$$

方程组中的第一个方程表示椭球体破坏区域，后两个方程表示长方体形状的舱室区域。

对于表面形状较为复杂的舱室或者设备，如弧形剖面和不连续曲线剖面构成的舱室或者设备，直接使用数学模型求解就会变得较为复杂。因此，本书建立了三维微元判别模型，可以避免解复杂的非线性数学方程组。

2. 三维微元判别模型

三维微元判别模型的流程如下：

第 1 步，将不规则舱室或者设备按照其肋骨进行微元化，即用其覆盖的肋骨剖面形状来代替其三维区域，将其转化为有限个 y 和 z 方向的二维肋骨剖面的组合。如果肋骨间距较大，那么可以将相邻肋骨再分割成若干小段，各个小段对应的肋骨剖面形状通过沿 x 方向插值得到。这样，三维水密隔舱已经被二维化。

第 2 步，按照从船艏到船艉的方向，取一个肋骨剖面，判断此剖面在 x 方向是否会与损伤椭球体相交。如图 4.4.5 所示，假设某特定剖面在 x 方向的坐标为 x_p，如果 x_p 在区间$[x_0-a,\ x_0+a]$内，那么此剖面将在 x 方向上与破坏区域相交；否则将不相交。

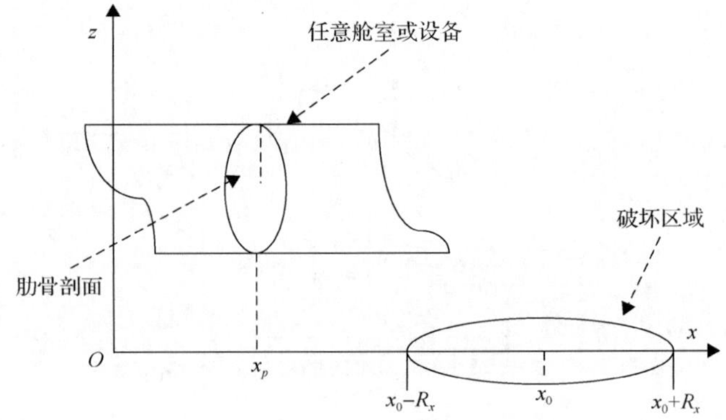

图 4.4.5　肋骨剖面损伤判别图

若不相交，则取另一个剖面进行判断。然而，此剖面在 x 方向上与损伤椭球体相交，并不意味着破损。要判断此剖面微元破损，需要进行第 3 步，判断其在 y、z 方向上是否与损伤椭圆面相交。

第 3 步，判断肋骨剖面在 y、z 方向上是否与损伤区域相交。通过将肋骨剖面进行线性分割来判断肋骨剖面是否与破坏区域相交。肋骨剖面可以看成由一系列线条组成，即其微元，如图 4.4.6 所示。

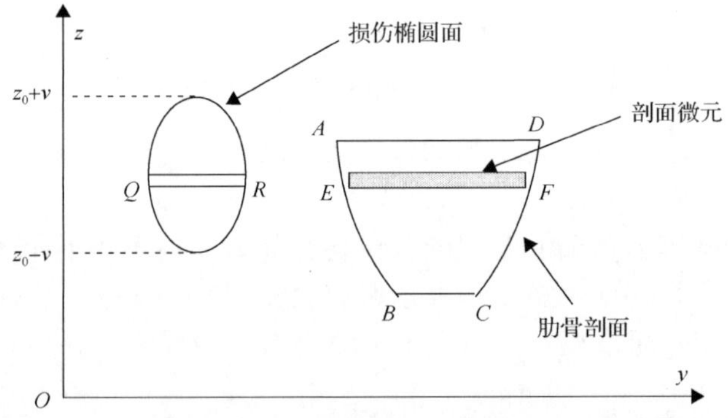

图 4.4.6　肋骨剖面损伤判别图

此时，判断肋骨剖面在 y、z 方向上是否与破坏区域相交，就转化为判断是否存在线条微元 EF 与损伤椭圆面相交即可。若舱室或设备与威胁武器的损伤椭球体相交，即舱室或设备上任意一点落入破坏区域内，则该舱室或设备损伤。此时，损伤椭圆面的解析式为

$$\frac{(z-z_0)^2}{{R_z}^2}+\frac{(y-y_0)^2}{{R_y}^2}\leqslant 1-\frac{(x_p-x_0)^2}{{R_x}^2} \tag{4.4.3}$$

如果线条微元 EF 的高度不在损伤椭圆面的 z 向区间$[z_0-v, z_0+v]$内，其中 $v=\dfrac{R_z}{R_x}\sqrt{{R_x}^2-(x_p-x_0)^2}$，那么肯定不会与损伤椭圆面相交，此时需要对其他线条微元进行判断。

如果 EF 的高度在上述区间内，在与线条微元 EF 同等的 z 方向上，那么取损伤椭圆面线条微元 QR。如果 EF 中存在某点，在线条 QR 所构成的区间之内，那么 EF 就与损伤平面相交；如果不存在，那么 EF 肯定不会与之相交。此时的判决条件如下：

如果 y_E 在区间$[y_Q, y_R]$内，或者 y_F 在区间$[y_Q, y_R]$内，或者 y_Q 在区间$[y_E, y_F]$内，或者 y_R 在区间$[y_E, y_F]$内，那么微元与损伤椭圆面相交。

如果存在线条微元与损伤椭圆面相交，那么此线条微元所在的舱室或者设备与损伤椭圆面相交，即舱室将破损进水或者设备损伤。如果不存在任何一条线条微元与损伤椭圆面相交，那么跳到第 2 步再判断其他肋骨剖面。

4.4.3　损伤体积法的两种特殊形式

当进行损伤范围设定时，如果只考虑沿船体侧面投影区或者沿船长方向的分布区，那么损伤判定问题就转化成二维和一维的损伤判别问题。因此，上述的微元判别模型同样适合于二维和一维建模的损伤判别。

如果不考虑损伤范围在 y 方向上的分布情况，那么上述椭球模型就可以写成式(4.4.4)所示的形式，其表示的是椭圆形，即上述介绍的网格分析法。

$$\frac{(x-x_0)^2}{{R_x}^2}+\frac{(z-z_0)^2}{{R_z}^2}\leqslant 1 \tag{4.4.4}$$

如果不考虑损伤范围在 y 方向和 z 方向上的分布情况，那么上述椭球模型就可以写成式(4.4.5)所示的形式，这就是以往评估中经常使用的破坏半径法。

$$\frac{(x-x_0)^2}{{R_x}^2}\leqslant 1 \text{或} x_0-R_x\leqslant x_0+R_x \tag{4.4.5}$$

式中，x_0 表示武器当前攻击点的坐标；R_x 表示武器的破坏半径。

通过上述分析可知，本书提出的损伤体积法是与以前研究工作中的网格分析法和破坏半径法相统一的。

4.4.4　基于损伤体积法确定损伤舱室

按照如图 4.4.7 所示的步骤，基于损伤体积法判别不规则舱室是否损伤的流程如下所示：

第 1 步，将舱室按照肋骨号划分为若干个二维肋骨剖面。

第 2 步，按照从船艏到船艉的方向，取一个肋骨剖面，判断此剖面在 x 方向是否会与损伤椭球体相交。若相交，则舱室破损；若不相交，则转入第 3 步。

第 3 步，将肋骨剖面划分为线形微元，并转入第 4 步。

第 4 步，若线形微元与椭球体相交，则舱室破损；若不相交，则转入第 5 步。

第 5 步，判断本舱室所有的肋骨剖面是否检查完毕。若检查完毕，则舱室完好；若未检查完毕，则跳转至下一个肋骨剖面，并转入第 2 步循环判别。

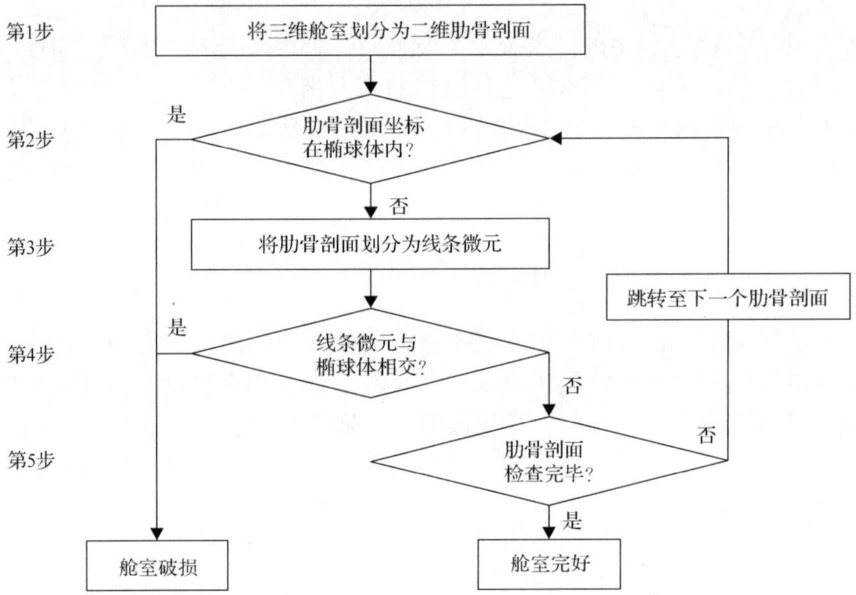

图 4.4.7　不规则舱室损伤判别流程

4.4.5　损伤设备的生成流程

当反舰武器攻击舰艇后，有如下三种原因导致设备发生损伤：

(1) 舱室进水导致设备短路。当舱室内设备的损伤特性为水易损伤时，舱室破损进水会使设备损伤。假设该类损伤设备的集合为 Ω_1。

(2) 舱室起火使设备烧毁。当设备的损伤特性为火易损伤时，若舱室遭受反舰武器攻击后破损，则舱室火灾可将设备烧毁。假设该类损伤设备的集合为 Ω_2。

(3) 反舰武器直接破坏。当设备的损伤特性为物理损伤时，若损伤椭球体与设备外形相交，则反舰武器可直接将设备破坏。假设该类损伤设备的集合为 Ω_3。

假设舰艇全部设备的集合为 Ω_0，全部受损设备的集合为 Ω_E。根据上述设备损伤的三种原因，本节设计了损伤设备清单的生成流程，如图 4.4.8 所示。在图 4.4.8 中，损伤设备清单 Ω_1、Ω_2 和 Ω_3 的生成流程又可以继续细分。其中，进水舱室内的水易损伤设备清单 Ω_1 的生成流程如图 4.4.9 所示，起火舱室内火易损伤设备清单 Ω_2 的生成流程如图 4.4.10 所示，物理损伤设备清单 Ω_3 的生成流程如图 4.4.11 所示。

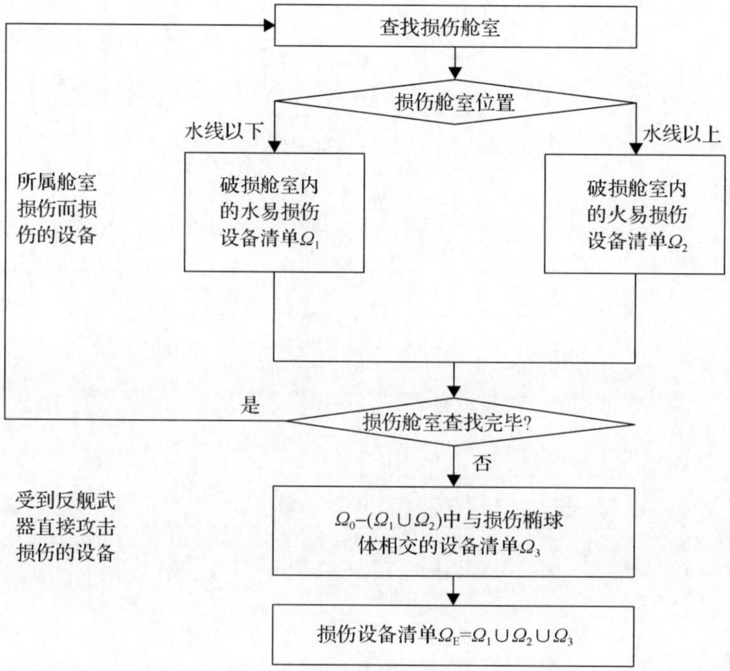

图 4.4.8　损伤设备清单生成流程

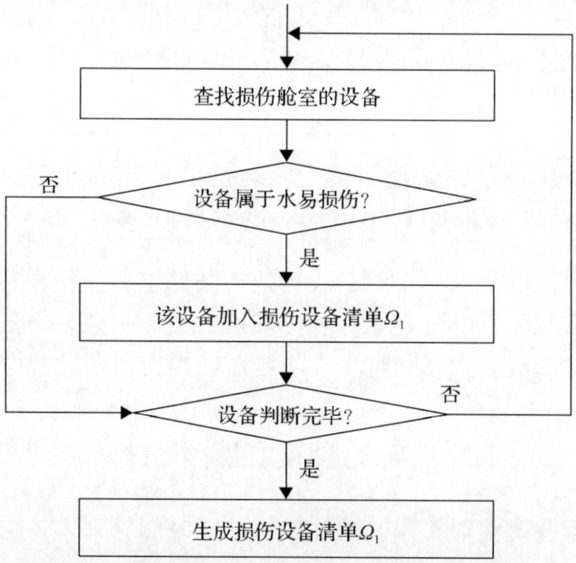

图 4.4.9　进水舱室内的水易损伤设备清单生成流程

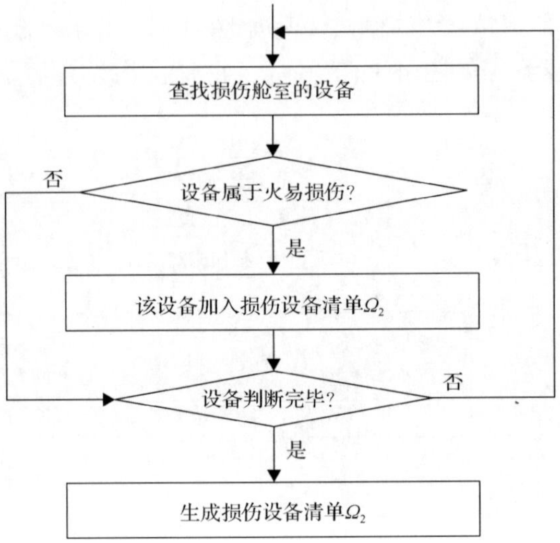

图 4.4.10　起火舱室内的火易损伤设备清单生成流程

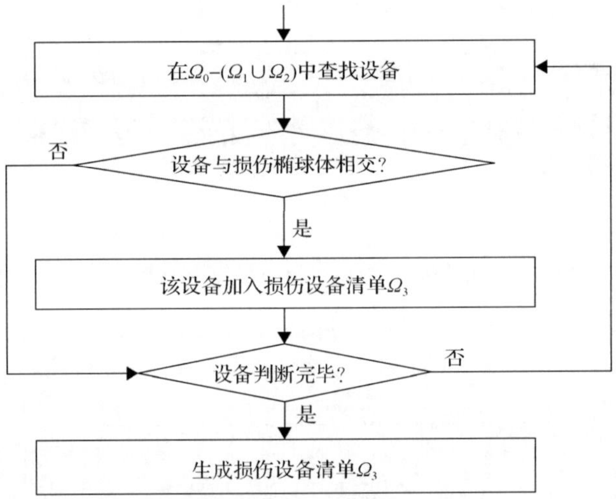

图 4.4.11　物理损伤设备清单生成流程

根据上述流程可以得出单个威胁武器攻击条件下的损伤设备清单。若有多个威胁武器同时攻击舰艇，则分别计算各个威胁武器攻击条件下的损伤设备清单，最后取并集即为多个威胁武器同时攻击舰艇后的损伤设备清单。

4.5　系统功能的评估计算

4.5.1　基于蒙特卡罗定理对易损性的计算

本节采用蒙特卡罗定理对剩余任务能力的易损性进行计算。假设威胁武器对

舰艇攻击 N 次，其中有 n 次攻击使舰艇剩余任务能力发生损伤，则该损伤发生的频率为

$$P_{\mathrm{f}} = \frac{n}{N} \tag{4.5.1}$$

当 $N\to\infty$ 时，该损伤发生的频率等于该损伤等级发生的概率。为使计算的损伤发生频率近似于概率，通常 $N\geqslant 100$。

根据上述理论，假设评估方案中有 M 种威胁武器，同时对舰艇攻击 N 次(每次攻击的损伤清单不累加)，降功能树顶事件的发生次数为 n(n 的初值为 0)，当前攻击的次数为 i，则降功能树顶事件发生概率的计算流程如图 4.5.1 所示。

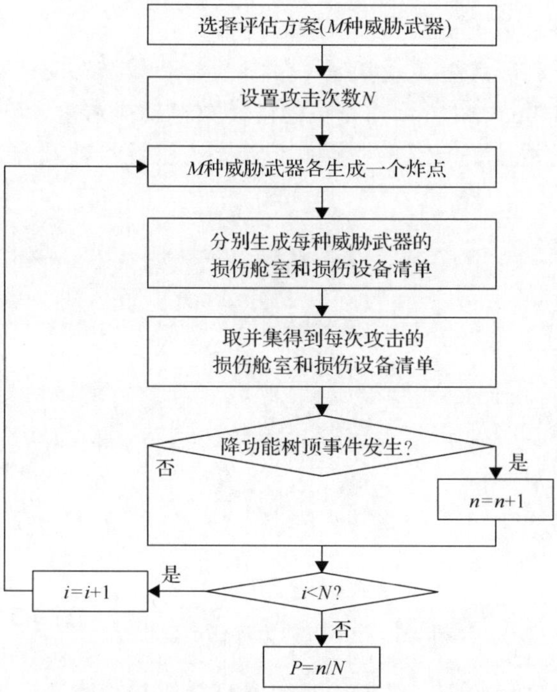

图 4.5.1 降功能树顶事件发生概率计算流程

虽然降功能树与图论均可以得出系统功能是否完好的结论，但是降功能树适用于评估树状结构的系统(如动力系统、作战系统)，图论适用于评估网络状的系统(如水灭火系统、电力系统、蒸汽动力系统)[1-3]。

4.5.2 系统功能评估计算

本章通过开发降功能树建立剩余任务能力与损伤舱室、损伤设备之间的关系。根据武器损伤效应仿真模型，可生成单次威胁武器攻击后的损伤舱室和损伤设备

清单，从而判断剩余任务能力某个损伤等级对应的降功能树顶事件是否发生。

4.6　不沉性的评估计算

4.6.1　不沉能力评估流程

如图 4.6.1 所示，按照以下步骤完成不沉能力的评估：

第 1 步，选择舰艇典型载重状态。舰艇典型载重状态包括空载排水量、标准排水量、正常排水量、满载排水量和最大排水量五种类型。这五种不同的典型载重状态对应不同的浮态与稳性参数默认值、静稳度曲线默认值和载荷装载量默认值。

第 2 步，调整舰艇装载状态。通过调整液舱液位高、设置当前弹药装载量、设置固体载荷装卸，实现舰艇装载状态的调整。

第 3 步，根据舰艇典型装载状态稳性参数与装载状态的调整，计算舰艇的完整稳性参数，如图 4.6.1(a)所示。完整稳性参数包括排水量、吃水(平均吃水、艏吃水、艉吃水)、初稳度、横倾角和倾差等浮态与稳性参数及静稳度曲线。计算方法见 4.6.2 节。

(a) 完好状态下浮态与稳性参数计算　(b) 破损状态下浮态与稳性参数计算　(c) 破损状态下抗风浪评估

图 4.6.1　不沉能力评估主要步骤

第 4 步，设置破损舱室。舱室的进水类型分为自由进水和设定进水两种。对于设定进水的舱室，还需要设置破损舱室的水位高。当舱室为自由进水时，其可能为空舱、Ⅰ类舱或Ⅲ类舱。当舱室为设定进水时，其为Ⅱ类舱。

第 5 步，根据舰艇的完整稳性参数与破损舱室，计算舰艇的破损稳性参数和破损状态下的静稳度曲线，如图 4.6.1(b)所示。破损稳性参数包括排水量、吃水(平均吃水、艏吃水、艉吃水)、初稳度、横倾角、倾差、最小干舷和最大扶正力臂。计算方法见 4.6.3 节。

第 6 步，根据当前风级评估舰艇是否会倾覆，若不倾覆则需计算动倾角，并计算舰艇在当前破损状态下所能承受的最大风级，如图 4.6.1(c)所示。计算方法见 4.6.4 节。

4.6.2　完整稳性计算

在 4.6.1 节的第 1 步中，通过选择舰艇典型载重状态，可以求得各个油舱、水舱、弹药和固体载荷的初始装载量 $q_{i,\text{ini}}$；根据选择的舰艇载重状态，可以查得舰艇下列姿态参数的初始值：排水量(P_{ini})、平均吃水(T_{ini})、初稳度(h_{ini})、纵初稳度(H_{ini})、艏吃水($T_{\text{H,ini}}$)、艉吃水($T_{\text{K,ini}}$)、舰艇重心坐标 x、y、z ($x_{G,\text{ini}}$、$y_{G,\text{ini}}$、$z_{G,\text{ini}}$)。

在 4.6.1 节的第 2 步中，已知各个油舱、水舱、弹药和固体载荷的当前装载量 q_i。求舰艇的完整稳性参数：排水量(P)、平均吃水(T)、初稳度(h)、横倾角(θ)、艏吃水(T_{H})、艉吃水(T_{K})、倾差($\varDelta$)和舰艇重心 x、y、z 坐标(x_G、y_G、z_G)。上述参数的求解过程如下所示：

(1) 装载量变化值之和及其重心坐标。第 i 个装载量的变化值为 $\Delta q_i=q_i-q_{i,\text{ini}}$。装载量变化值之和(包括液舱、武器和固体)为

$$\Delta q=\sum\Delta q_i \tag{4.6.1}$$

装载量变化在 x、y、z 3 个方向上产生的合力矩为

$$\Delta q x_q=\sum(\Delta q_i\cdot x_{q,i}) \tag{4.6.2}$$

$$\Delta q y_q=\sum(\Delta q_i\cdot y_{q,i}) \tag{4.6.3}$$

$$\Delta q z_q=\sum(\Delta q_i\cdot z_{q,i}) \tag{4.6.4}$$

装载量变化的合重心点为(x_q,y_q,z_q)；第 i 个装载量的重心点为($x_{q,i},y_{q,i},z_{q,i}$)。

(2) 当前排水量为

$$P=P_{\text{ini}}+\Delta q \tag{4.6.5}$$

(3) 吃水的变化量为

$$\Delta T=\frac{\Delta q}{\rho_{\text{海}}S} \tag{4.6.6}$$

式中，$\rho_{\text{海}}=1.025\times10^3\text{kg/m}^3$；$S$ 为水线面面积。

平均吃水为

$$T=T_{\text{ini}}+\Delta T \tag{4.6.7}$$

(4) 初稳度为

$$h=h_{\text{ini}}+\frac{\Delta q}{P}\left(T+0.5\Delta T-h_{\text{ini}}-z_q\right) \tag{4.6.8}$$

纵初稳度为

$$H = \frac{P_{\text{ini}}}{P \cdot H_{\text{ini}}} \tag{4.6.9}$$

(5) 横倾角为

$$\theta = \begin{cases} \dfrac{\Delta q \cdot y_q}{P \cdot h} & \text{(弧度制，用于下一步计算)} \\ 57.3\dfrac{\Delta q \cdot y_q}{P \cdot h} & \text{(角度制，用于输出显示)} \end{cases} \tag{4.6.10}$$

(6) 艏吃水为

$$T_{\text{H}} = T_{\text{H,ini}} + \Delta T + \frac{(0.5L - x_F)\Delta q\left(x_q - x_F\right)}{P_{\text{ini}} \cdot H_{\text{ini}}} \tag{4.6.11}$$

艉吃水为

$$T_{\text{K}} = T_{\text{K,ini}} + \Delta T - \frac{(0.5L + x_F)\Delta q\left(x_q - x_F\right)}{P_{\text{ini}} \cdot H_{\text{ini}}} \tag{4.6.12}$$

倾差为

$$\varDelta = T_{\text{H,ini}} - T_{\text{K,ini}} + \frac{L \cdot \Delta q\left(x_q - x_F\right)}{P_{\text{ini}} \cdot H_{\text{ini}}} \tag{4.6.13}$$

式中，$T_{\text{H,ini}}$表示艏吃水的初值；$T_{\text{K,ini}}$表示艉吃水的初值；L 表示船体设计水线长；x_F表示水线面面积中心纵坐标。

(7) 舰艇重心计算：舰艇重心 x 坐标为

$$x_G = \frac{P_{\text{ini}} \cdot x_{G,\text{ini}} + \Delta q \cdot x_q}{P} \tag{4.6.14}$$

舰艇重心 y 坐标为

$$y_G = \frac{P_{\text{ini}} \cdot y_{G,\text{ini}} + \Delta q \cdot y_q}{P} \tag{4.6.15}$$

舰艇重心 z 坐标为

$$z_G = \frac{P_{\text{ini}} \cdot z_{G,\text{ini}} + \Delta q \cdot z_q}{P} \tag{4.6.16}$$

4.6.3　静风条件下的破损稳性计算

本节按照图 4.6.2 所示的步骤，迭代完成静风条件下的破损稳性计算流程。假设 T 表示舰艇吃水，H_i 表示舱室水位高，$H_{i,\max}$ 表示舱室最大高度，$z_{i,\min}$ 表示舱室底部 z 坐标，ε 表示收敛阈值。

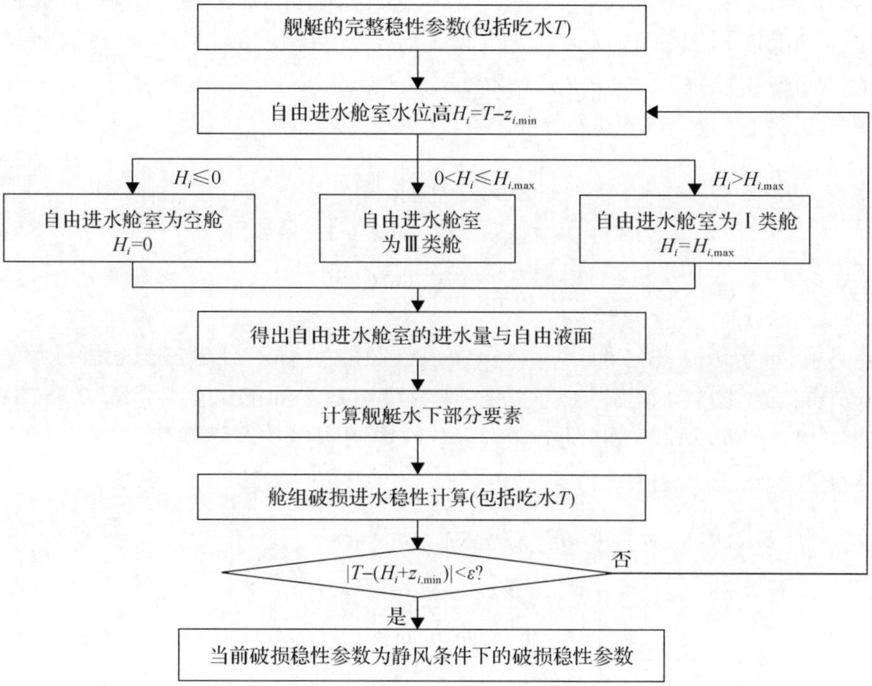

图 4.6.2　静风条件下破损稳性计算流程

第 1 步，读取舰艇总体信息。舰艇总体信息包括型线图、静水力曲线、费尔索夫曲线、舱室几何坐标、重心计算书、浮性稳性数据、液舱计算书。

第 2 步，读取破损舱室列表及其进水类型。若破损舱室为设定进水，则需读取其设定的水位高。

第 3 步，计算破损舱室进水量。对于设定进水舱室，直接根据设定的水位高与舱室舱容曲线查得舱室进水量。

对于自由进水舱室，根据下式计算其水位高：

$$H_i = T - z_{i,\min}$$

判断该舱室属于空舱($H_i \leqslant 0$)、Ⅰ类舱($H_i > H_{i,\max}$)还是Ⅲ类舱($0 < H_i \leqslant H_{i,\max}$)。其中，若舱室为空舱，则该舱室进水量为 0，并设置 $H_i=0$；若舱室为Ⅰ类舱，则该舱室进水量为舱室最大容积，并设置 $H_i=H_{i,\max}$；若舱室为Ⅲ类舱，则根据自由进水舱室当前的水位高与舱室舱容曲线，计算其进水量。

第 4 步，计算舰艇水下部分要素，主要使用型线图、静水力曲线、重心计算书、浮性稳性数据、费尔索夫曲线、液舱计算书。

舰艇水下部分要素包括：水下排水体积 V，浮心(容积 V 的中心)坐标 x_C、y_C、z_C，水线面在基本面 xOy 上的投影面积 S，面积 S 的中心坐标(x_F, y_F)，面积 S 对相连坐标轴的面积惯性矩 I_x 和 I_y，面积 S 对平行于相应的相连坐标轴且通过面积中心的轴的面积惯性矩 I_{xF} 和 I_{yF}，惯性积为 I_{xyF}。

破损舰艇的浮态方程组为

$$\begin{cases} \overline{V} - V_0 = 0 \\ M_{zx} + M_{xy} \tan\theta = 0 \\ M_{yz} + M_{xy} \tan\phi = 0 \end{cases} \tag{4.6.17}$$

式中，V_0 表示未破损船体的排水体积(m^3)；$\overline{V}$ 表示有效排水体积(m^3)；M_{zx} 表示对 zOx 平面的横向体积静矩(m^4)；M_{yz} 表示对 yOz 平面的纵向体积静矩(m^4)；M_{xy} 表示对 xOy 平面的垂向体积静矩(m^4)；θ 为横倾角；ϕ 为纵倾角。

各变量的计算方法为

$$\begin{cases} \overline{V} = V - \sum v \\ M_{yz} = Vx_C - \sum (vx_v) - V_0 x_G \\ M_{zx} = Vy_C - \sum (vy_v) - V_0 y_G \\ M_{xy} = Vz_C - \sum (vz_v) - V_0 z_G \end{cases} \tag{4.6.18}$$

式中，V 表示破损船的排水体积(m^3)；Vx_C、Vy_C 和 Vz_C 分别表示排水体积 V 对坐标平面 yOz、xOz 和 xOy 的静力矩(m^4)；x_G、y_G 和 z_G 分别表示未破损船的排水体积 V_0 的重心点坐标(m)；v 表示淹水舱的容积(m^3)；x_v、y_v 和 z_v 分别表示进水容积 v 的重心坐标(m)；vx_v、vy_v 和 vz_v 分别表示进水容积 v 对坐标平面 yOz、xOz 和 xOy 的静力矩(m^4)。

上述方程组通常表示为

$$\begin{cases} f_1(T_{\mathrm{m}}, \tan\theta, \tan\phi) = 0 \\ f_2(T_{\mathrm{m}}, \tan\theta, \tan\phi) = 0 \\ f_3(T_{\mathrm{m}}, \tan\theta, \tan\phi) = 0 \end{cases} \tag{4.6.19}$$

引进向量表示：

$$F(x)=\begin{bmatrix} f_1(x) \\ f_2(x) \\ f_3(x) \end{bmatrix},\quad \boldsymbol{X}=\begin{bmatrix} T_{\mathrm{m}} \\ \tan\theta \\ \tan\phi \end{bmatrix},\quad \boldsymbol{0}=\begin{bmatrix} 0 \\ 0 \\ 0 \end{bmatrix} \tag{4.6.20}$$

则方程组可以表示为

$$F(\boldsymbol{X})=\boldsymbol{0} \tag{4.6.21}$$

采用逐次线性化方法，得到线性方程组：

$$\partial F(\boldsymbol{X}_k)(\boldsymbol{X}-\boldsymbol{X}_k)+F(\boldsymbol{X}_k)=\boldsymbol{0} \tag{4.6.22}$$

式中，$\partial F(\boldsymbol{X}_k)$ 为 $F(\boldsymbol{X})$ 在 $\boldsymbol{X}_k$ 处的雅可比矩阵。在第 k 次迭代时，线性化方程组可以写成下列矩阵形式：

$$\begin{bmatrix} \dfrac{\partial f_1(X_k)}{\partial T_{\mathrm{m}}} & \dfrac{\partial f_1(X_k)}{\partial \tan\theta} & \dfrac{\partial f_1(X_k)}{\partial \tan\phi} \\ \dfrac{\partial f_2(X_k)}{\partial T_{\mathrm{m}}} & \dfrac{\partial f_2(X_k)}{\partial \tan\theta} & \dfrac{\partial f_2(X_k)}{\partial \tan\phi} \\ \dfrac{\partial f_3(X_k)}{\partial T_{\mathrm{m}}} & \dfrac{\partial f_3(X_k)}{\partial \tan\theta} & \dfrac{\partial f_3(X_k)}{\partial \tan\phi} \end{bmatrix} \cdot \begin{bmatrix} \delta T_{\mathrm{m}} \\ \delta\tan\theta \\ \delta\tan\phi \end{bmatrix} + \begin{bmatrix} f_1(T_{\mathrm{m}k},\tan\theta_k,\tan\phi_k) \\ f_2(T_{\mathrm{m}k},\tan\theta_k,\tan\phi_k) \\ f_3(T_{\mathrm{m}k},\tan\theta_k,\tan\phi_k) \end{bmatrix} = \boldsymbol{0} \tag{4.6.23}$$

只要求解出∂T_{m}、$\partial\tan\theta$ 和$\partial\tan\phi$，就可以通过不断迭代，求出船舯吃水、横倾角和纵倾角的值。

船体初始要素与进水损失要素之差称为水线面或水下部分的有效要素。这些要素充分表示了舱室淹水后破损船的水下部分特征。把水下部分的有效要素在要素符号上面加以“—”表示。

假设浮态在较小的范围内变化并且假设船舷是直舷，则根据船舶静力学原理可知雅可比矩阵可以写为

$$\begin{bmatrix} \overline{S} & \overline{S}\cdot\overline{y}_F & \overline{S}\cdot\overline{x}_F \\ \overline{S}(\overline{y}_F+\overline{z}_F\tan\theta) & \begin{array}{l}\overline{I}_{xF}(1+\tan^2\theta)+\overline{I}_{xyF}\tan\theta\tan\phi \\ +\overline{S}\overline{y}_F(\overline{y}v_F+\overline{z}_F)+M_{xy}\end{array} & \begin{array}{l}\overline{I}_{xyF}(1+\tan^2\theta)+\overline{I}_{yF}\tan\theta\tan\phi \\ +(\overline{y}_F+\overline{z}_F\tan\theta)\end{array} \\ \overline{S}(\overline{y}_F+\overline{z}_F\tan\theta) & \begin{array}{l}\overline{I}_{xyF}(1+\tan^2\phi)+\overline{I}_{xF}\tan\theta\tan\phi \\ +\overline{S}\overline{y}_F(\overline{x}_F+\tan\phi)\end{array} & \begin{array}{l}\overline{I}_{yF}(1+\tan^2\phi)+\tan\theta\tan\phi \\ +\overline{S}\overline{x}_F(\overline{x}_F+\overline{z}_F\tan\phi)+M_{xy}\end{array} \end{bmatrix} \tag{4.6.24}$$

式中

$$\overline{z}_F = T_{\rm m} + \overline{y}_F \tan\theta + \overline{x}_F \tan\phi \tag{4.6.25}$$

$$\begin{cases} \overline{I}_{xF} = I_x - \sum\limits_{3}(i_x + s_j y_{sj}^2) - \sum\limits_{2} i_x \\ \overline{I}_{yF} = I_y - \sum\limits_{3}(i_y + s_j x_{sj}^2) - \sum\limits_{2} i_y \\ \overline{I}_{xyF} = I_{xy} - \sum\limits_{3}(i_{xy} + s_j y_{sj} x_{sj}) - \sum\limits_{2} i_{xy} \end{cases} \tag{4.6.26}$$

在式(4.6.26)中，s_j表示进水舱室自由液面面积，i_x和 i_y分别表示自由液面面积 s_j的固有惯性矩，i_{xy}表示自由液面面积 s_j的惯性积，求和符号的注脚 2 和 3 分别表示进水舱组中的Ⅱ类舱和Ⅲ类舱。

通过使用克拉默法则求解，可得

$$\delta\tan\theta = \frac{(\mu_{xz} + \mu_{xy}\tan\theta)(\mathrm{aa} + M_{xy}) - \mathrm{dd}\cdot(\mu_{yz} + \mu_{xy}\tan\phi)}{(\mathrm{ee} + M_{xy})(\mathrm{aa} + M_{xy}) - \mathrm{dd}\cdot\mathrm{bb}} \tag{4.6.27}$$

$$\delta\tan\phi = \frac{(\mu_{yz} + \mu_{xy}\tan\phi)(\mathrm{ee} + M_{xy}) - \mathrm{bb}\cdot(\mu_{xz} + \mu_{xy}\tan\theta)}{(\mathrm{ee} + M_{xy})(\mathrm{aa} + M_{xy}) - \mathrm{dd}\cdot\mathrm{bb}} \tag{4.6.28}$$

$$\partial T_{\rm m} = \frac{\delta V}{\overline{S}} - \overline{y}_F \delta\tan\theta - \overline{x}_F \delta\tan\phi \tag{4.6.29}$$

式中

$$\mathrm{aa} = \overline{I}_{xF}(1+\tan^2\theta) + \overline{I}_{xyF}\tan\theta\tan\phi, \quad \mathrm{bb} = \overline{I}_{yF}(1+\tan^2\theta) + \overline{I}_{xyF}\tan\theta\tan\phi$$

$$\mathrm{dd} = \overline{I}_{yF}(1+\tan^2\phi) + \overline{I}_{yF}\tan\phi, \quad \mathrm{ee} = \overline{I}_{xF}(1+\tan^2\theta) + \overline{I}_{xyF}\tan\theta$$

第 5 步，计算扶正力臂。在进行扶正力臂的计算时，舰艇横倾角 θ 是固定的。为了能够使舰艇满足垂向受力平衡和纵向倾斜的平衡，只需求解如下方程组：

$$\begin{cases} \overline{V} - V_0 = 0 \\ M_{yz} + M_{xy}\tan\phi = 0 \end{cases} \tag{4.6.30}$$

使用前面介绍的方法解得

$$\delta\tan\phi = \frac{\mu_{yz} + \mu_{xy}\tan\phi}{\mathrm{aa} + M_{xy}}, \quad \partial T_{\rm m} = \frac{\delta V}{\overline{S}} - \overline{z}_F \delta\tan\phi \tag{4.6.31}$$

扶正力臂的表达式为

$$l_{\theta} = (\bar{y}_C - y_G)\cos\theta + (\bar{z}_C - z_G)\sin\theta \tag{4.6.32}$$

式中，y_G、z_G 表示舰艇当前重心的横向坐标和垂向坐标，可以根据重心计算书和浮性稳性数据获得；$\bar{y}_C$、$\bar{z}_C$ 表示有效排水体积的横向坐标和垂向坐标，可以根据(4.6.33)计算：

$$\begin{aligned} \bar{V}\bar{y}_C &= Vy_C - \sum(vy_v) \\ \bar{V}\bar{z}_C &= Vz_C - \sum(vz_v) \end{aligned} \tag{4.6.33}$$

对于扶正力臂，每隔 1°横倾角，计算一个数值，然后取最小值。

在完成对各个横倾角上的扶正力臂的计算后，即可连线绘制成静稳度曲线。

当舰艇发生破损后，舰艇可能向右倾斜或向左倾斜。当舰艇向右倾斜时，舰艇在右侧的最大扶正力臂比左侧的最大扶正力臂小，如图 4.6.3 所示；当舰艇向左倾斜时，舰艇在左侧的最大扶正力臂比右侧的最大扶正力臂小，如图 4.6.4 所示。为了给下一步风浪条件下的破损稳性计算提供基础，需要计算舰艇在倾斜一侧的最大扶正力臂。

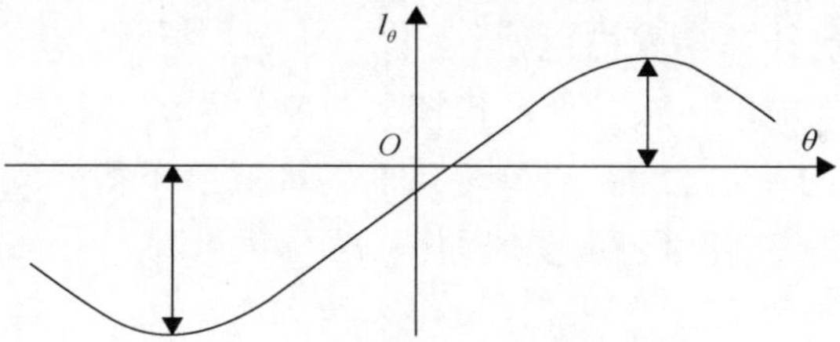

图 4.6.3　右倾状态下的静稳度曲线

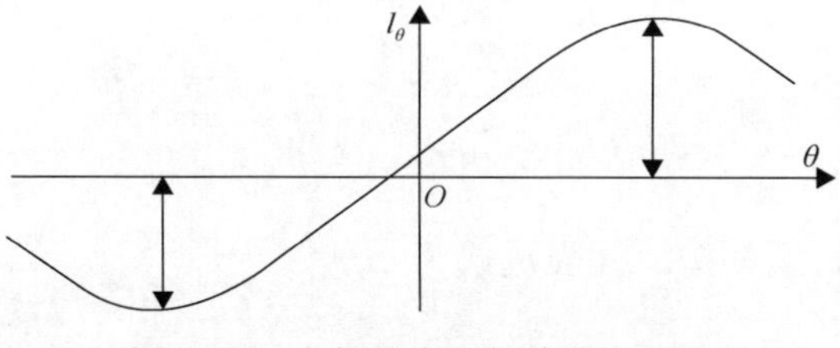

图 4.6.4　左倾状态下的静稳度曲线

4.6.4　风浪状态下的破损稳性计算

舰艇在风浪状态下是否沉没的判别方法与静水中是截然不同的。因为在风浪状态下，舰艇将受到风倾力矩的影响，同时也受到波浪横摇的作用，需要考虑舰艇内部储备的势能抵抗外界风浪做功的扶正能力。当风向、舰艇随波浪横摇的方向与舰艇静横倾方向均相同时，舰艇极有可能发生倾覆，处于最危险的状态。如图 4.6.5 所示，当风向向右，舰艇在波浪作用下向右摇摆，且静横倾方向向右时，极有可能向右发生倾覆。本节对舰艇发生破损后最危险状态下的抗风浪能力进行研究。

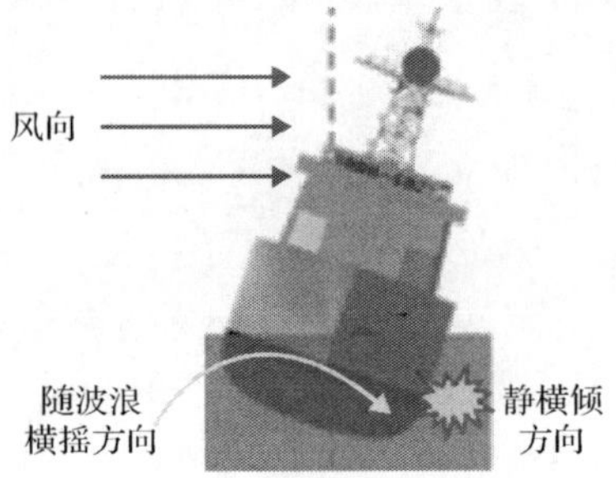

图 4.6.5 舰艇处于一舷共振角且受同侧风

抗风浪评估包含两个方面：①计算舰艇的动倾角(当前风浪作用下的最大横倾角)；②评估舰艇在破损状态下所能承受的最大风级。

1. 计算舰艇的动倾角

舰艇的动倾角的计算步骤描述如下：

第 1 步，确定当前的风浪条件，包括当前风级和波浪横摇角 θ_r。

第 2 步，根据当前吃水 T，查找受风面积计算书可得受风面积中心距基线的高度 Z_n、距离海平面的高度 Z_f 和受风面积 A_w。

第 3 步，根据当前风级查阅蒲氏风级表得到海平面 6m 高处的风压 p_6；根据受风面积中心距海平面的高度 Z_f，查阅风压计算图得到 $K=p_D/p_6$，即 $p_D=Kp_6$。

第 4 步，计算风倾力矩，其表达式为

$$M_{WD}=\frac{1}{1000}p_D A_w(Z_n-T) \tag{4.6.34}$$

第 5 步，计算风倾力臂，其表达式为

$$|l_{WD}|=\frac{M_{WD}}{P} \tag{4.6.35}$$

式中，P 为排水量。

设舰艇的静平衡角(即无风无浪时的横倾角)为 θ_0。如图 4.6.6 所示，当 $\theta_0\geqslant 0$ 时，即舰艇向右倾斜时，风倾力臂位于横坐标轴的上方，$l_{WD}=|l_{WD}|$；当 $\theta_0<0$ 时，即舰艇向左倾斜时，风倾力臂位于横坐标轴的下方，$l_{WD}=-|l_{WD}|$。

第6步，迭代计算动倾角。此处，横倾角 θ 均为弧度制。

当舰艇处于右倾状态($\theta_0 \geqslant 0$)时，动倾角的计算方法如图4.6.6所示。

(1) 判断 l_{WD} 与静稳度曲线是否相交。若 $l_{WD} < (l_\theta)_{max}$，即风倾力臂小于静稳度曲线的最大值，则 l_{WD} 与静稳度曲线相交，转入(2)继续计算。若 $l_{WD} \geqslant (l_\theta)_{max}$，即风倾力臂不小于静稳度曲线的最大值，则 l_{WD} 与静稳度曲线不相交，动倾角不存在，舰艇将发生倾覆，结束计算。

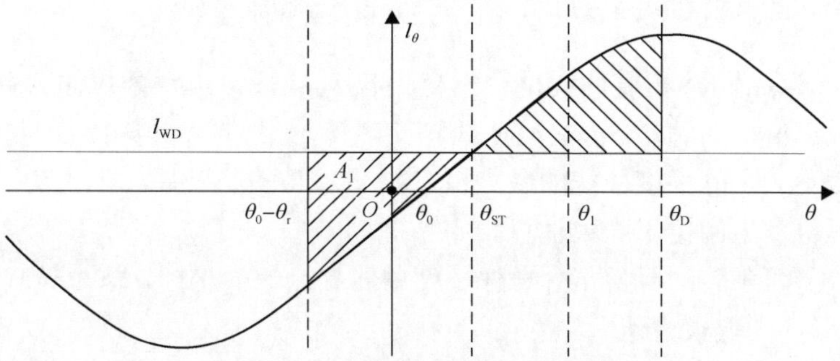

图4.6.6　右倾状态下动倾角计算示意图

(2) 求静倾角 θ_{ST}。计算 l_{WD} 与静稳度曲线交点的横坐标，即为静倾角 θ_{ST}。若求得两个 θ_{ST}，则取较小值。

(3) 求 A_1 的面积。右倾状态舰艇的横倾角最小值可为 $\theta_0-\theta_r$。θ_0 表示浮态稳性计算中得出的舰艇当前的横倾角(即静平衡角)。舰艇的横倾角从 $\theta_0-\theta_r$ 到 θ_{ST} 变化的过程中，风倾力臂与扶正力臂的合力做的功为

$$A_1 = \int_{\theta_0-\theta_r}^{\theta_{ST}} (l_{WD} - l_\theta)\mathrm{d}\theta \tag{4.6.36}$$

(4) 求动倾角 θ_D。设 θ_1 的初值为 $\theta_{ST}+1$。

① 若 $\int_{\theta_{ST}}^{\theta_1}(l_\theta - l_{WD})\mathrm{d}\theta < A_1$，则 $\theta_1=\theta_1+1$，并重新判断 $\int_{\theta_{ST}}^{\theta_1}(l_\theta - l_{WD})\mathrm{d}\theta$ 与 A_1 的关系。

② 若 $\int_{\theta_{ST}}^{\theta_1}(l_\theta - l_{WD})\mathrm{d}\theta \geqslant A_1$，则 $\theta_D=\theta_1$，结束计算。

③ 若 $\theta_1 \geqslant 80°$，动倾角不存在，舰艇将发生倾覆，结束计算。

当舰艇处于左倾状态($\theta_0 < 0$)时，动倾角的计算方法如图4.6.7所示。

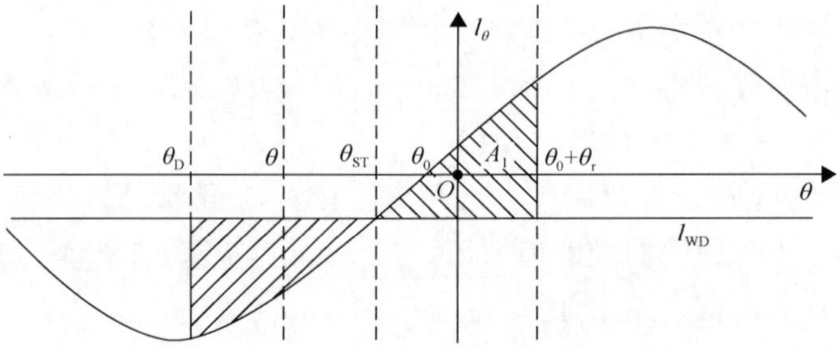

图 4.6.7　左倾状态下动倾角计算示意图

(1) 判断 l_{WD} 与静稳度曲线是否相交。若 $l_{WD} > (l_\theta)_{min}$，即风倾力臂大于静稳度曲线的最小值，则 l_{WD} 与静稳度曲线相交，转入(2)继续计算。若 $l_{WD} \leqslant (l_\theta)_{max}$，即风倾力臂不大于静稳度曲线的最大值，则 l_{WD} 与静稳度曲线不相交，动倾角不存在，舰艇将发生倾覆，结束计算。

(2) 求静倾角 θ_{ST}。计算 l_{WD} 与静稳度曲线交点的横坐标，即为静倾角 θ_{ST}。若求得两个 θ_{ST}，则取较大值。

(3) 求 A_1 的面积。左倾状态的舰艇横倾角最大值可为 $\theta_0+\theta_r$。舰艇的横倾角从 θ_r 到 θ_{ST} 变化的过程中，风倾力臂与扶正力臂的合力做的功为

$$A_1 = \int_{\theta_{ST}}^{\theta_0+\theta_r} (l_\theta - l_{WD})\mathrm{d}\theta \tag{4.6.37}$$

(4) 求动倾角 θ_D。设 θ_1 的初值为 $\theta_{ST}-1$。

① 若 $\int_{\theta_1}^{\theta_{ST}} (l_{WD} - l_\theta)\mathrm{d}\theta < A_1$，则 $\theta_1=\theta_1-1$，并重新判断 $\int_{\theta_1}^{\theta_{ST}} (l_{WD} - l_\theta)\mathrm{d}\theta$ 与 A_1 的关系。

② 若 $\int_{\theta_1}^{\theta_{ST}} (l_{WD} - l_\theta)\mathrm{d}\theta \geqslant A_1$，则 $\theta_D=\theta_1$，结束计算。

③ 若 $\theta_1 \leqslant -80°$，舰艇将发生倾覆，动倾角不存在，结束计算。

2. 评估舰艇在破损状态下所能承受的最大风级

舰艇在破损状态下所能承受的最大风级评估步骤描述如下：

第 1 步，用户输入舰艇的最大动倾角$|\theta_{D,max}|$，$|\theta_{D,max}| \in [0, 80°]$。当舰艇右倾时，$\theta_{D,max}=|\theta_{D,max}|$；当舰艇左倾时，$\theta_{D,max}=-|\theta_{D,max}|$。

第 2 步，计算舰艇所能承受的最大风倾力臂的大小。当舰艇处于右倾状态时，舰艇所能承受的最大风倾力臂如图 4.6.8 所示，其计算流程如图 4.6.9 所示。

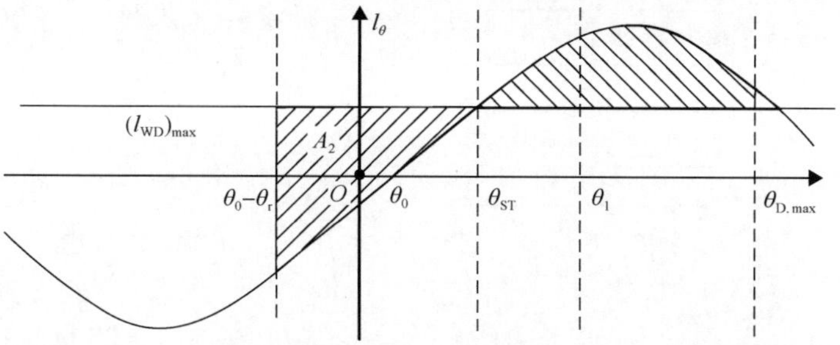

图 4.6.8　右倾状态下舰艇所能承受的最大风倾力臂示意图

若 l_{WD} 与静稳度曲线有一个交点，则该交点所对应的横倾角为静倾角 θ_{ST}，$\theta_1=\theta_{D,max}$。若 l_{WD} 与静稳度曲线有两个交点(对应两个不同的横倾角)，则较小的横倾角为静倾角 θ_{ST}，$\theta_1=\min\{\theta_{D,max}$，较大的横倾角$\}$。

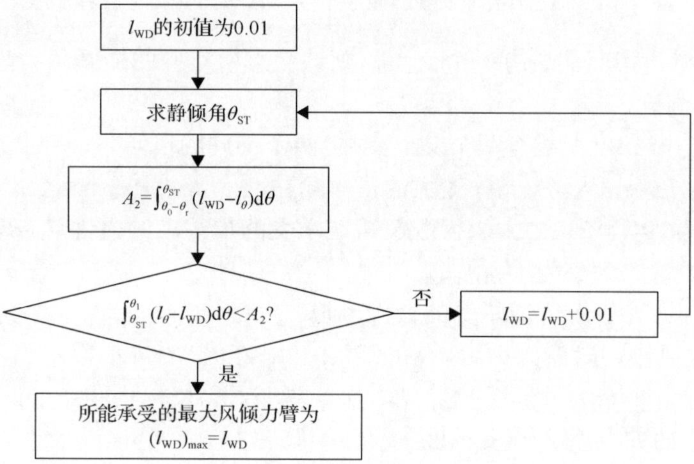

图 4.6.9　右倾状态下舰艇能够承受的最大风倾力臂计算流程

当舰艇处于左倾状态时，舰艇所能承受的最大风倾力臂如图 4.6.10 所示，其计算流程如图 4.6.11 所示。

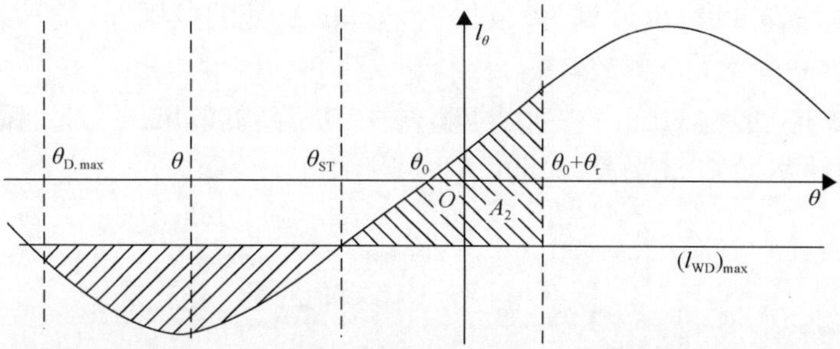

图 4.6.10　左倾状态下舰艇所能承受的最大风倾力臂示意图

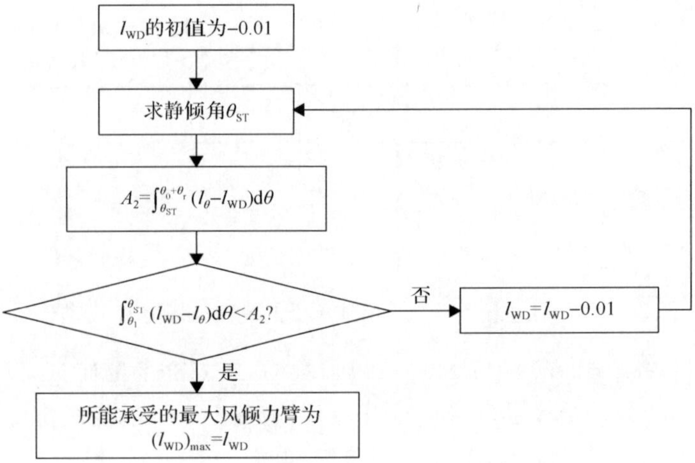

图 4.6.11　左倾状态下舰艇能够承受的最大风倾力臂计算流程

若 l_{WD} 与静稳度曲线有一个交点，则该交点所对应的横倾角为静倾角 θ_{ST}，$\theta_1=\theta_{D,max}$。

若 l_{WD} 与静稳度曲线有两个交点(对应两个不同的横倾角)，则较小的横倾角为静倾角 θ_{ST}，θ_1=max{$\theta_{D,max}$，较大的横倾角}。

根据图 4.6.9 和图 4.6.11 求得舰艇所能承受的最大风倾力臂$(l_{WD})_{max}$后，对应的最大风倾力臂的大小为$|(l_{WD})_{max}|$。

第 3 步，计算舰艇所能承受的最大风级。

(1) 最大风倾力矩的大小为 $M_{WD}=|(l_{WD})_{max}|\cdot P$，$P$ 为排水量。

(2) 根据当前吃水 T，查找受风面积计算书可得受风面积中心距基线的高度 Z_n、距离海平面的高度 Z_f 和受风面积 A_w。

(3) 舰艇所能承受的突风风压为

$$p_D=\frac{1000M_{WD}}{A_w(Z_n-T)} \tag{4.6.38}$$

(4) 根据 p_D 查阅风压计算图得到海平面 6m 高处的风压 p_6。查阅蒲氏风级表得到舰艇所能承受的最大风级。

(5) 根据 p_D 查阅风压计算图得到海平面 10m 高处的风压 p_{10}。舰艇所能承受的极限风速(距水面 10m 高度处)为

$$U=\sqrt{\frac{2p_{10}}{1.3\times0.125}} \tag{4.6.39}$$

4.6.5　沉没阈值设置

在方案论证和方案设计阶段，不沉性的很多具体参数难以计算，因此这两个阶段的不沉性极限参数可以设定为浸水的水密隔舱数量(N_f)和浸水的长度(L_f)。这两个指标或者其中之一，通常会在作战任务书中有明确的极限值说明，如 3 舱不沉等。不沉性评估指标舰艇沉没事件 P 可以表示为

$$P_s = (N_f > N_0) \cup (L_f > L_0) \tag{4.6.40}$$

式中，N_0 表示最大可浸水密隔舱数量；L_0 表示最大可浸长度。

此时对破损的水密隔舱进行判断，只需考虑武器攻击点沿船长的分布即可，即使用破坏半径法。例如，如图 4.6.12 所示，浸水的水密隔舱数量为 4，总浸水长度为 8m+6m+4m+6m=24m。如果要求该舰 3 个水密隔舱进水不沉，或者要求总浸水长度不能超过 20m，那么此时可以判断舰艇沉没。

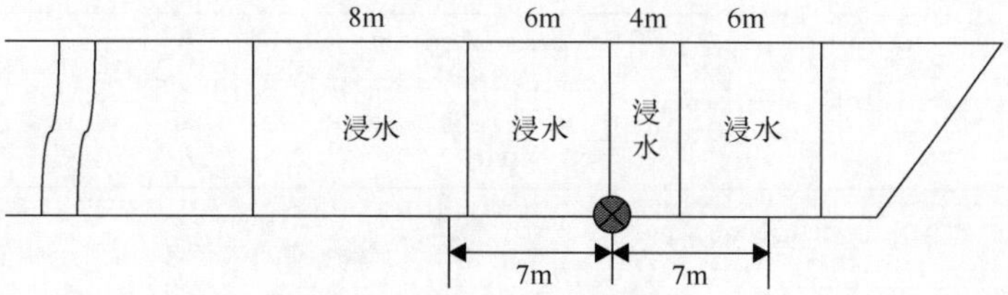

图 4.6.12　舰艇沉没示例图

国外对最大可浸长度和最大可浸水密隔舱数量的设计标准如表 4.6.1 所示。破损稳性的设计标准如表 4.6.2 所示。

表 4.6.1　世界各国破损长度标准

国家	大型舰艇长度	破损长度和破损水密隔舱数量
加拿大	＞90m	15%LBP 且最小 21m
法国	＞90m	15%LBP
德国 以色列	≥30m	18%LBP–3.6m 且不超过 18m
意大利	＞95m	3 个水密隔舱
俄罗斯		20%LBP 且相邻 3 个水密隔舱
日本	＞100m	15%LBP
英国	＞92m	15%LBP 且最小 21m
美国 澳大利亚	＞100m	15%LBP

注：LBP 为舰艇垂线间长度(length between perpendicular)。

表 4.6.2 世界各国破损稳性的设计标准

国家	浮性	破损稳性
加拿大	距限界线 8cm	静水中横倾角≤15°； 进水漫延过程中动倾角为 45°； 对于 5000t 舰艇，波浪横摇角为 10°； 对于 5000t 舰艇，A_1≥1m·(°)； 在风作用下，A_1≥A_2； 最大扶正力臂与风倾力臂的差值>7.5cm
法国	距限界线 7.6cm	静风条件下横倾角≤20°； 横贯进水后横倾角≤15°； 风浪条件下动倾角为 45°，波浪横摇角为 10°； 对于 5000t 舰艇，A_1≥1m·(°)； 在风作用下，A_1≥A_2； 最大扶正力臂与风倾力臂的差值>8cm
德国 以色列	至舱壁甲板	在 40kn 风作用下，动倾角≤25°； 剩余扶正力臂≥5cm
意大利	距限界线 7.6cm	静水中横倾角≤15°； 风浪条件下动倾角为 45°； 对于 5000t 舰艇，A_1≥88m·t； 在静水中，初稳度>0
日本	距限界线 50cm	在风作用下，A_{ABC}≤2A_{BDE}； 在风作用下，风倾力臂不大于最大扶正力臂的 60%
英国		静水中横倾角<20°； 风浪条件下动倾角为 45°，波浪横摇角为 10°； 对于 5000t 舰艇，A_1≥1m·(°)； 在风作用下，A_1≥A_2； 在风作用下，风倾力臂不大于最大扶正力臂的 60%； 纵初稳度>0
美国 澳大利亚	距限界线 7.6cm	静水中横倾角<15°； 风浪条件下动倾角为 45°； 对于 5000t 舰艇，波浪横摇角不超过 15°； 在风作用下，A_1≥1.4A_2

注：舱壁甲板表示主横舱壁所到达的最高一层甲板；限界线是指在舱壁甲板边线上表面以下 7.6cm 所绘制的一条与舱壁甲板平行的曲线。

美国舰艇的校核风速通常为 50～100kn，它随着舰艇排水量及作战使命的不同而不同；波浪横摇角 θ_r 根据舰艇的吨位按照规定选择。

风倾力矩的计算公式为

$$l_{WD}=\frac{0.0035V_w^2A_wz_w\cos^2\theta}{2240P} \tag{4.6.41}$$

式中，l_{WD} 表示风倾力矩(ft，1ft=0.3048m)；V_w 表示风速(kn)；A_w 表示舰艇的受风面积(ft^2)；z_w 表示受风面积中心到平均吃水一半点处的距离(ft)；θ 表示舰艇的横倾角；P 表示舰艇排水量(t)。

静稳度曲线与风倾力臂曲线如图 4.6.13 所示。

(1) 在没有风力作用下，对于没有舷侧防护的舰艇，其破损后的静平衡角 θ_0(即 D 点对应的横倾角)不得超过 15°；对于有舷侧防护的舰艇，其破损后的静平衡角 θ_0 不得超过 20°，并且能够很快恢复到 15°。

(2) 风倾作用下，B 点对应的角度即 θ_B 不得超过 20°。θ_B 也称为静风倾角，即在静风作用下舰艇的横倾角。

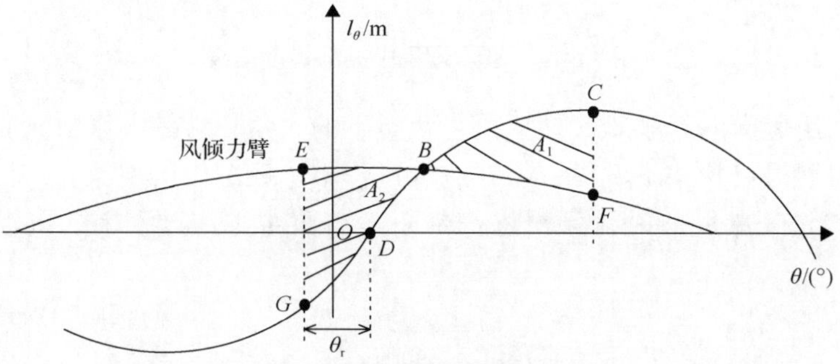

图 4.6.13　静稳度曲线与风倾力臂曲线

(3) 大角稳性储备系数 dyw 是弧形三角形 CBF 的面积 A_1 和弧形三角形 EGB 的面积 A_2 的比值，它反映了动倾作用下的静稳度曲线储备扶正能力。其中，点 C 所对应的横倾角为甲板浸水角和 45°角中的较小者。

$$\text{dyw}=\frac{A_1}{A_2}>1.4 \tag{4.6.42}$$

(4) 最小干舷 $F_{\min}$ 至少为 0.6m。

美国海军将破损舰艇的横倾角、静风倾角、大角稳性储备系数和最小干舷作为破损稳性的判别指标。这些指标参数都以舰艇破损进水的最终状态为判断依据，即默认进水最终状态为进水过程的最危险的状态，有的指标参数可能是进水过程中最危险的，如大角稳性储备系数。

如图 4.6.14 所示，进水过程中的静稳度曲线 1 在最终状态静稳度曲线 2 的下方，并且在整个进水过程中，静稳度曲线都是实时变化的。很显然，静稳度曲线 1 的大角稳性储备系数小于静稳度曲线 2 的大角稳性储备系数，即

$$\frac{S_{\Delta B_1C_1F}}{S_{\Delta B_1G_1E}} \geqslant \frac{S_{\Delta BCF}}{S_{\Delta BGE}} \tag{4.6.43}$$

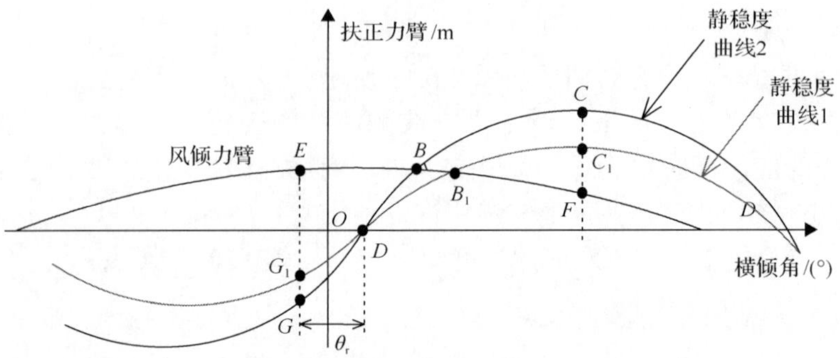

图 4.6.14　进水过程中的静稳度曲线

如果利用美国海军舰艇破损后最终状态下的大角稳性储备系数判断舰艇是否沉没，会出现最终状态不沉没，但在进水过程中已经沉没的现象。该沉没判据已不能对进水过程中舰艇是否倾覆进行判断，需要对进水过程中的沉没判据进行研究。

4.7　结构剩余强度的评估计算

4.7.1　坐标系选取及正负号规定

对于一艘遭到武器攻击后的舰艇来讲，其船体结构剩余有效剖面面积是非对称的，因此在根据已知的总纵弯矩求解弯曲应力和剪应力时，必须考虑弯曲的非对称性。根据梁的弯曲理论，只有在梁剖面两坐标轴(如 y 轴和 z 轴)均为梁横剖面形心主轴，而且外加弯矩作用在主平面(如 xOy 平面和 xOz 平面)内时，梁才能在相应主平面内产生纯弯曲而不发生扭转，而且一般的梁的弯曲理论均能成立。为此，首先从确定非对称横剖面(图 4.7.1～图 4.7.4 中虚线部分假定结构已经破损)的形心主轴开始。

如图 4.7.1～图 4.7.4 所示，对非对称剖面建立如下坐标系：

采用右手坐标系，坐标原点取在 0 号肋位剖面形心处，x 轴平行于基线，从舰艏指向舰艉为正；y 轴垂直于中线面，向右舷为正；z 轴垂直于水线，向上为正[4-6]。

(1) Oy_0z_0 为破损前横剖面参考坐标系(正浮状态)，Oy_0 和 Oz_0 为参考轴。

(2) Gy_1z_1 为破损后横剖面形心及形心坐标，与 Oy_0z_0 平行。

(3) Gyz 为破损后结构非对称性引起的横倾，整个剖面绕形心 O 转动 α，即形心主轴。

(4) α 为结构非对称性造成的横倾角，即 Gy_1y_1 与 Gyz 之间的夹角。

(5) θ 为舰艇破损后舱室进水造成的横倾角，在计算外载荷时得到。当研究水线以上船体破损时，可不计船体浮态的变化，此时 $\theta=0$；当研究水线以下船体破损时，需要计算船体横倾角 θ。

(6) 按力矩的右手规则绘出弯矩矢量，顺其相应轴的正方向为正。

(7) 转角以逆时针方向为正，顺时针方向为负。

(8) 横倾角以顺时针方向为正，逆时针方向为负。

(9) 正应力以拉为正，以压为负。

4.7.2　总纵弯曲强度计算方法

1. 破损部位位于水线以上的船体强度

如图 4.7.1 所示，横剖面面积 A 和面积形心坐标 (y_G, z_G) 为

$$\begin{cases} A = \sum_{i=1}^{n} a_i \\ y_G = \dfrac{1}{A}\sum_{i=1}^{n}\left(y_{0i}\cdot A_i\right) \\ z_G = \dfrac{1}{A}\sum_{i=1}^{n}\left(z_{0i}\cdot A_i\right) \end{cases} \tag{4.7.1}$$

式中，A_i 为剖面中第 i 构件的面积；(y_{0i}, z_{0i}) 为面积形心在参考坐标系 Oy_0z_0 中的坐标；n 为横剖面所含参与总纵弯曲的纵向构件总数。

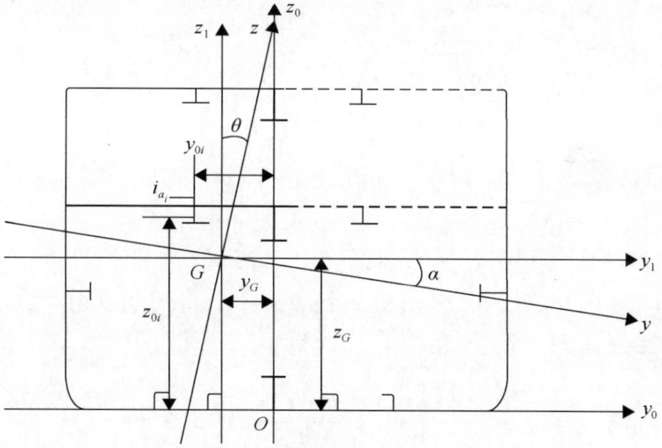

图 4.7.1　非对称剖面的形心主轴

横剖面对参考轴 Oy_0、Oz_0 的惯性矩 I_{y0}、I_{z0} 和惯性积 I_{y0z0} 为

$$\begin{cases} I_{y0} = \sum_{i=1}^{n} (z_{0i}^2 \cdot a_i + i_{y0i}) \\ I_{z0} = \sum_{i=1}^{n} (y_{0i}^2 \cdot a_i + i_{z0i}) \\ I_{y0z0} = \sum_{i=1}^{n} (y_{0i} \cdot z_{0i} \cdot a_i + i_{y0z0i}) \end{cases} \tag{4.7.2}$$

式中，i_{y0i}、i_{z0i} 和 i_{y0iz0i} 分别为第 i 构件的自身惯性矩和惯性积。

横剖面对形心主轴的惯性矩为

$$\begin{cases} I_y = I_{y1}\cos^2\alpha + I_{z1}\sin^2\theta - 2I_{y1z1}\cdot\sin\alpha\cdot\cos\alpha \\ I_z = I_{y1}\sin^2\alpha + I_{z1}\cos^2\theta + 2I_{y1z1}\cdot\sin\alpha\cdot\cos\alpha \end{cases} \tag{4.7.3}$$

式中，I_{y1}、I_{z1} 和 I_{y1z1} 为横剖面对 y_1、z_1 轴的惯性矩和惯性积，$(y_1，z_1)$ 为过形心 G 且与参考坐标系 Oy_0z_0 平行的坐标；$\alpha = \frac{1}{2}\arctan\left(\frac{2I_{y1z1}}{I_{y1} - I_{z1}}\right)$ 为 y_1、z_1 轴与横剖面形心主轴的夹角。

总纵弯曲力矩 M 在形心主轴 Oy、Oz 的分量为

$$\begin{cases} M_y = M\cdot\cos\alpha \\ M_z = M\cdot\sin\alpha \end{cases} \tag{4.7.4}$$

式中，α 为 M 与 y 轴之间的夹角。

横剖面内任一点 (y, z) 处的正应力为

$$\sigma_x = \frac{M_y\cdot z}{I_y} - \frac{M_z\cdot y}{I_z} \tag{4.7.5}$$

式中，(y, z) 为计算点坐标；I_y 和 I_z 为剖面对 y 轴和 z 轴的惯性矩。

横剖面中性轴（图 4.7.2 中的 nn 线）处的 $\sigma_x=0$。将式(4.7.4)代入式(4.7.5)，可得中性轴的计算公式为

$$\frac{\cos\alpha\cdot z}{I_y} - \frac{\sin\alpha\cdot y}{I_z} = 0 \tag{4.7.6}$$

横剖面中性轴与 y 轴之间的夹角 β 按下式计算：

$$\tan\beta = \frac{z}{y} = \frac{I_y}{I_z}\tan\alpha \tag{4.7.7}$$

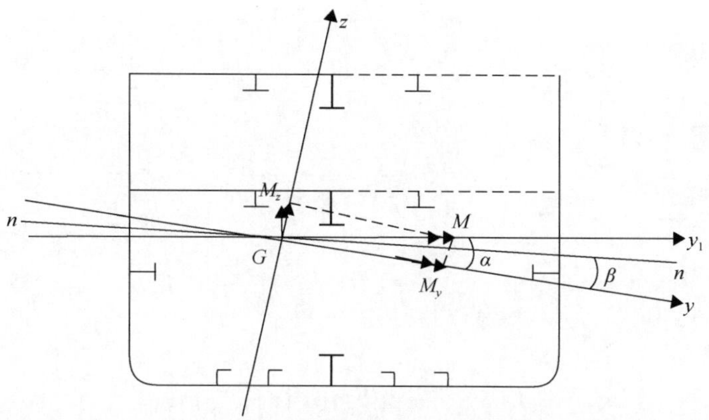

图 4.7.2　承受外载作用的非对称船体梁

2. 破损部位位于水线以下的船体强度

如图 4.7.3 所示，y_1' 轴为不考虑舱室进水时 y_1 轴的位置。受到舱室进水的影响，y_1 轴旋转到了当前位置，与破损部位位于水线以上的船体强度类似，α 为 y_1' 轴与横剖面形心主轴的夹角。

总纵弯曲力矩 M 沿横剖面形心主轴 y 和 z 的分量可按下式计算：

$$\begin{aligned} M_y &= M\cdot\cos\gamma = M\cdot\cos(\theta-\alpha) \\ M_z &= M\cdot\sin\gamma = M\cdot\sin(\theta-\alpha) \end{aligned} \tag{4.7.8}$$

式中，θ 为横倾角；$\gamma=\theta-\alpha$ 为总纵弯曲力矩 M 与形心主轴 y 之间的夹角。

横剖面中性轴(图 4.7.3 中的 nn 线)按下式计算：

$$\frac{M\cdot\cos(\theta-\alpha)\cdot z}{I_y} - \frac{M\cdot\sin(\theta-\alpha)\cdot y}{I_z} = 0 \tag{4.7.9}$$

横剖面中性轴与 y 轴之间的夹角 β 按下式计算：

$$\tan\beta = \frac{z}{y} = \frac{I_y}{I_z}\tan(\theta-\alpha) \tag{4.7.10}$$

如图 4.7.3 所示，y_1' 轴为不考虑舱室进水时 y_1 轴的位置。受到舱室进水的影响，y_1 轴旋转到了当前位置。与破损部位位于水线以上的船体强度类似，α 为 y_1' 轴与横剖面形心主轴的夹角。

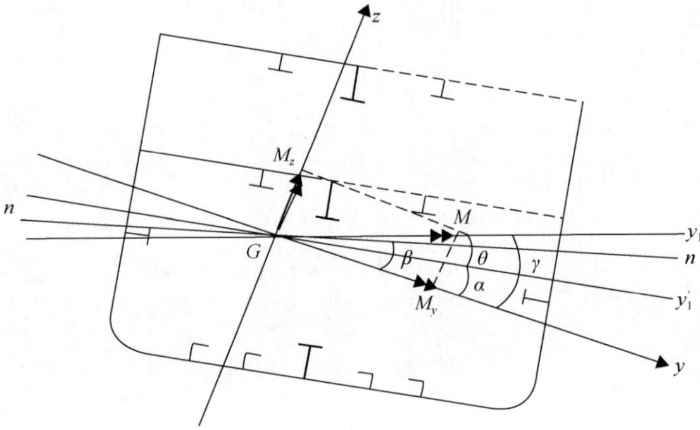

图 4.7.3　带有横倾角的非对称横剖面

3. 板的失稳折减

在第一次近似计算求出总纵弯曲应力之后，若所得压应力大于相应构件的临界应力，则表明该构件失稳，船体板失稳后将不能完全有效地参加抵抗总纵弯曲，要对失稳壳板进行折减。

失稳壳板的有效面积 A' 为

$$A' = \frac{\sigma_{cr}}{\sigma_i} A \tag{4.7.11}$$

$$\varphi = \frac{\sigma_{cr}}{\sigma_i} = \frac{A'}{A} \tag{4.7.12}$$

式中，σ_{cr} 为壳板的临界应力针对不同的板，按不同的公式计算；σ_i 为按梁的公式计算的刚性构件应力；φ 为折减系数。

在船体强度计算中，已丧失稳定性的板的折减系数 φ 可通过下述公式确定。

(1) 纵骨架式。对于只参加抵抗总纵弯曲的构件(如上甲板)，有

$$\varphi = \frac{\sigma_{cr}}{\sigma_i} K \tag{4.7.13}$$

式中，σ_{cr} 为按 $\sigma_{cr} = 76 \times (100 d_t / b)^2$ 确定的壳板的临界应力；σ_i 为与所研究的板在同一水平线上的刚性构件中的总纵弯曲压应力的绝对值；K 为系数，$K = 2 - b/(75 d_t)$，若 $K>1$，则取 $K=1$；b 为纵骨间距；d_t 为板的厚度。

对于同时参加抵抗总纵弯曲及板架弯曲的构件(如船底板、内底板)，有

$$\varphi = \frac{\sigma_{cr} + \sigma_2}{\sigma_i} \tag{4.7.14}$$

式中，σ_2 为相应构件的板架弯曲应力，并应计及其正负号(拉伸为正，压缩为负)。

(2) 横骨架式。若计算中不考虑初挠度及横荷重的影响，则板的折减系数为

$$\varphi = \frac{\sigma_{cr}}{\sigma_i} \tag{4.7.15}$$

4. 大挠度变形骨架梁相当面积折减

大挠度变形骨架参与抵抗轴向力的等效断面面积为

$$\overline{A} = A \cdot \frac{E_e}{E} \tag{4.7.16}$$

式中，A 为骨架梁原断面面积；E 为骨架梁材料的弹性模量；E_e 为大挠度变形骨架梁抗拉压相当刚度(割线模量)。

大挠度变形骨架参与抵抗轴向力的相当断面面积为

$$\overline{A} = A\left(1 + \frac{A\Phi^2}{2I} W_0^2\right)^{-1} \tag{4.7.17}$$

式中，W_0 为骨架梁跨中初挠度；I 为骨架梁的截面惯性矩；Φ 为放大因子，可按下式计算：

$$\Phi = \frac{T_E}{T_E - T} = \left(1 - \frac{\sigma_E}{\sigma_T}\right)^{-1} \tag{4.7.18}$$

式中，T_E 和 σ_E 为梁的欧拉力和欧拉应力；T 和 σ_T 为骨架梁受到的轴向作用力和应力。

大挠度变形骨架梁的相当刚度(割线模量)E_e 为

$$E_e = \frac{\varepsilon_1}{\varepsilon} \cdot E = \frac{\Delta_1}{\Delta} \cdot E = E\left(1 + \frac{A\Phi^2}{2I} W_0^2\right)^{-1} \tag{4.7.19}$$

4.7.3 极限强度计算方法

1. 破损船体总纵弯曲的剖面弹性极限弯矩计算

以中性轴(*nn* 线)为 y_2 轴的坐标系 y_2Oz_2 与 yOz 的转化关系为

$$\begin{cases} y_2 = y\cos\beta + z\sin\beta \\ z_2 = z\cos\beta - y\sin\beta \end{cases} \tag{4.7.20}$$

求断面上各构件的 z_2 最大值按下式计算：

$$z_{2\mathrm{m}} = \max\{z_{2i}\} \tag{4.7.21}$$

断面上各构件的应力 σ_i 按下式计算：

$$\sigma_i = \frac{z_{2i}}{z_{2\mathrm{m}}}\sigma_{\mathrm{m}} \tag{4.7.22}$$

式中，$\sigma_{\mathrm{m}}=\min\{\sigma_{\mathrm{s}},\sigma_{\mathrm{cr}}\}$。

破损船体剖面的弹性极限弯矩 M_{u} 可按下式计算：

$$M_{\mathrm{u}} = \sigma_{\mathrm{m}}\left[\frac{\cos(\gamma-\beta)}{I_{y2}}z_{2\mathrm{m}} + \frac{\sin(\gamma-\beta)}{I_{z2}}y_{2\mathrm{m}}\right]^{-1} \tag{4.7.23}$$

式中，$y_{2\mathrm{m}}$、$z_{2\mathrm{m}}$ 为对应构件的 y 坐标值和 z 坐标值；$\gamma-\beta$ 为水线方向与中性轴的夹角；I_{y2}、I_{z2} 为破损船体剖面对 y_2(中性轴)和 z_2 的惯性矩。

2. 破损船体总纵弯曲的剖面全塑性极限弯矩计算

受损船体总纵弯曲的剖面全塑性极限弯矩为

$$M_{\mathrm{p}} = \sigma_{\mathrm{s}}\cdot\frac{1}{2}A\cdot L_{\mathrm{p}} \tag{4.7.24}$$

式中，σ_{s} 为材料屈服应力；A 为断面总面积；L_{p} 为中性轴上、下面积形心的间距。

如图 4.7.4 所示，中性轴位置按下式确定：

$$z = ky + b \tag{4.7.25}$$

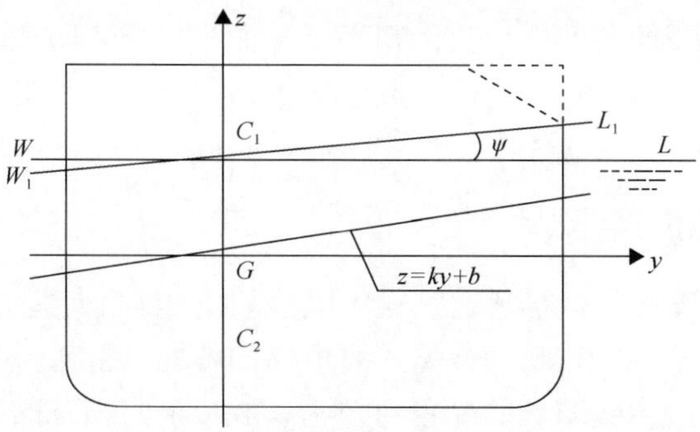

图 4.7.4　损伤舰艇中性轴位置示意图

断面总面积 A 和形心间距 L_p 为

$$A = A_1 + A_2, \quad L_p = \sqrt{(y_1 - y_2)^2 + (z_1 - z_2)^2} \tag{4.7.26}$$

式中，A_1、A_2 为中性轴上、下面积(m^2)；(y_1，z_1)为中性轴以上部分面积形心 C_1 的坐标；(y_2，z_2)为中性轴以下部分面积形心 C_2 的坐标。

4.7.4 极限强度评估衡准

可根据抗毁伤结构完好性等级评估标准和舰艇船体梁相对极限抗力 $\bar{M}_1$，评估船体结构的完好性等级。舰艇船体梁相对极限抗力 $\bar{M}_1$ 为

$$\bar{M}_1 = \frac{M_{u1}}{M_{q1}} \tag{4.7.27}$$

式中，M_{u1} 为破损船体梁的剩余弹性极限弯矩值；M_{q1} 为船体梁计算剖面所受静、动外力合成作用弯矩的最大设计值。

M_{q1} 的计算公式为

$$M_{q1} = \max\{M_{s1} + M_{w1}\} \tag{4.7.28}$$

式中，M_{s1} 为破损舰艇静水弯矩值；M_{w1} 为破损舰艇设计波高下的波浪附加弯矩。

4.8 火灾危险性评估计算

随着现代海战中武器命中率和杀伤力的大大提升，火灾成了舰艇的主要威胁。例如，马岛战争中“谢菲尔德”号驱逐舰中弹起火，火势无法控制，最后在拖航途中沉没。“斯塔克”号护卫舰被导弹击中后，大火燃烧了三天才被扑灭，最终护卫舰完全丧失了战斗力。这些教训引起了各国军事界的高度重视。舰艇火灾综合

评估可以综合评估舰艇各等级火灾的概率，从而指出舰艇防火、灭火中存在的薄弱环节，提出有效的改进措施，降低舰艇火灾的危险性，对提高舰艇的防火能力具有重要的意义[7]。

4.8.1 舰艇舱室火灾危险度

舱室火灾危险度是定量描述舱室火灾大小的指标。由火灾形成蔓延机制可知，舰艇舱室火灾与舱室内可燃物的数量、可燃物的特性(燃点、闪点、燃烧速度)、舱室通风状态因素、消防系统的配置与效率、舰员消防训练的熟练程度、火灾现场指挥是否得当及火源等因素有关。将这些因素进行指标的归纳与量化，并根据广义指标体系非线性合成方法，用舰艇舱室火灾危险度 P_{oi} 对舰艇火灾发生的可能性进行评估，即

$$P_{\mathrm{o}i}=\left(k_1\cdot k_2\cdot k_3\cdot k_4\cdot k_5\right)^{0.2} \tag{4.8.1}$$

式中，k_1 为可燃物因子；k_2 为可燃物负荷密度因子；k_3 为可燃物燃烧速度因子；k_4 为舱室通风状态因子；k_5 为消防因子。

可燃物因子 k_1 的计算公式为

$$k_1=\frac{750-C_1}{T_{\max}-T_{\min}} \tag{4.8.2}$$

式中，C_1 表示舱室内主要可燃物的燃点；$T_{\max}$ 表示舱室内可燃物的最高燃点；$T_{\min}$ 表示舱室内可燃物的最低燃点。

可燃物负荷密度因子 k_2 的计算公式为

$$k_2=\frac{q}{60} \tag{4.8.3}$$

式中，q 表示舱室内可燃物的可燃负荷(kg/m^2)；60 表示潜在失火危险性最大时可燃负荷(kg/m^2)。

可燃物燃烧速度因子 k_3 的计算公式为

$$k_3=\frac{C_3}{C_{\mathrm{k}}} \tag{4.8.4}$$

式中，C_3 表示舱室内主要可燃物燃烧速度[kg/(m$^2\cdot$min)]；C_{k} 表示可燃物平均燃烧速度[kg/(m$^2\cdot$min)]。

舱室通风状态因子 k_4 通常设置为 1。

消防因子 k_5 的计算公式为

$$k_5 = 1 - \frac{1}{4}(f_1 + f_2 + f_3 + f_4) \tag{4.8.5}$$

式中，f_1 为火灾预测报警装置得分；f_2 为消防系统装置得分；f_3 为个人防护用品得分；f_4 为无法预测的因素得分。

f_1、f_2、f_3 和 f_4 是消防系统的 4 个部分，采取专家打分的方法，给出每个部分的得分。f_1 主要由火灾预测报警装置的性能及其配备的数量决定，性能越好且数量越多，得分就越高；f_2 主要考虑消防系统装置的配备情况，配备越好得分越高；f_3 主要由个人防护用品的配备决定，品质好且数量充足得分就高；f_4 主要考虑其他无法预测的因素，如舰员的灭火操作技能和指挥员对火灾的处置能力。根据以上 4 个部分的好坏程度，将其划分为 4 个等级并进行量化，具体描述如表 4.8.1 所示。

表 4.8.1　等级描述及量化情况

级别	差	一般	较好	很好
得分	[0,0.25]	(0.25,0.5]	(0.5,0.75]	(0.75,1.0]

综合考虑上述 4 个部分，整体情况越好则消防因子 k_5 越小；整体情况最好时 $k_5=0$，整体情况最差时 $k_5=1$。

4.8.2　舰艇火灾危险性的定性分析

1. 舰艇火灾危险性的影响因素

1）舰艇舱室火灾危险度 P_{oi}

对于被武器命中的舰艇舱室，若 $P_{oi} \geqslant 0.5$，则舱室起火，否则不起火。因此，判断舱室是否起火可以用 0-1 函数表示：

$$f_{起火} = \begin{cases} 1, & P_{oi} \geqslant 0.5 \\ 0, & P_{oi} < 0.5 \end{cases} \tag{4.8.6}$$

式中，1 表示起火；0 表示不起火。

2）起火舱室的舱壁背温 T_b、通风情况及舱室舱壁的防火能力等

当舱室间的舱壁为主防火隔墙且主防火隔墙未被破坏时，由于主防火隔墙具有有效防火作用，此时认为火灾不能蔓延至邻舱。因此，判断舱室是否是主防火隔墙可以用 0-1 函数表示：

$$f_{主防火隔墙} = \begin{cases} 1, & 命中舱室非防火隔墙或防火隔墙破损 \\ 0, & 命中舱室是主防火隔墙 \end{cases} \tag{4.8.7}$$

当舱室为非防火隔墙或主防火隔墙破损时，根据下面的判据进行判定。

当起火舱的舱壁背温 $T_b \geqslant 220$℃且邻舱本身的舰室火灾危险度 $P_{oi} \geqslant 0.5$ 时，分两种情况讨论。

(1) 当起火舱室有开口与上层舱室相通，并且有开口与水平舱室相通时，邻舱温度工况的计算思路如下：

① 上层舱室受烟囱效应及热对流的影响，火灾向上蔓延，可按起火舱室温度工况计算其温度。

② 水平邻舱受热对流的影响及上层邻舱的烟囱效应，热浪烟气向上层邻舱蔓延，则水平邻舱必然有大量冷气通过开口进入起火舱室，因此水平邻舱的温度等于或稍高于环境温度。

(2) 起火舱室没有开口与邻舱相通时，起火舱室温度工况隔热层背温 T_b(℃)的计算公式为

$$T_b = T_u - \frac{Qd_t}{\lambda_i} \tag{4.8.8}$$

式中，Q 表示单位时间内、单位面积的热量；d_t 表示导热物体的厚度；λ_i 表示舱壁材料的导热系数；T_u 表示轰燃后的温度。

当起火舱的舱壁背温 $T_b \geqslant 220$℃且邻舱本身的 $P_{oi} \geqslant 0.5$ 时，邻舱起火，可按起火舱室计算其温度：$T_b = T_{起火舱室}$。

当 $T_b < 220$℃或邻舱本身的 $P_{oi} < 0.5$ 时，邻舱不起火，温度等于或稍高于环境温度，不考虑人员和器材毁伤问题：$T_b = T_{环境}$。

邻舱是否起火可以用如下函数表示：

$$f_{邻舱起火}(T_b, P_{oi}) = \begin{cases} 1, & T_b \geqslant 220 \text{ 且 } P_{oi} \geqslant 0.5 \\ 0, & T_b < 220 \text{ 或 } P_{oi} < 0.5 \end{cases} \tag{4.8.9}$$

式中，1 表示起火；0 表示不起火。

2. 舰艇火场长度的定义和作用

火场长度为舰艇起火后，起火范围的纵向长度。舰艇火灾危险性可以用火场强度进行衡量，用 L 表示：

$$L = L_{命中舱室长度} \cdot f_{起火} + \sum L_{邻舱长度} \cdot f_{主防火隔墙} \cdot f_{邻舱起火}(T_b, P_{oi}) \tag{4.8.10}$$

3. 舰艇火灾危险性的定性分析

假设 L_0 为舰艇防火区划长，L 为火场长度。根据火场长度可以定义全舰火灾等级，如表 4.8.2 所示。

表 4.8.2　全舰火灾等级的划分

A 级火灾	B 级火灾	C 级火灾	D 级火灾
$L_0<L$	$70\%L_0<L\leqslant L_0$	一个舱室长度$<L\leqslant 70\%L_0$	$L\leqslant$一个舱室长度

参 考 文 献

[1] 张平, 彭戈, 程智斌. 舰艇作战系统生命力评估[J]. 船舶工程, 1999, (3): 57, 58.

[2] 梁彦刚, 陈磊, 唐国金. 基于作战对象损伤分析的武器系统效能评估方法[J]. 兵工学报, 2008, 29(6): 713-717.

[3] 王威, 闵绍荣, 罗威. 基于图论分析法的舰艇作战系统损伤评估研究[J]. 计算机与数字工程, 2012, 40(12): 32-35.

[4] 胡胜谦. 船舶损伤后船体剩余强度评估方法研究[D]. 镇江: 江苏科技大学, 2011.

[5] 黄守成. 水面舰艇破损后船体总纵强度预报[J]. 船舶, 2011, (2): 37-41.

[6] 杨代胜. 船体强度与结构设计[M]. 哈尔滨: 哈尔滨工程大学出版社, 2001.

[7] 范维澄, 孙金华, 陆守香. 火灾风险评估方法学[M]. 北京: 科学出版社, 2004.

第 5 章　易损性评估软件设计开发

在借鉴国外生命力评估软件的基础上，基于第 4 章提出的 DDSA 易损性评估模型，本章对生命力评估软件的设计方案开展详细的设计。该软件能够为准确快速评估舰艇任务能力的易损性提供有力工具[1,2]。

5.1　数 据 导 入

如图 5.1.1 所示，在数据导入界面中单击“浏览”按钮可以选择.idf 数据文件。当完成.idf 数据文件的选择后，单击“加载”按钮，三维显示区中将对.idf 数据进行三维可视化显示。如果.idf 数据符合预期，那么用户可以选择导入对象的类型，并单击“导入”按钮将.idf 数据导入船体数据库或舱室数据库中。

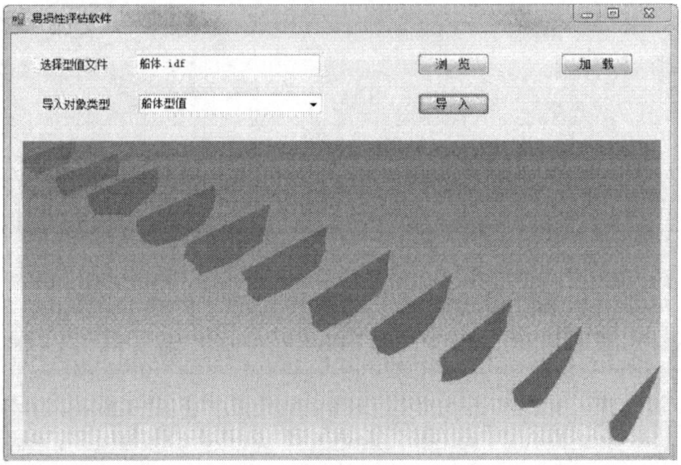

图 5.1.1　数据导入界面

5.1.1　评估对象管理

评估对象管理用于编辑和显示船体、舱室、系统设备和威胁武器的数据。评估对象管理的界面如图 5.1.2 所示。

在评估对象管理界面的树状结构图中，通过单击树状结构图中的节点，可以在数据显示区中查看船体、舱室、系统设备和威胁武器的数据。为了清晰地显示不同舱室的所属甲板、不同设备的所属系统及不同系统的所属关系，本软件借鉴 Word 软件中的文档结构图对树状结构图进行设计。

图 5.1.2　评估对象管理的界面

树状结构图包括船体、舱室、系统设备和威胁武器 4 个根节点。4 个根节点可以任意展开或折叠。节点左侧的“–”表示该节点的子节点处于展开状态。单击“–”可使该节点的子节点转变为折叠状态，此时“–”变为“+”。节点左侧的“+”表示该节点的子节点处于折叠状态。单击“+”可使该节点的子节点转变为展开状态，此时“+”变为“–”。树节点的展开或折叠不会选中任意一个舱室、设备和武器。

5.1.2　船体

“船体”根节点只含有一个“船体”的叶节点。当单击“船体”根节点或“船体”叶节点时，数据显示区将分割为显示控制区和三维显示区两个区域，数据显示区如图 5.1.3 所示。

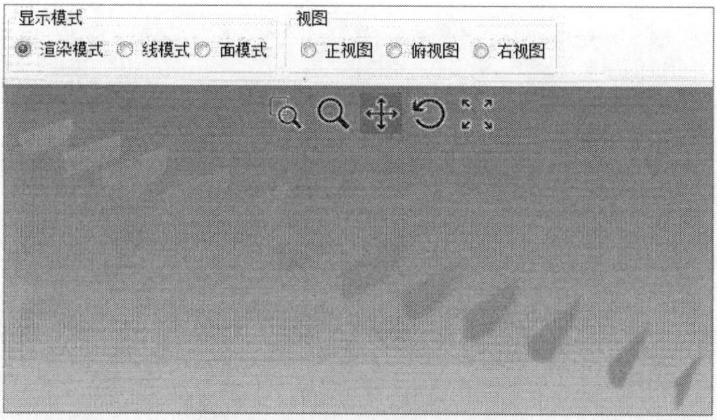

图 5.1.3　船体中的数据显示区

1. 船体的三维显示

在数据显示区的三维显示区中，用户可以浏览切片形的三维船体。

1）船体坐标系

在本软件中采用如图 5.1.4 所示的船体坐标系。在船体坐标系中，以船舯基线为原点；x 轴以船艏为正，以船艉为负；y 轴以右舷为正，以左舷为负；z 轴以顶部为正，以底部为负。

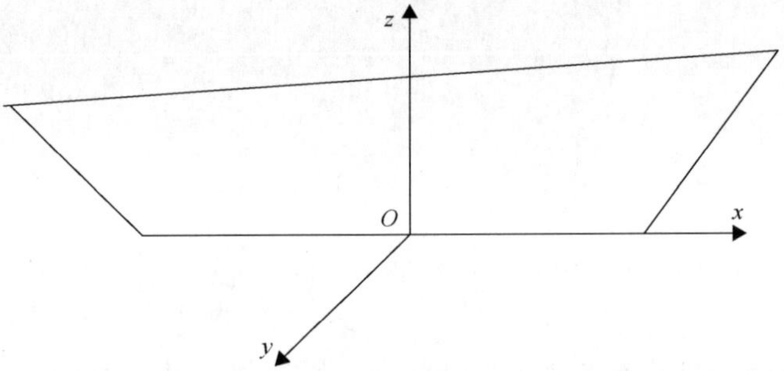

图 5.1.4　船体坐标系

2）不使用视图工具的船体三维视图变换

用户可以使用鼠标中键实现三维视图的缩放与旋转。当向前或向后滚动鼠标中键时，三维视图会以鼠标指定的位置为基准点进行放大或缩小，如图 5.1.5 和图 5.1.6 所示。拖动鼠标中键时，三维视图会随之旋转。

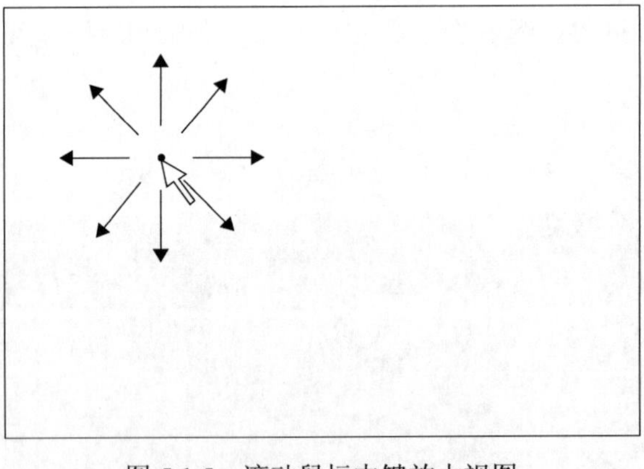

图 5.1.5　滚动鼠标中键放大视图

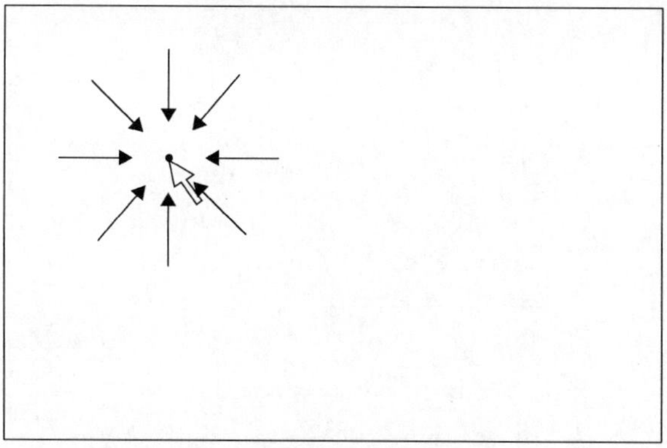

图 5.1.6　滚动鼠标中键缩小视图

3）使用视图工具的船体三维视图变换

视图工具分为按作图区缩放、缩放、平移、旋转、自动适应屏幕 5 个工具。各工具的符号如表 5.1.1 所示。

表 5.1.1　视图工具符号

工具名称	按作图区缩放	缩放	平移	旋转	自动适应屏幕
工具符号					

当选择按作图区缩放工具后，用户可以拖动鼠标左键在三维显示区中绘制一个选框，如图 5.1.7 所示。当选框拖动完成后，船体三维视图以选框中心点为中心，将选框区域铺满三维显示区。

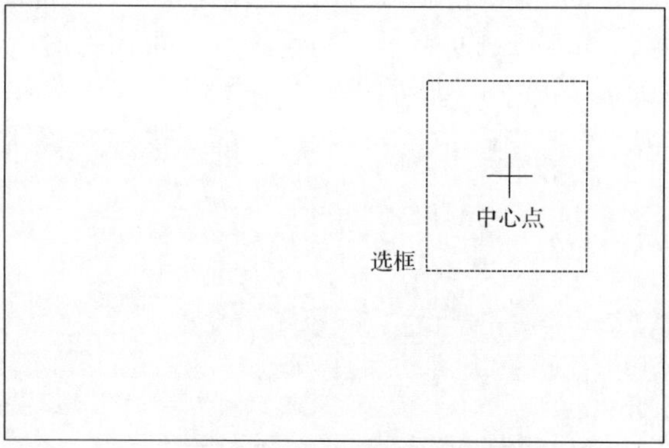

图 5.1.7　按作图区缩放示意图

当选择缩放工具后，向前拖动鼠标左键，三维显示区将以当前视图中心点为中心进行放大；向后拖动鼠标左键，三维显示区将以当前视图中心点为中心进行缩小，如图 5.1.8 所示。

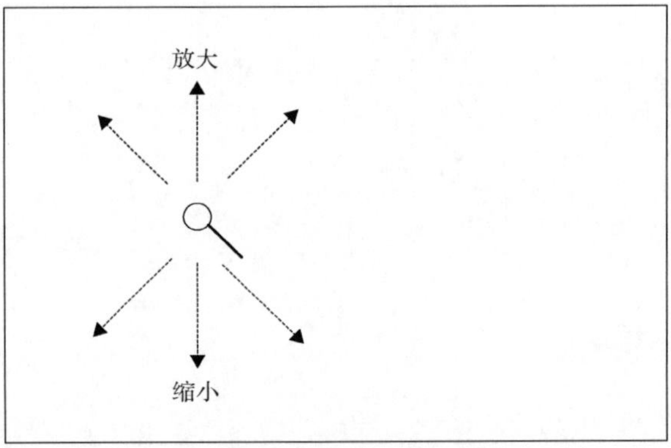

图 5.1.8　缩放示意图

当选择平移工具后，用户可以拖动鼠标左键，船体三维视图会随着鼠标左键的移动而移动。船体三维视图的偏移量始终等于鼠标左键的偏移量。

当选择旋转工具后，用户可以拖动鼠标左键，船体三维视图会随着鼠标左键的移动而旋转。

当选择自动适应屏幕工具后，船体自动铺满三维显示区，并且此时不再选中任何工具。

2. 船体的显示控制

在数据显示区的显示控制区中，有“显示模式”单选按钮组和“视图”单选按钮组，如图 5.1.3 所示。

三维船体的显示模式有三种：渲染模式、线模式和面模式。

通过单击三维船体的三种视图单选按钮（“正视图”“俯视图”和“右视图”）实现视角的快速切换。如图 5.1.9 所示，当选择“正视图”时，x 轴($y=0$ 且 $z=0$ 的直线)位于屏幕中心；当选择“俯视图”时，z 轴($x=0$ 且 $y=0$ 的直线)位于屏幕中心；当选择“右视图”时，y 轴($x=0$ 且 $z=0$ 的直线)位于屏幕中心。

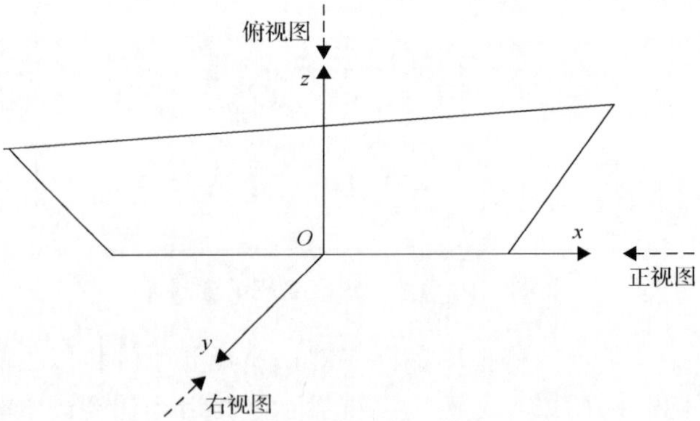

图 5.1.9　三种视图的视角

5.1.3　舱室

1. 数据显示区界面布局

当单击“舱室”的根节点及其叶节点时，数据显示区分为“舱室信息”和“舱室模型”两个选项卡。

如图 5.1.10 所示，在“舱室信息”选项卡中，舱室列表包含以下字段：舱室编号、舱室名称、所属甲板、舱室类型和水线以下。

舱室信息　舱室模型

舱室编号	舱室名称	所属甲板	舱室类型	水线以下
0310	3-10舱室	3甲板	普通舱室	否
0401	4-1舱室	4甲板	普通舱室	是
0402	4-2舱室	4甲板	普通舱室	是
0403	4-3舱室	4甲板	普通舱室	是
0404	4-4舱室	4甲板	普通舱室	是
0405	4-5舱室	4甲板	普通舱室	是
0406	4-6舱室	4甲板	普通舱室	是
0407	4-7舱室	4甲板	普通舱室	是
0408	4-8舱室	4甲板	普通舱室	是
0409	4-9舱室	4甲板	普通舱室	是
0501	5-1舱室	5甲板	油水舱	是

图 5.1.10　数据显示区的“舱室信息”选项卡

在如图 5.1.11 所示的“舱室模型”选项卡内，舱室三维信息的显示方式与 5.1.2 节中的船体完全相同。

图 5.1.11　数据显示区的“舱室模型”选项卡

2. 舱室基本信息和三维信息的显示

1) 舱室信息的查看

当在树状结构图中单击“舱室”根节点时，“舱室”根节点变为高亮状态，“舱室信息”自动显示第一层甲板的所有舱室信息，并对第一层甲板的第一个舱室高亮显示，“舱室模型”将该甲板的第一个舱室标记为红色。

“舱室”根节点下有各层甲板子节点。当单击甲板节点的名称时，该甲板节点的名称变为高亮状态。“舱室信息”自动显示该甲板的所有舱室信息，并对该甲板的第一个舱室高亮显示，“舱室模型”将该甲板的第一个舱室标记为红色。

各层甲板子节点下有各个舱室的叶节点。当单击舱室节点的名称时，该舱室节点的名称变为高亮状态。“舱室信息”自动显示所属甲板的所有舱室信息，并将对应的舱室信息高亮显示，“舱室模型”将对应舱室标记为红色。

当在“舱室信息”中单击任意一列时，将对应的舱室信息高亮显示，“舱室模型”将对应舱室标记为红色。

2) 舱室的显示控制

如图 5.1.11 所示，舱室不仅有渲染模式、线模式和面模式三种显示模式，也有正视图、俯视图和右视图三种视图模式。

5.1.4　系统设备

1. 数据显示区界面布局

当单击“系统设备”的根节点及其叶节点时，数据显示区分为“设备信息”和“设备模型”两个选项卡。

如图 5.1.12 所示，在“设备信息”选项卡中，设备列表包含以下字段：设备编号、设备名称、所属系统、所属舱室和损伤特性。

设备信息　设备模型

设备编号	设备名称	所属系统	所属舱室	损伤特性
007	1号探测设备	舰炮系统	02-3舱室	物理损伤
008	自动控制台	舰炮系统	02-2舱室	物理损伤；火易损伤；水易损伤
009	1号舰炮炮塔	舰炮系统	2-3舱室	物理损伤；火易损伤
010	2号舰炮炮塔	舰炮系统	01-3舱室	物理损伤；火易损伤
019	2号探测设备	舰炮系统	02-1舱室	物理损伤
020	手动控制箱	舰炮系统	2-4舱室	物理损伤；火易损伤；水易损伤

图 5.1.12　数据显示区的“设备信息”选项卡

设备可能以三种形式遭受损伤：①物理损伤，设备直接被威胁武器破坏；②水易损伤，设备因为舱室进水发生短路；③火易损伤，设备因为舱室起火而损坏。

设备的实际损伤形式可能为物理损伤、水易损伤、火易损伤、物理损伤+水易损伤、物理损伤+火易损伤、物理损伤+水易损伤+火易损伤。

在“设备模型”选项卡内，可以查看设备三维信息的显示方式，如图 5.1.13 所示。

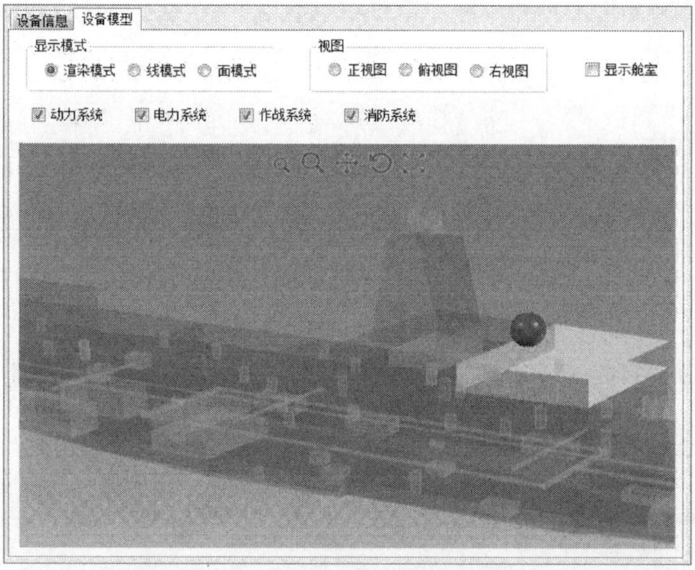

图 5.1.13 数据显示区的“设备模型”选项卡

2. 设备基本信息和三维信息的显示

1) 设备信息的查看

设备基本信息和三维信息的显示与 5.1.3 节基本相同。唯一的区别在于“系统设备”根节点与设备叶节点之间有两到三级子系统为中间节点，“舱室”根节点与舱室叶节点之间仅有舱室所属甲板为中间节点。

2) 设备的显示控制

设备的三维显示采用如图 5.1.4 所示的船体坐标系。

如图 5.1.13 所示，舱室的显示不仅有渲染模式、线模式和面模式三种显示模式，也有正视图、俯视图和右视图三种视图模式。与此同时，还有“显示舱室”和各个一级子系统的复选框。默认状态下，“显示舱室”和各个一级子系统的复选框均处于选中状态。

当取消选择“显示舱室”复选框时，舱室处于隐藏状态，三维显示区仅显示设备。

一级子系统的复选框被选中时，三维显示区显示有对应的一级子系统的设备。

5.1.5 威胁武器

1. 威胁武器中的数据显示区界面布局

如图 5.1.14 所示，威胁武器中的数据显示区界面分为以下四个区域：威胁武器信息列表、威胁武器信息编辑、威胁武器动态损伤范围列表、威胁武器动态损伤范围编辑。

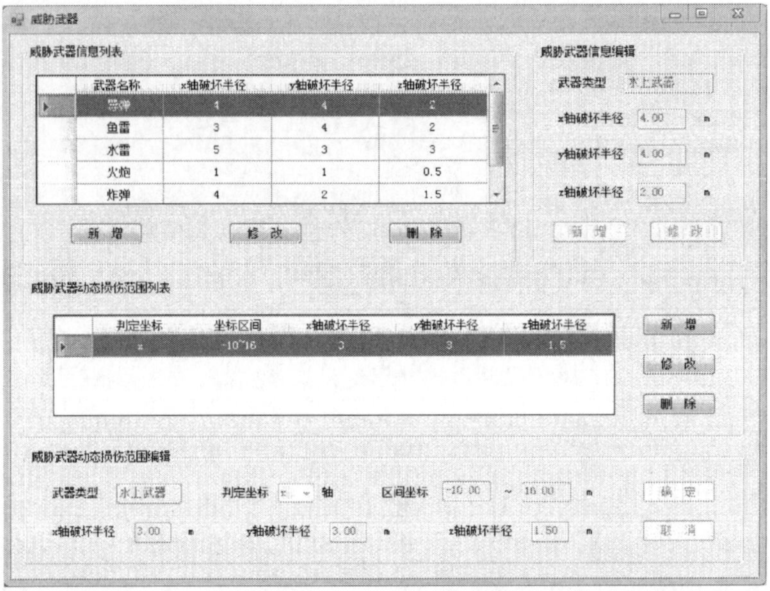

图 5.1.14　威胁武器中的数据显示区界面布局

“威胁武器信息列表”中显示所有可能对舰艇构成威胁的武器名称及其 x、y、z 轴破坏半径。

“威胁武器信息编辑”可以显示、修改“威胁武器信息列表”内选中的威胁武器，也可以为“威胁武器信息列表”新增威胁武器。

舰艇在特殊部位增强了防护，导致威胁武器命中特殊部位时的破坏半径小于其他位置。因此，本软件可以分别针对“威胁武器信息列表”内的各种威胁武器在不同轴上设置“威胁武器动态损伤范围”。

“威胁武器动态损伤范围列表”中显示有“威胁武器信息列表”内选中的威胁武器的动态损伤范围。

“威胁武器动态损伤范围编辑”可以显示、修改“威胁武器动态损伤范围列表”内选中的动态损伤范围，也可以为“威胁武器动态损伤范围列表”新增动态损伤范围。

2. 威胁武器的操作流程

通过在树状结构图中单击威胁武器名称或者在“威胁武器信息列表”中单击威胁武器所在行，可以选中对应的威胁武器。“威胁武器信息编辑”和“威胁武器动态损伤范围列表”内显示的信息将随之变化。

1）威胁武器信息的编辑

当单击“威胁武器信息列表”内的“新增”按钮时，“威胁武器信息编辑”内所有的文本框和按钮均处于启用状态。当“威胁武器信息编辑”内的信息填写完毕并单击“确定”按钮后，“威胁武器信息列表”会添加刚刚填写的威胁武器信息。其中，“威胁武器信息编辑”内各个文本框的输入限制如表 5.1.2 所示。

表 5.1.2　“威胁武器信息编辑”内文本框的输入限制

限制类别	武器名称	x 轴破坏半径	y 轴破坏半径	z 轴破坏半径
字符长度限制	20 个字符	4 个字符	4 个字符	4 个字符
数据类型限制	字符串型	浮点型	浮点型	浮点型
数据值限制	无	仅限输入正数	仅限输入正数	仅限输入正数

当选中“威胁武器信息列表”内的任意威胁武器，并单击“威胁武器信息列表”内的“修改”按钮时，“威胁武器信息编辑”内所有的文本框和按钮均处于启用状态。当“威胁武器信息编辑”内的信息填写完毕并单击“确定”按钮后，“威胁武器信息列表”会更新刚刚填写的威胁武器信息。其中，“威胁武器信息编辑”内各个文本框的输入限制如表 5.1.2 所示。

当选中“威胁武器信息列表”内的任意威胁武器，并单击“威胁武器信息列表”内的“删除”按钮时，对应的威胁武器信息将删除。

2）威胁武器动态损伤范围的编辑

当单击“威胁武器动态损伤范围列表”内的“新增”按钮时，“威胁武器动态损伤范围编辑”内所有的文本框和按钮均处于启用状态。当“威胁武器动态损伤范围编辑”内的信息填写完毕并单击“确定”按钮后，“威胁武器动态损伤范围列表”会添加刚刚填写的威胁武器信息。

当选中“威胁武器动态损伤范围列表”内的任意威胁武器后，单击“威胁武器动态损伤范围列表”内的“修改”按钮，“威胁武器动态损伤范围编辑”内所有的文本框和按钮均处于启用状态。当“威胁武器动态损伤范围编辑”内的信息填写完毕并单击“确定”按钮后，“威胁武器动态损伤范围列表”会更新刚刚填写的威胁武器动态损伤范围。

当选中“威胁武器动态损伤范围列表”内的任意威胁武器后，单击“威胁武器动态损伤范围列表”内的“删除”按钮，对应的威胁武器动态损伤范围将删除。

5.2　损伤树定义

当完成损伤树的绘制后，本软件能够根据受损舱室和受损设备清单，按照损伤树提供的逻辑关系得出损伤树顶事件是否发生，进而得出舰艇的剩余任务能力。

5.2.1　损伤树定义界面

如图 5.2.1 所示，损伤树定义的界面分为四个区域：损伤树列表、损伤树控制区、节点编辑区和损伤树绘图区区。

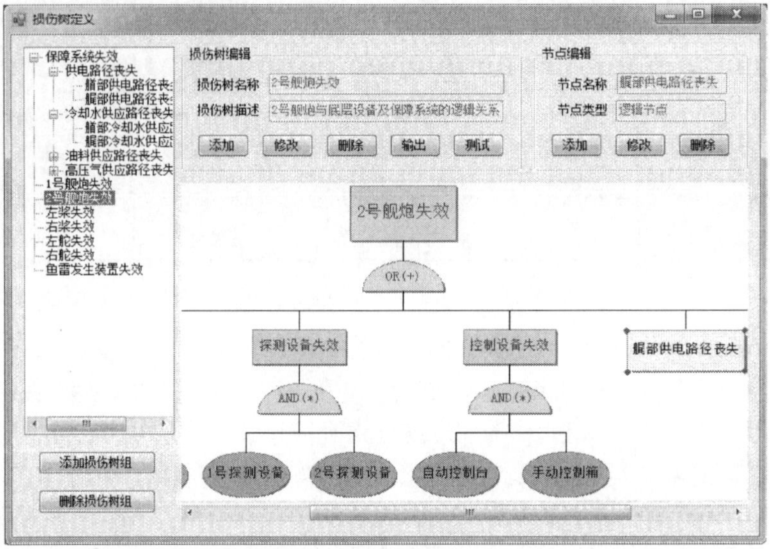

图 5.2.1　损伤树定义的界面

损伤树列表用于罗列当前绘制的损伤树。与 Photoshop 软件中的“图层组”相似，损伤树列表中可以有若干个损伤树组。损伤树组可以包括多个损伤树。当损伤树的数量过多时，损伤树列表便于损伤树的分类整理。

在损伤树编辑区域中，可以新建损伤树，也可以对选中的损伤树进行修改、删除、输出和测试。损伤树编辑区域中的“损伤树名称”和“损伤树描述”两个文本框的状态始终为只读。

在节点编辑区域中，可以为选中的节点添加子节点，也可以将选中的节点进行修改和删除。节点编辑区域中的“节点名称”和“节点类型”两个文本框的状态始终为只读。

在损伤树绘图区中，对当前选中的损伤树进行图形化显示。

5.2.2　损伤树的编辑

1. 损伤树的添加

如图 5.2.1 所示，当单击损伤树编辑区域中的“添加”按钮后，弹出如图 5.2.2 所示的“添加损伤树”对话框。

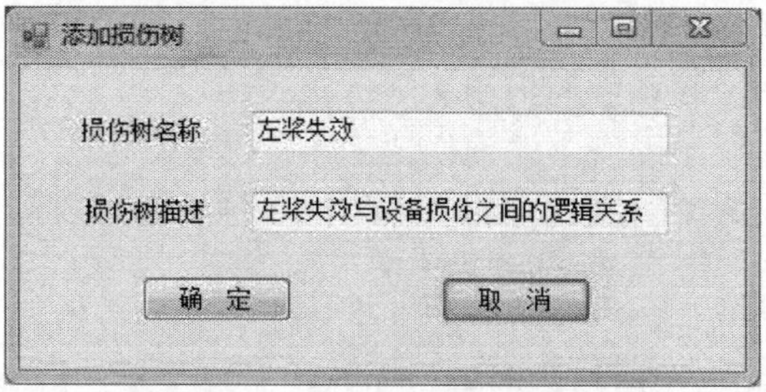

图 5.2.2　“添加损伤树”对话框

“损伤树名称”和“损伤树描述”两个文本框可输入字符串。其中，“损伤树描述”为选填项。

损伤树名称中不能包含下列符号：+、–、×、÷、=、{、}。若损伤树名称中包含上述符号中的一个，则在单击“确定”按钮时，软件将弹出对话框予以提示，并请用户重新输入。

“损伤树名称”和“损伤树描述”输入完毕后，单击“确定”按钮，“添加损伤树”对话框关闭，软件主界面发生了以下变化：

(1) 损伤树列表中添加了相应损伤树，并默认选中该损伤树。

(2) 损伤树绘图区绘制有以“损伤树名称”命名的损伤树顶事件。

(3) 损伤树编辑区域中的“损伤树名称”和“损伤树描述”显示刚刚输入的信息。

若要添加的损伤树与列表中的损伤树重名，则损伤树无法添加，并且弹出“名称已经存在”的提示框。

2. 损伤树的修改

如图 5.2.1 所示，当在损伤树列表中选择相应损伤树并单击损伤树编辑区域中的“修改”按钮后，弹出如图 5.2.3 所示的“修改损伤树”对话框。

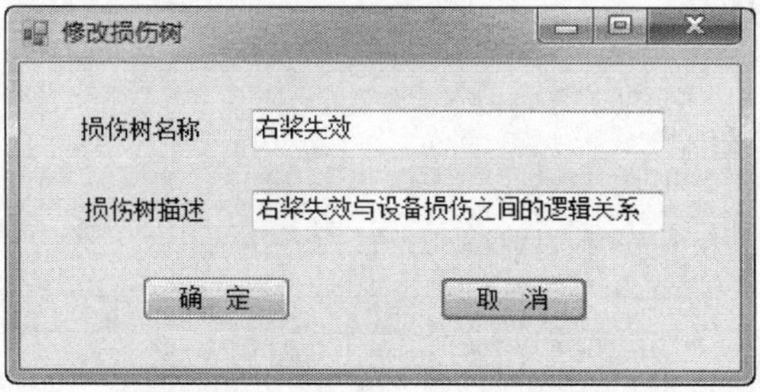

图 5.2.3　“修改损伤树”对话框

“损伤树名称”和“损伤树描述”两个文本框填写规则同上。

“损伤树名称”和“损伤树描述”输入完毕后，单击“确定”按钮，“修改损伤树”对话框关闭，软件主界面发生了以下变化：

(1) 更新了损伤树列表中的损伤树名称。

(2) 更新了损伤树绘图区中的损伤树顶事件名称。

(3) 更新了损伤树编辑区域中的“损伤树名称”和“损伤树描述”文本框。

3. 损伤树的删除

如图 5.2.1 所示，当在损伤树列表中选择相应损伤树并单击损伤树编辑区域中的“删除”按钮后，弹出“删除损伤树”对话框，让用户确认删除操作。

当用户确认删除后，“删除损伤树”对话框消失，损伤树列表中相应的损伤树消失，损伤树编辑区域中的“损伤树名称”和“损伤树描述”文本框为空，损伤树绘图区为空。

4. 损伤树的输出

当在损伤树列表中选择相应损伤树并单击损伤树编辑区域中的“输出”按钮后，可以以 Word 文档的形式保存损伤树绘图区中的损伤树图形及损伤树逻辑字串。

在损伤树输出之前，软件将以对话框的形式提示“数据导出前会关闭运行中的 Word 程序，未保存的数据将会丢失。是否继续？”。用户可以选择保存路径和设定文件名称完成损伤树输出。

5. 损伤树的测试

当在损伤树列表中选择相应损伤树并单击损伤树编辑区域中的“测试”按钮后，会弹出如图 5.2.4 所示的窗体。在初始状态下，该窗体内的复选框和“开始测试”按钮可用，“检查测试结果”按钮禁用，“测试结果”文本框始终处于只读状态。

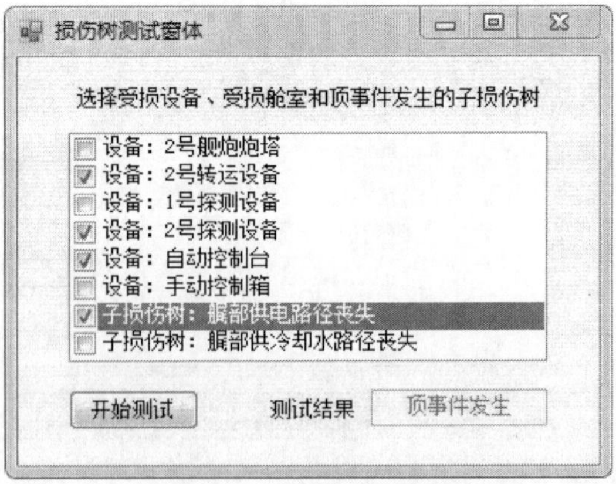

图 5.2.4　“损伤树测试”窗体

在该窗体中用复选框选择受损设备、受损舱室和顶事件发生的子损伤树，然后单击“开始测试”按钮，“测试结果”文本框显示顶事件是否发生。用户可以重新勾选复选框，并单击“开始测试”按钮，测试损伤树顶事件是否发生。

如图 5.2.5 所示，当关闭“损伤树测试”窗体后，四周标记有四边形点的节点表示输出状态为 1，反之，表示输出状态为 0。

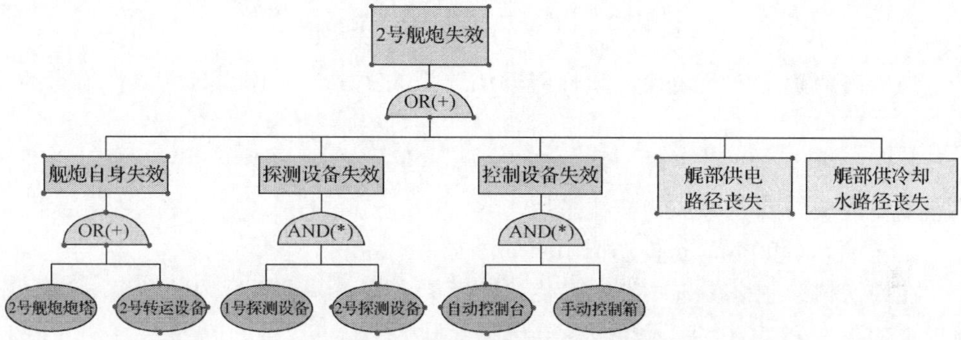

图 5.2.5　损伤树测试图形化显示

5.2.3　节点的编辑

1. 节点的添加

在本软件中，通过为根节点添加子节点的方式实现节点的添加。

1）逻辑节点的添加

按照如图 5.2.6 所示的流程，在损伤树绘图区内选中事件节点，然后单击节点编辑区域内的“添加”按钮，弹出如图 5.2.7 所示的对话框。

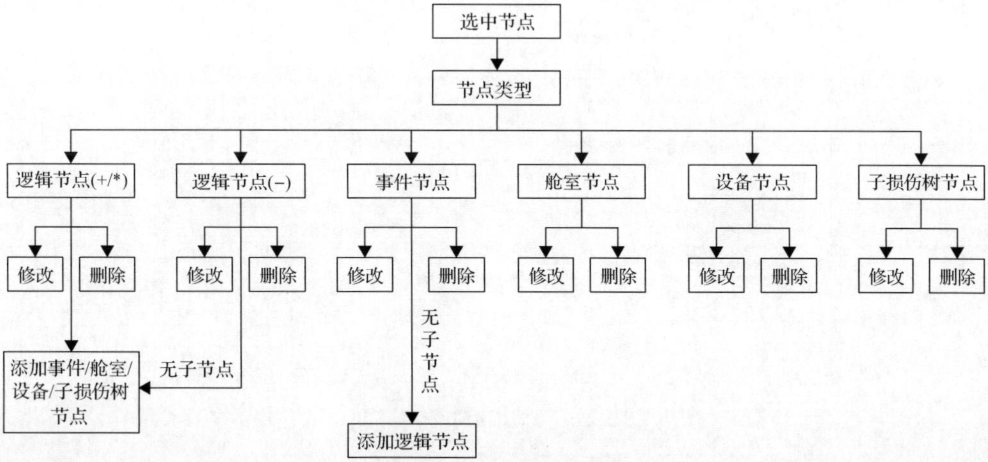

图 5.2.6　节点编辑流程

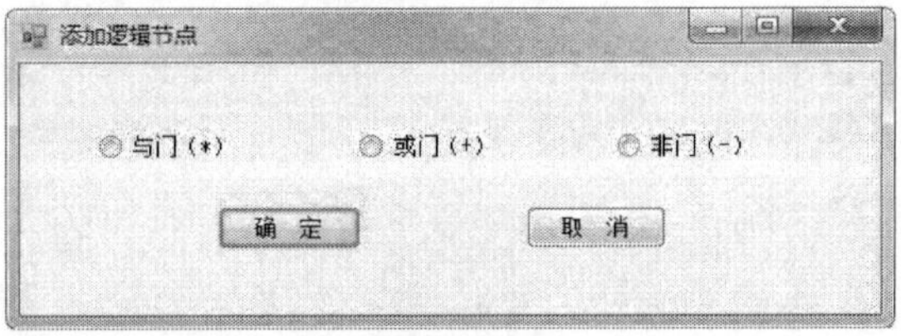

图 5.2.7　“添加逻辑节点”对话框

当单击“确定”按钮后，软件将添加选择的逻辑节点作为相应事件节点的叶节点。

若选中的事件节点已经有逻辑节点作为其叶节点，则在选中该事件节点时，节点编辑区域内的“添加”按钮禁用。

2）事件/舱室/设备/子损伤树节点的添加

在损伤树绘图区内选中逻辑节点，然后单击节点编辑区域内的“添加”按钮，弹出添加事件/舱室/设备/子损伤树节点对话框。

(1) 事件节点的添加。

如图 5.2.8 所示，首先选中“添加事件节点”单选按钮。此时，“添加舱室节点”“添加设备节点”和“添加子损伤树节点”的控件组均处于禁用状态。

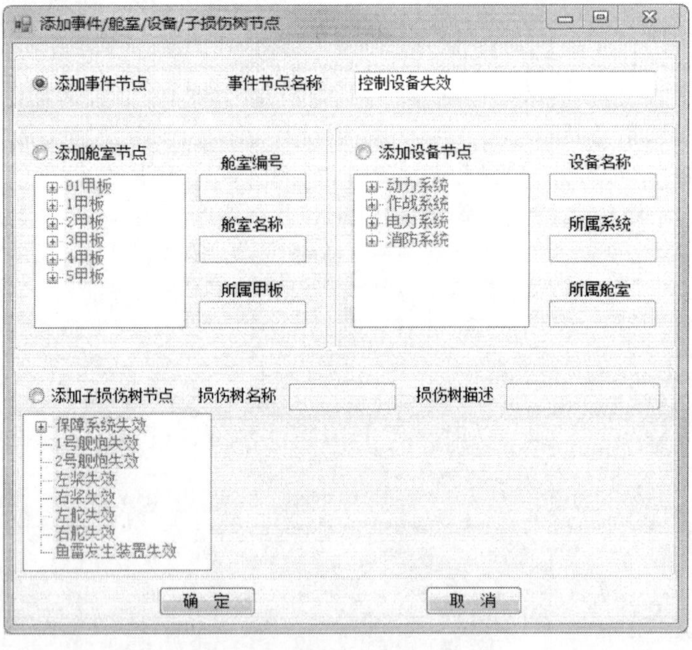

图 5.2.8　添加事件节点界面

然后在“事件节点名称”文本框中输入由英文字母、汉字、阿拉伯数字或希腊字母组成的事件节点名称，并单击“确定”按钮，软件将添加输入的事件节点作为相应逻辑节点的子节点。

与顶事件节点相似，事件节点名称的输入需注意：

① 最大字符长度为 20。

② 事件节点的字符不能包含英文标点符号，如表 5.2.1 所示。

表 5.2.1　事件节点名称中不能包含的英文标点符号

符号	,	.	;	:	“”	?
符号名称	逗号	句点	分号	冒号	双引号	问号
符号	!	()	[]	{}	‘’	\
符号名称	叹号	小括号	中括号	大括号	单引号	斜线

③ 事件节点的字符不能包含数学运算符号，如表 5.2.2 所示。

表 5.2.2　事件节点的字符不能包含的数学运算符号

符号	+	−	*	/	^
符号名称	加号	减号	乘号	除号	乘方
符号	!	=	>	<	||
符号名称	阶乘	等号	大于	小于	绝对值

④ 事件节点的字符不能包含逻辑运算符号，如表 5.2.3 所示。

表 5.2.3　事件节点的字符不能包含的逻辑运算符号

符号	&&	||	!
符号名称	与	或	非

⑤ 事件节点的字符不能为空。

⑥ 事件节点的字符不能只有空格，即仅仅敲入空格键或 Tab 键无效。

当单击图 5.2.8 中的“确定”按钮时，若不符合上述注意事项，软件会给出相应提示。

(2) 舱室节点的添加。

如图 5.2.9 所示，首先选中“添加舱室节点”单选按钮。此时，“添加事件节点”“添加设备节点”和“添加子损伤树节点”的控件组均处于禁用状态。

在舱室列表中选择要添加的舱室，图 5.2.9 所示的界面中显示有选中舱室的舱室编号、舱室名称和所属甲板。单击“确定”按钮，即可添加舱室节点。

如果用户单击图 5.2.9 中的“确定”按钮时未选中任何舱室，那么软件不予添加舱室节点，并弹出对话框给出相应提示。

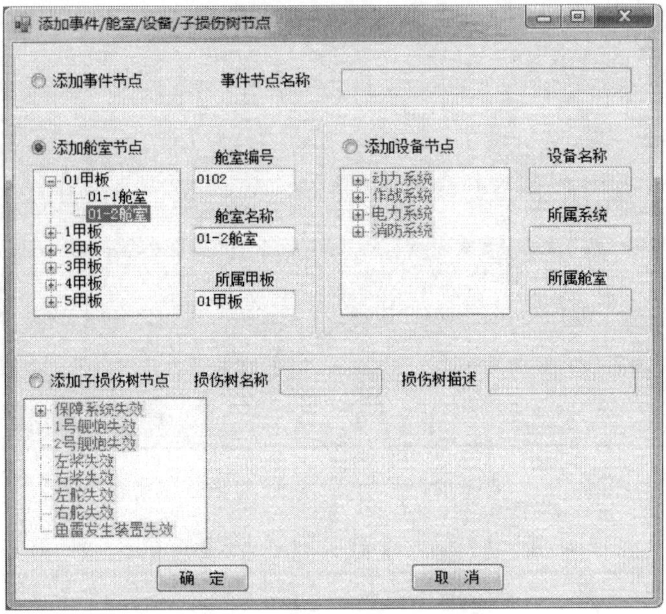

图 5.2.9 添加舱室节点界面

(3) 设备节点的添加。

如图 5.2.10 所示，首先选中“添加设备节点”单选按钮。此时，“添加事件节点”“添加舱室节点”和“添加子损伤树节点”的控件组均处于禁用状态。

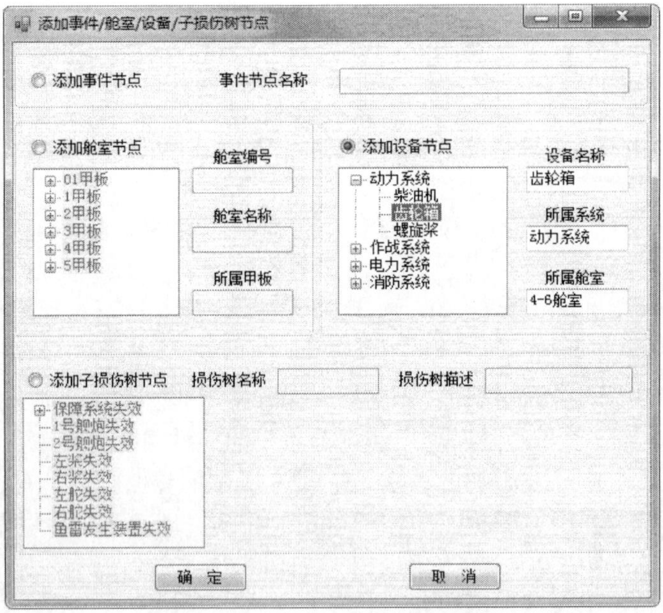

图 5.2.10 添加设备节点界面

在设备列表中选择要添加的设备，图 5.2.10 所示的界面中显示有选中的设备名称、所属系统(直接隶属的系统)和所属舱室。单击“确定”按钮，即可添加设备节点。

如果用户单击图 5.2.10 中的“确定”按钮时未选中任何设备，那么软件不予添加设备节点，并弹出对话框给出相应提示。

(4) 子损伤树节点的添加。

如图 5.2.11 所示，首先选中“添加子损伤树节点”单选按钮。此时，“添加事件节点”“添加舱室节点”和“添加设备节点”的控件组均处于禁用状态。

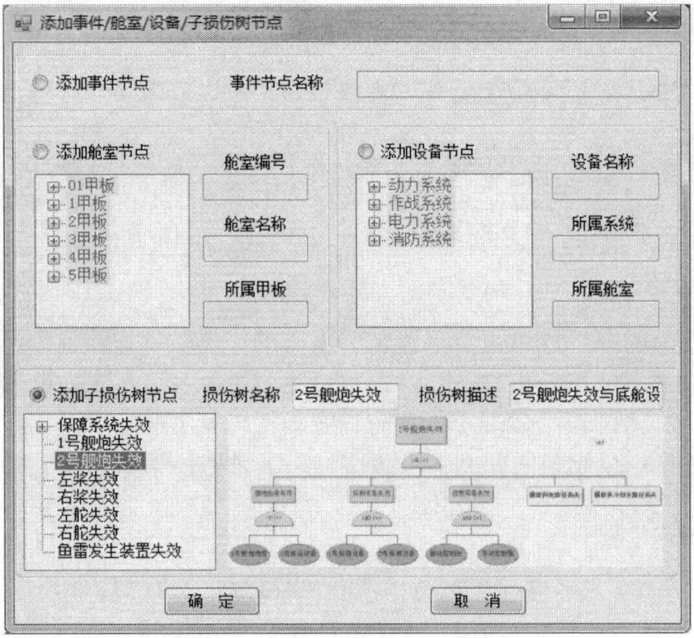

图 5.2.11　添加子损伤树节点界面

在设备列表中选择要添加的子损伤树，图 5.2.11 所示的界面中显示有选中子损伤树的损伤树名称、损伤树描述和损伤树图形。单击“确定”按钮，即可添加子损伤树节点。

如果用户单击图 5.2.11 中的“确定”按钮时未选中任何子损伤树，那么软件不予添加子损伤树节点，并弹出对话框给出相应提示。

此外，不允许循环添加子损伤树。例如，有 3 个损伤树，分别为损伤树 1、损伤树 2 和损伤树 3。不允许同时出现以下情况：损伤树 2 为损伤树 1 的子损伤树，损伤树 3 为损伤树 2 的子损伤树，损伤树 1 为损伤树 3 的子损伤树。

3) 注意事项

在添加节点的过程中有以下注意事项：

(1) 为避免重复添加，相同的舱室节点、设备节点、事件节点或子损伤树节点不可以在同一个逻辑节点下。若重复添加，则软件禁止用户添加，并弹出对话框给予提示。但是，在同一个损伤树中，相同的舱室节点、设备节点、事件节点或子损伤树节点可以多次添加。

(2) 当图 5.2.8 所示的界面被打开后，不能对软件的主窗体进行操作。

(3) 按照图 5.2.6 所示的规则，当选中的节点为非门逻辑节点，并且该非门逻辑节点已经有子节点时，节点编辑区域内的“添加”按钮处于禁用状态，即该非门逻辑节点不能添加新的子节点，并且图 5.2.8 所示的界面无法打开。

2. 节点的修改

在本软件中，除顶事件节点外，其他节点均可以修改。修改前后，节点的类型不发生变化。

若与门逻辑节点或或门逻辑节点有多个子节点，则与门逻辑节点或或门逻辑节点无法修改为非门逻辑节点。

3. 节点的删除

选中要删除的节点，单击节点编辑区域内的“删除”按钮。当节点类型为舱室节点、设备节点或子损伤树节点时，将删除节点本身。当节点类型为逻辑节点或事件节点时，不仅删除节点本身，而且删除其所有子节点。

注意：当选中顶事件时，节点编辑区域内的“删除”按钮禁用。

5.2.4 损伤树自动检查

在如图 5.2.1 所示的损伤树列表中选择损伤树时，软件将自动对选中的损伤树的各个节点进行检查。检查的内容如下：

(1) 舱室节点中对应的舱室是否存在。

(2) 设备节点中对应的设备是否存在。

(3) 子损伤树节点中对应的子损伤树是否存在。

(4) 事件节点的命名是否符合规则。

检查不合格时，软件将给予提示信息，对存在问题的节点进行特殊标记。直至不合格的节点修改完毕，才能够基于该损伤树进行剩余任务能力评估。

5.3 评估方案设置

1. 评估方案设置界面

用户可以在如图 5.3.1 所示的对话框中设置评估方案。本界面主要用于针对各个评估方案选择评估的任务能力，并设置威胁武器的炸点分布。

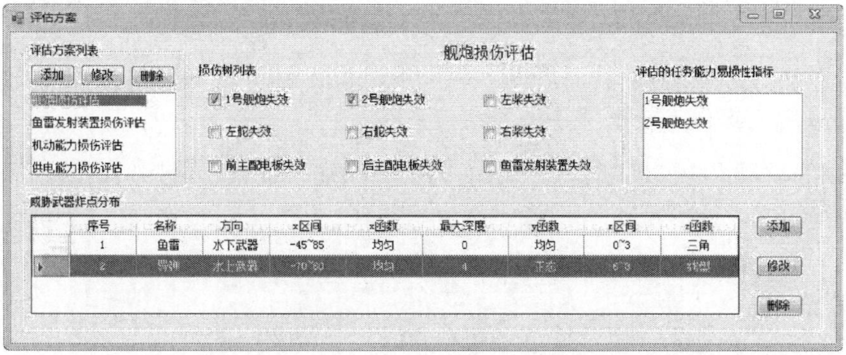

图 5.3.1　“评估方案”对话框

本界面分为以下 5 个区域：评估方案列表、评估方案名称、损伤树列表、评估的任务能力和威胁武器炸点分布。

2. 评估方案列表

在评估方案列表内单击“添加”按钮，弹出如图 5.3.2 所示的“添加评估方案”对话框，提示用户输入评估方案的名称。

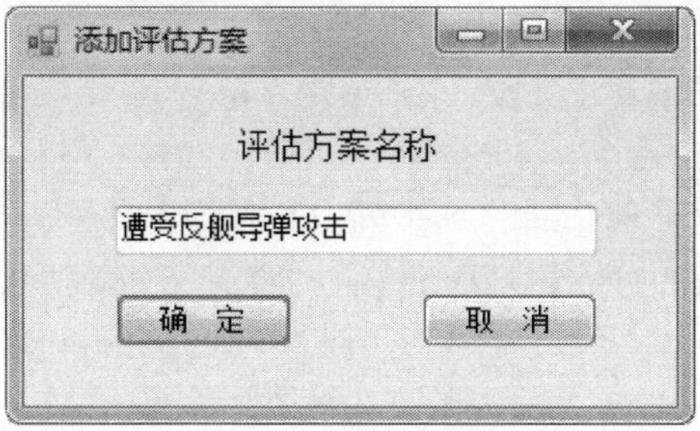

图 5.3.2　“添加评估方案”对话框

在评估方案列表内选中评估方案，并单击“修改”按钮，可以对该评估方案的名称进行修改。

在评估方案列表内选中评估方案，并单击“删除”按钮，弹出对话框提示用户确认删除评估方案的操作。若用户单击“确定”按钮，则将选中的评估方案删除。

通过选中评估方案列表内的评估方案，可在相应的评估方案内设置评估任务能力和威胁武器炸点分布。

3. 选择评估的任务能力

用户通过在图 5.3.1 所示的损伤树列表中选择损伤树复选框，可以将选择的损伤树自动添加到评估的任务能力中。用户也可以在损伤树列表中取消选择损伤树复选框，将对应的损伤树从评估的任务能力中删除。通过选择/取消选择损伤树，实现了评估任务能力的选择。

4. 威胁武器炸点分布

单击图 5.3.1 中威胁武器炸点分布内的“添加”按钮，将弹出如图 5.3.3 所示的对话框。

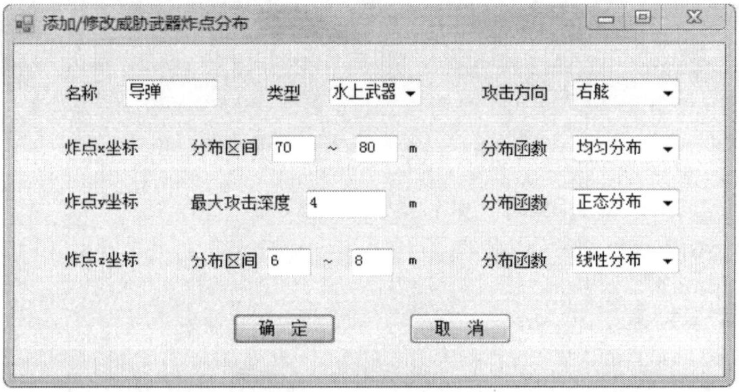

图 5.3.3　“添加/修改威胁武器炸点分布”对话框

按照以下步骤完成威胁武器炸点分布的添加：

(1) 输入威胁武器名称。在“名称”文本框中输入字符串。该文本框的最大字符长度为 10。

(2) 选择威胁武器名称。通过下拉列表可以选择 5.1.5 节输入的威胁武器。

(3) 输入炸点 x 值的分布区间$[x_1, x_2]$，并选择 x 坐标分布函数。左侧的文本框用于输入 x_1，右侧的文本框用于输入 x_2。这两个文本框只接受输入 10 个阿拉伯数字、小数点和负号，并且最大输入长度为 6 个字符。当这两个文本框失去焦点，且文本框内的字符不符合下列要求时，将弹出对话框进行如下提示：字符为数字；x_1 小于 x_2；x_1 大于船体 x 坐标最小值；x_2 小于船体 x 坐标最大值。分布函数分为均匀分布、三角形分布、正态分布、线性分布四种类型。

(4) 选择武器攻击方向，输入最大攻击深度并选择 y 坐标分布函数。攻击方向分为左舷和右舷两种类型。最大攻击深度只接受输入 10 个阿拉伯数字和小数点，并且最大输入长度为 4 个字符。当该文本框失去焦点，且文本框内的字符不符合要求时，将弹出对话框进行如下提示：字符为数字；最大攻击深度不超过舰艇最大宽度。

(5) 输入炸点 z 值的分布区间$[z_1, z_2]$，并选择 z 坐标分布函数。左侧的文本框用于输入 z_1，右侧的文本框用于输入 z_2。这两个文本框只接受输入 10 个阿拉伯数字、小数点和负号，并且最大输入长度为 4 个字符。当这两个文本框失去焦点，且文本框内的字符不符合要求时，将弹出对话框进行如下提示：字符为数字；z_1 小于 z_2；z_1 大于船体 z 坐标最小值；z_2 小于船体 z 坐标最大值。

通过选中图 5.3.1 中威胁武器炸点分布内的炸点分布，并单击“修改”和“删除”按钮，可实现威胁武器炸点分布的修改和删除。

5.4　评估计算输出

5.4.1　评估计算输出界面

如图 5.4.1 所示，评估计算输出界面分为以下 9 个区域：

(1) 评估方案列表。该列表中显示有 5.3 节设置的所有评估方案，用户可以选择任一方案开展评估。

(2) 评估方案名称。该区域显示当前选定的评估方案的名称。

(3) 控制区。该区域有“攻击次数”文本框、“仿真计算”按钮、“三维显示”按钮、“生成报告”按钮四个控件。

(4) 威胁武器列表。如图 5.4.1 左上方的列表所示，该列表用于显示评估方案中设置的威胁武器的损伤范围和炸点分布。若威胁武器列表中有多个威胁武器，则表示舰艇同时遭受多个威胁武器的攻击。

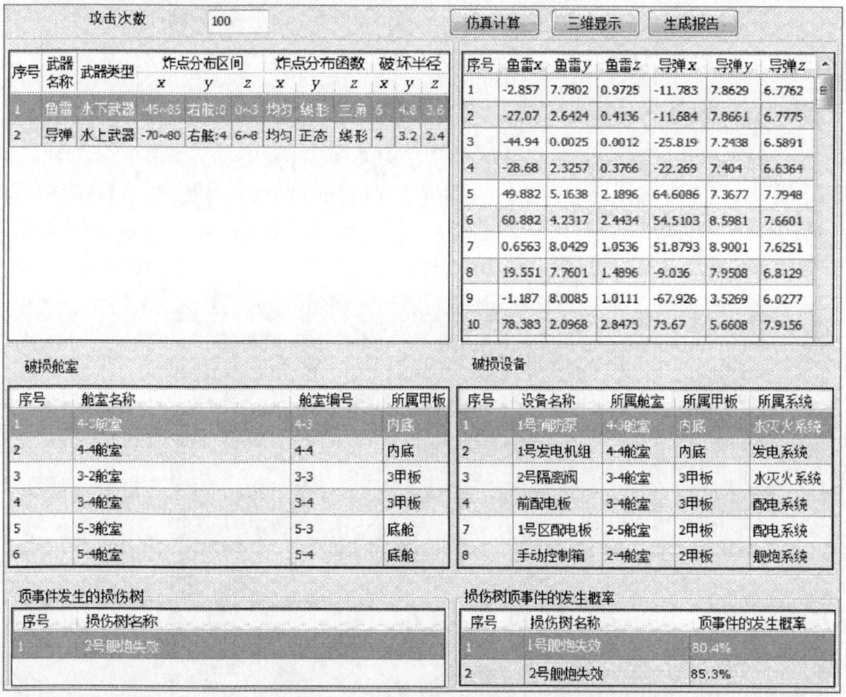

图 5.4.1　评估计算输出界面

(5) 炸点列表。如图 5.4.1 右上方的列表所示，该列表用于显示各个威胁武器在各次攻击中实际生成的炸点坐标。

(6) 破损舱室列表。该列表用于显示威胁武器各次攻击舰艇后的破损舱室清单。

(7) 破损设备列表。该列表用于显示威胁武器各次攻击舰艇后的破损设备清单。

(8) 顶事件发生的损伤树列表。该列表用于显示威胁武器各次攻击舰艇后，顶事件发生的损伤树列表。

(9) 损伤树顶事件发生概率列表。该列表用于显示在该评估方案中各剩余任务能力的发生概率。

5.4.2　评估计算输出操作方法

评估计算的操作步骤如下：

(1) 用户在评估方案列表中选择要评估的方案。

(2) 用户输入攻击次数。

(3) 用户单击“仿真计算”按钮。

(4) 软件生成炸点列表、破损舱室列表、破损设备列表、威胁武器列表、顶事件发生的损伤树列表、损伤树顶事件的发生概率列表。

当软件完成仿真计算后，用户可以单击炸点列表中的任意一次攻击，破损舱室列表、破损设备列表和顶事件发生的损伤树列表将随之发生变化，分别显示舰艇遭受该次攻击后的破损舱室、破损设备和顶事件发生的损伤树。

5.4.3　评估计算结果的三维显示

当软件完成仿真计算后，用户可以单击图 5.4.1 中的“三维显示”按钮，弹出如图 5.4.2 所示的评估计算结果三维显示界面，对评估计算结果进行三维可视化显示。

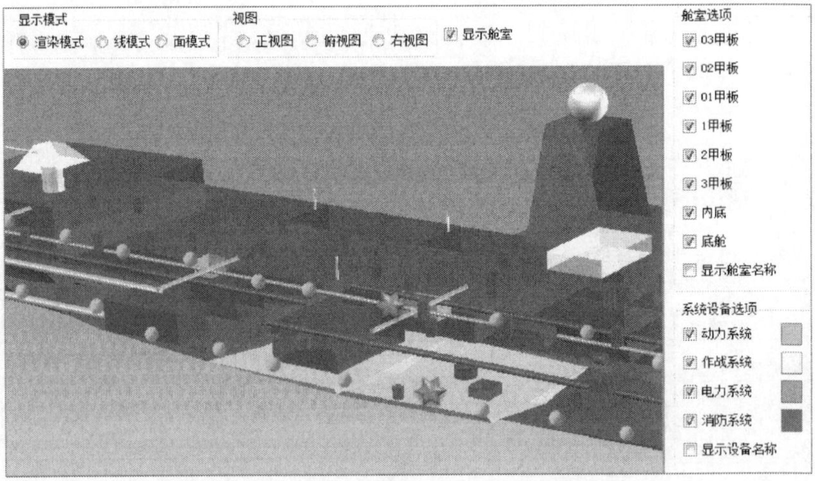

图 5.4.2　评估计算结果三维显示界面

该界面包括显示控制区、三维显示区、舱室控件组、系统设备控件组四个区域。该界面的显示控制区和三维显示区与 5.1.2 节相同。

由于舱室和设备之间存在相互遮挡的关系，当所有舱室和设备均显示出来后，无法直观查看船舰内部的某个舱室或设备。为便于舰艇设计人员快速查看船舰内部的舱室和设备，本软件借鉴 3ds Max 软件设计了“图层”的功能，即舱室按照所属甲板划分为不同的图层，设备按照所属一级子系统划分为不同的图层。通过单击舱室控件组和系统设备控件组内图层名称前面的复选框，实现各层甲板所属舱室、舱室名称、各个一级子系统所属设备和设备名称的显示与隐藏。

为了能够三维显示各个炸点是否使损伤树顶事件发生，用户通过选择损伤树单选按钮，三维显示区可以用损伤树名称右侧的颜色将相应炸点标记出来。

5.4.4　评估报告的导出

当软件完成仿真计算后，用户可以单击图 5.4.1 中的“生成报告”按钮，将评估计算的输入和输出以 Office 文档的形式导出。

在导出评估报告之前，软件将以对话框的形式提示“数据导出前会关闭运行中的 Office 程序，未保存的数据将会丢失。是否继续？”。用户可以选择保存路径和设定文件名称完成评估报告的导出。

导出的 Office 文档均保存在以评估报告名称命名的文件夹内。该文件夹内包括以下 5 个 Office 文档：

(1) 以评估报告名称命名的 Word 文档。

(2) 以评估报告名称+“1 炸点列表”命名的 Excel 文档。

(3) 以评估报告名称+“2 破损舱室列表”命名的 Excel 文档。

(4) 以评估报告名称+“3 破损设备列表”命名的 Excel 文档。

(5) 以评估报告名称+“4 顶事件发生的损伤树列表”命名的 Excel 文档。

其中，Word 文档中包含以下 8 项内容：

(1) 评估方案中选择的损伤树的图形。

(2) 威胁武器列表。

(3) 设置的攻击次数。

(4) 与“1 炸点列表”Excel 文档的超链接。

(5) 与“2 破损舱室列表”Excel 文档的超链接。

(6) 与“3 破损设备列表”Excel 文档的超链接。

(7) 与“4 顶事件发生的损伤树列表”Excel 文档的超链接。

(8) 评估方案中选择的损伤树顶事件的发生概率。

在“1 炸点列表”Excel 文档中，记录有各个威胁在各次攻击中的炸点坐标。

在“2 破损舱室列表”Excel 文档中，记录有威胁武器各次攻击后的破损舱室列表。

在“3 破损设备列表”Excel 文档中，记录有威胁武器各次攻击后的破损设备列表。

在“4 顶事件发生的损伤树列表”Excel 文档中，记录有威胁武器各次攻击后的顶事件发生的损伤树列表。

参 考 文 献

[1] 王云强. 舰艇动力系统生命力评估方法研究及应用[D]. 大连: 大连海事大学, 2015.
[2] 李鑫. 舰艇电力系统生命力评估方法研究[D]. 哈尔滨: 哈尔滨工程大学, 2011.

第 6 章　系统设备的生命力设计与优化方法

本章阐述可以降低舰载系统易损性的生命力设计与优化方法，从而为设计人员提高舰艇生命力提供有效途径。

6.1　设备布置的优化方法

为了完成各项训练和作战任务，舰艇上配备有大量的、相互之间存在复杂逻辑关系的设备。设备按照不同功能可组成众多系统。为了尽可能地降低任务能力的易损性，需要在有限的资源条件下，优化设备的布置位置，完善设备之间的逻辑关系。设备之间的逻辑关系分为以下类别：串联、并联、先并联后串联、先串联后并联。本节分别针对上述四种逻辑关系的系统设备的生命力设计方法进行介绍。

6.1.1　串联关系的系统设备

如图 6.1.1 所示，若干个设备中，若任意一个设备损坏，所有设备均无法工作，则这些设备构成串联关系。

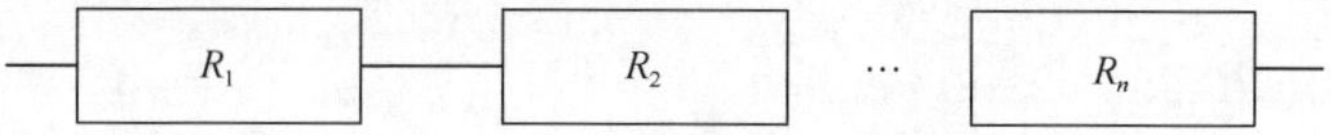

图 6.1.1　串联关系的设备

威胁武器单次攻击后的损伤范围是有限的，假设威胁武器的炸点在舰艇上均匀分布，任意一个设备受损的概率为 $P_f(0<P_f<1)$。当设备之间完全紧密布置时(若干个设备可视作一个设备)，系统损伤的概率为 p。当设备在全舰范围内分散分布时，系统损伤的概率为 $1-(1-P_f)^n$。

由于 $(1-P_f)^n<1-P_f$，因此 $P_f<1-(1-P_f)^n$。当设备构成串联关系时，需要将各个设备紧密布置，减少因单个设备损伤而使整个系统损伤的可能性。此外，设备之间通常用线路(电缆、信号线、管路)连接，可以减少设备之间的线路损伤而导致整个系统损伤的可能性。

对于设备为串联关系的系统，可以看成一个整体与其他设备或系统进行串联或并联。

6.1.2　并联关系的系统设备

如图 6.1.2 所示，若干个设备中，若所有设备均损坏，系统才无法工作，则这些设备构成并联关系。

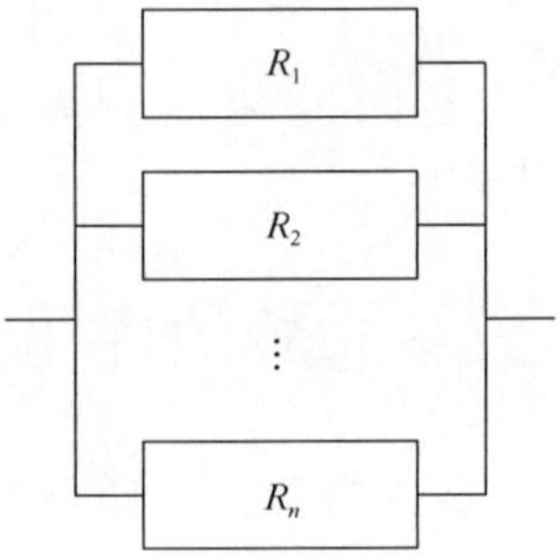

图 6.1.2　并联关系的设备

威胁武器单次攻击后的损伤范围是有限的，假设威胁武器的炸点在舰艇上均匀分布，任意一个设备受损的概率为 $P_f(0<P_f<1)$。当设备之间完全紧密布置时(若干个设备可视作一个设备)，系统损伤的概率为 P_f。当设备在全舰范围内分散分布时，系统损伤的概率为 P_f^n 。

由于 $0<P_f<1$，因此 $P_f^n<P_f$。当设备在全舰范围内分散分布时，系统的损伤概率小于设备紧密布置时的损伤概率。因此，当设备之间构成并联关系时，各个设备应尽可能分散布置，避免设备同时损伤导致系统无法使用。

6.1.3　先并联后串联的系统设备

如图 6.1.3 所示，设备之间可能存在先并联后串联的关系。按照 6.1.2 节所述的并联设备分散布置的原则，$R_1, R_2,\cdots, R_n$ 之间应该分散布置。按照 6.1.1 节所述的串联设备集中布置的原则，则 R^* 应该与 $R_1, R_2,\cdots, R_n$ 集中布置。由于 $R_1, R_2,\cdots, R_n$ 之间已经分散布置，因此 R^* 应该如何集中布置成为需要解决的问题。

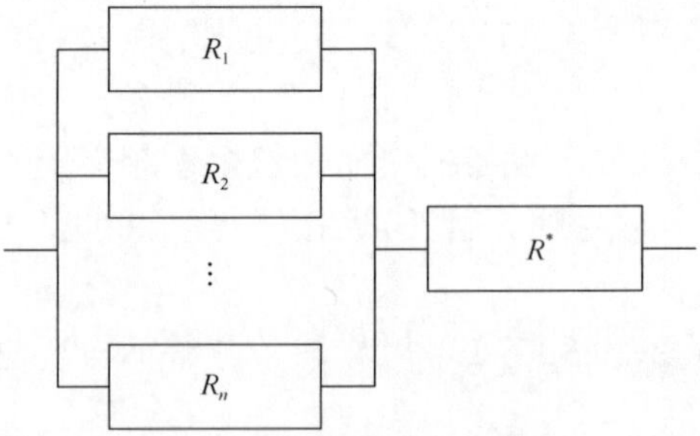

图 6.1.3　先并联后串联的系统设备

并联的设备未完全损伤时，系统可能出现降功能使用的状态。在并联设备中，实际使用时间相对较长的设备属于关键设备，实际使用时间相对较短的设备属于非关键设备；自身损伤导致系统功能明显下降的设备属于关键设备，相反属于非关键设备。由于 R^*分别与 $R_1, R_2,\cdots, R_n$ 为串联关系，因此，R^*应该放置于靠近 $R_1, R_2,\cdots, R_n$ 中最关键设备的位置。

如果 $R_1, R_2,\cdots, R_n$ 的重要性相同，那么 R^*应该放置于并联设备的中间位置，从而避免木桶效应。

6.1.4　先串联后并联的系统设备

如图 6.1.4 所示，设备之间可能存在先串联后并联的关系。按照 6.1.1 节所述的串联设备集中布置的原则，$R_1, R_2,\cdots, R_n$ 构成的分系统应该集中布置，$S_1, S_2,\cdots, S_n$ 构成的分系统也应该集中布置。按照并联设备分散布置的原则，这两个分系统应该分散布置。

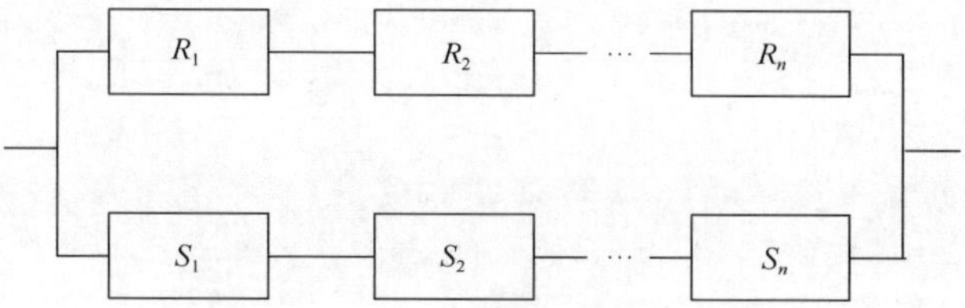

图 6.1.4　先串联后并联的系统设备

6.2　全舰和主要系统设备生命力设计与优化流程

6.2.1　总体设计和动力电力系统设计与优化流程

总体设计中主要考虑的是水密隔舱的划分。因为在进行舰艇设计时，一般是根据母型分段布置，如果考虑舰艇布置的各个方面，不仅流程复杂而且不切合实际。总体设计和动力电力系统布置综合设计与优化流程如图 6.2.1 所示[1,2]。

6.2.2　动力系统生命力设计与优化流程

总体来说，动力系统在论证阶段主要考虑其受到的武器威胁、生命力定性和定量的设计要求及独立组数的划分等；动力系统在方案设计阶段，主要考虑动力系统关键设备的布置、冗余度的确定等；动力系统在技术设计阶段，主要考虑系统各组成部分详细的设计(包括管路和辅助设备)。动力系统生命力设计与优化的流程可以用图 6.2.2 表示。

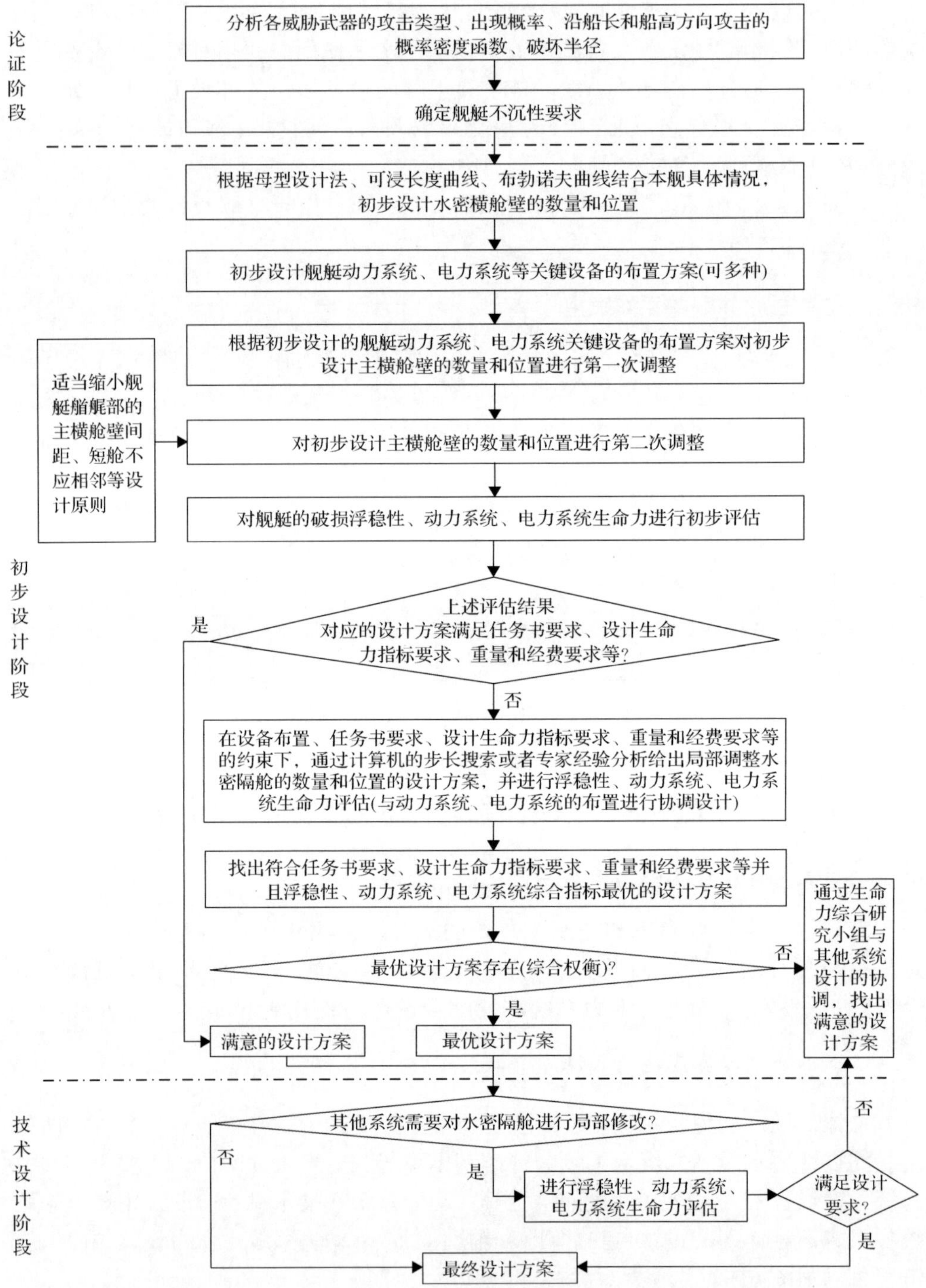

图 6.2.1　总体设计和动力电力系统布置设计与优化流程(II)

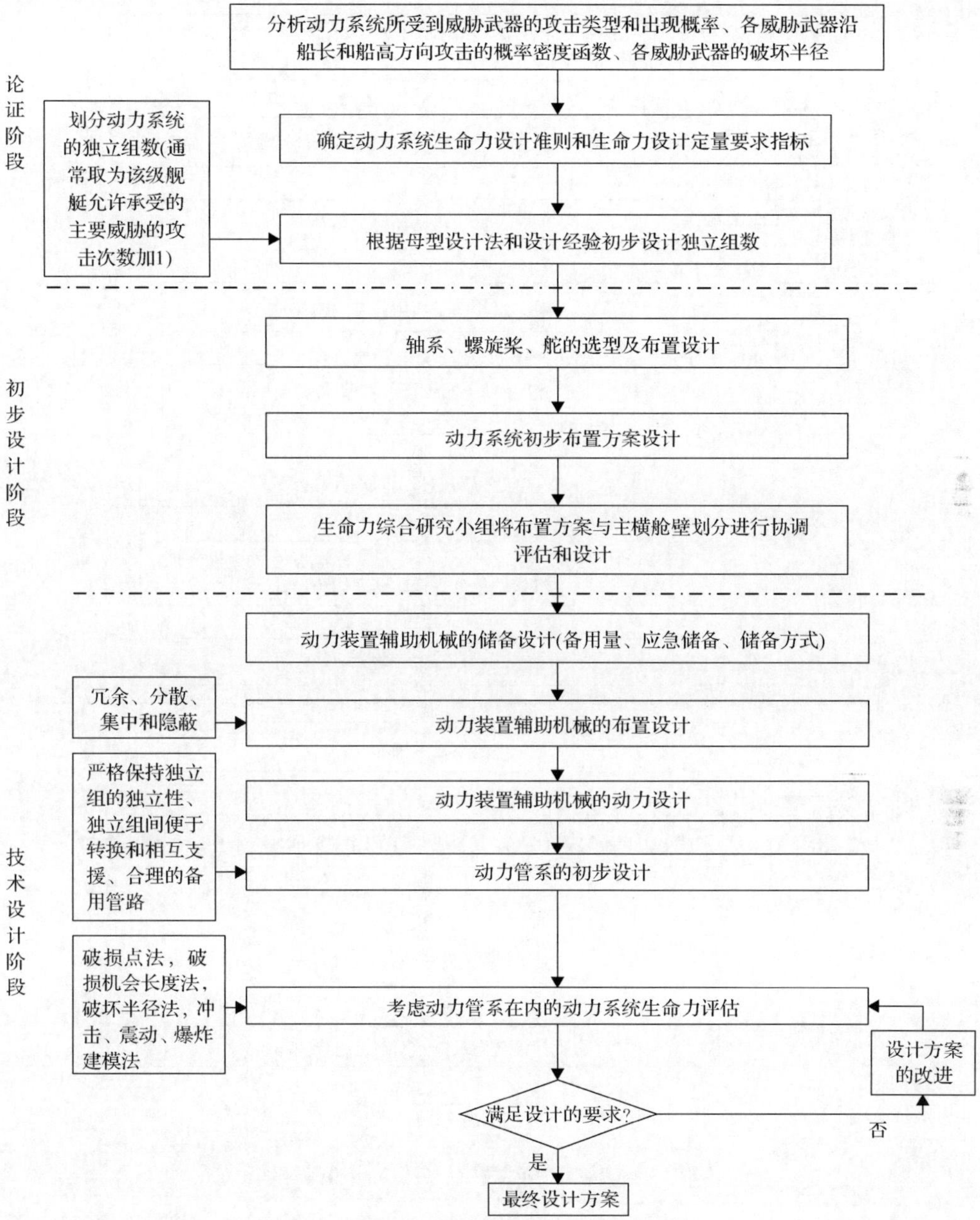

图 6.2.2　动力系统生命力设计与优化流程

6.2.3　电力系统生命力设计与优化流程

和动力系统生命力设计与优化流程的分析方法类似，电力系统生命力设计与优化流程如图 6.2.3 所示[3]。

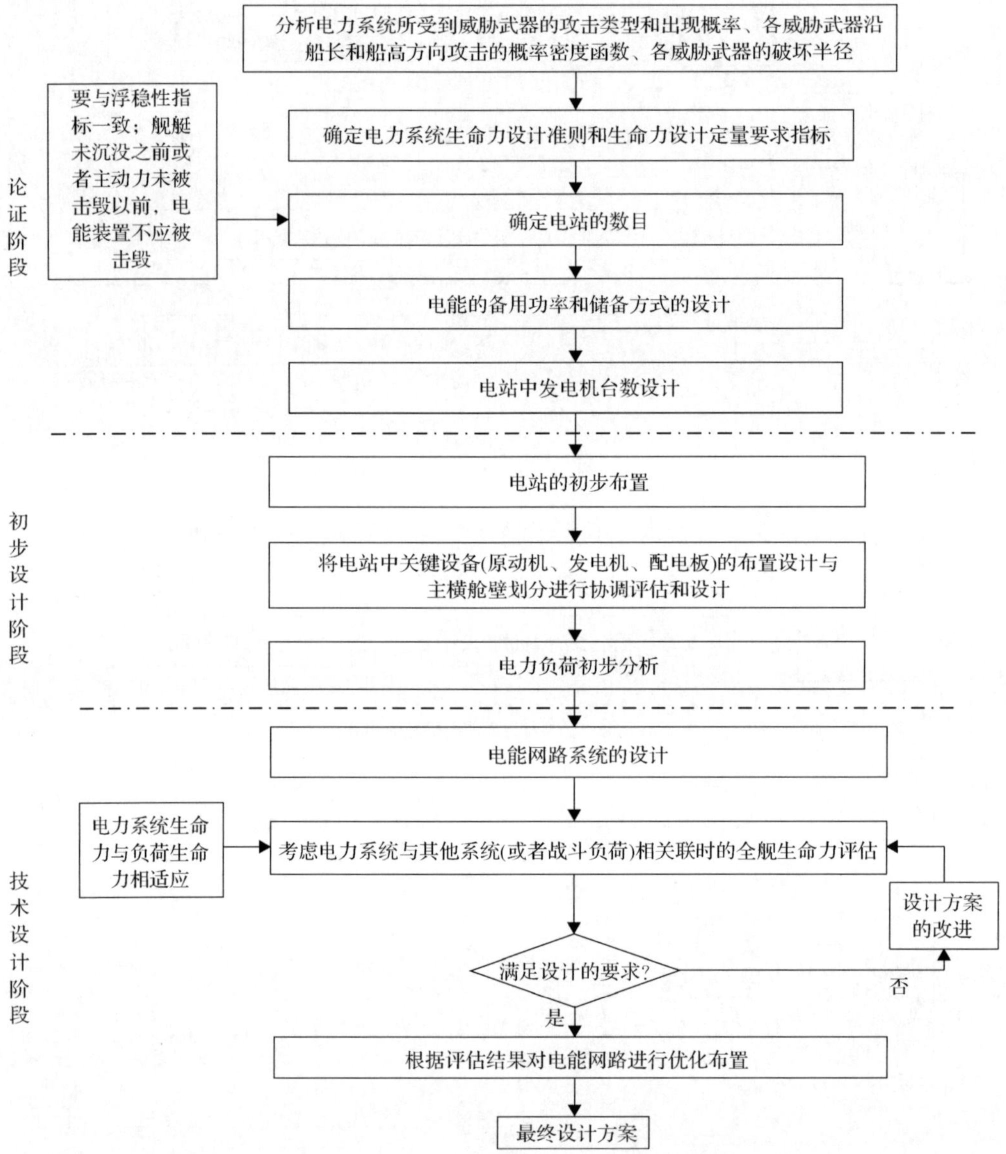

图 6.2.3　电力系统生命力设计与优化流程

6.2.4　结构防火与水灭火系统设计与优化流程

结构防火与水灭火系统设计与优化流程如图 6.2.4 所示。

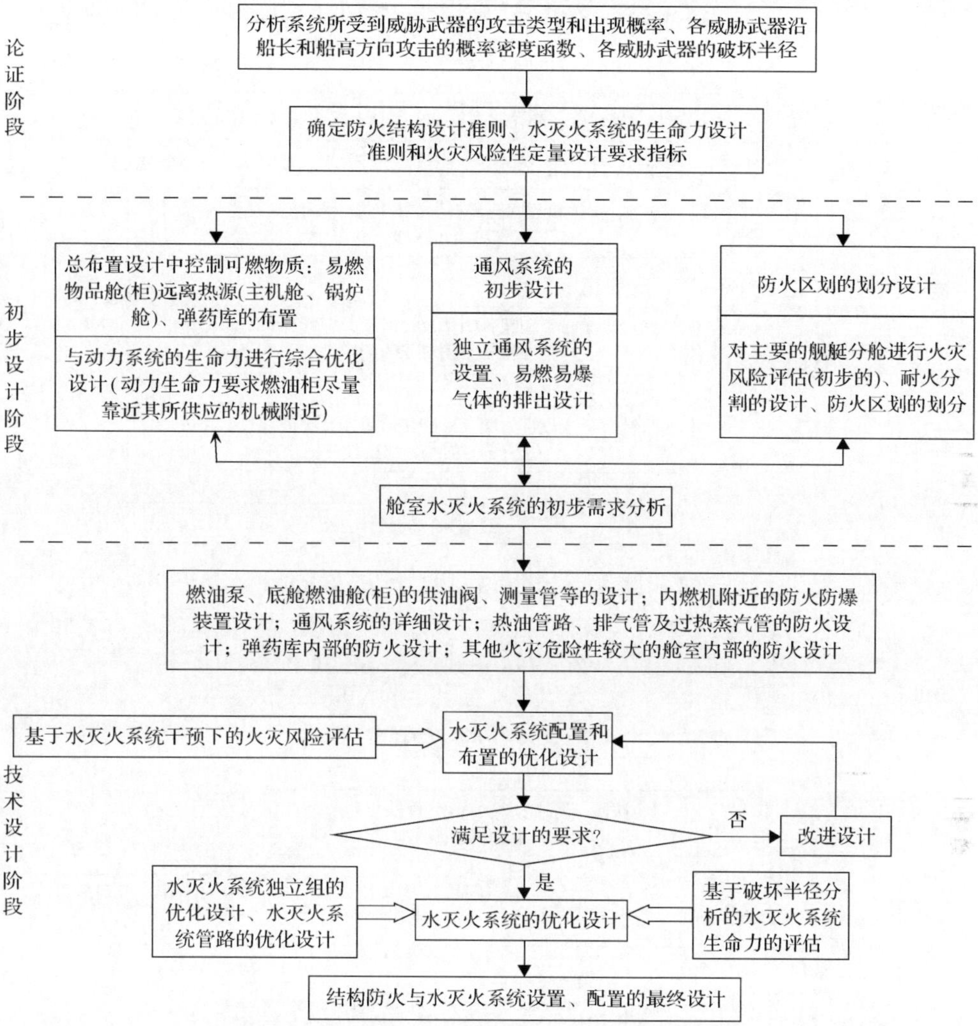

图 6.2.4　结构防火与水灭火系统设计与优化流程

6.2.5　损管器材和抗沉系统设计与优化流程

损管器材和抗沉系统设计与优化流程如图 6.2.5 所示。

6.2.6　武器系统生命力设计与优化流程

武器系统生命力设计与优化流程如图 6.2.6 所示。

6.2.7　全舰生命力设计与优化流程

全舰生命力设计与优化流程如图 6.2.7 所示[4,5]。

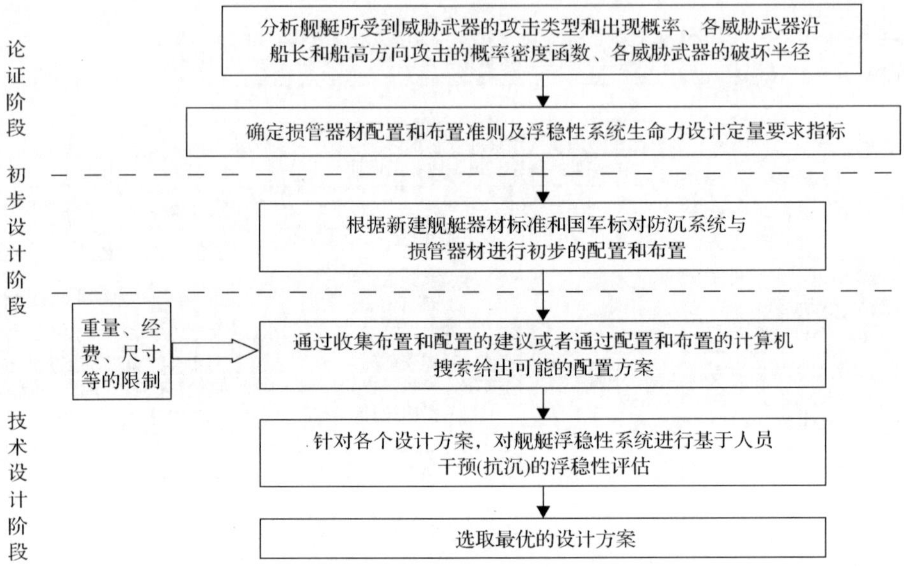

图 6.2.5　损管器材和抗沉系统设计与优化流程

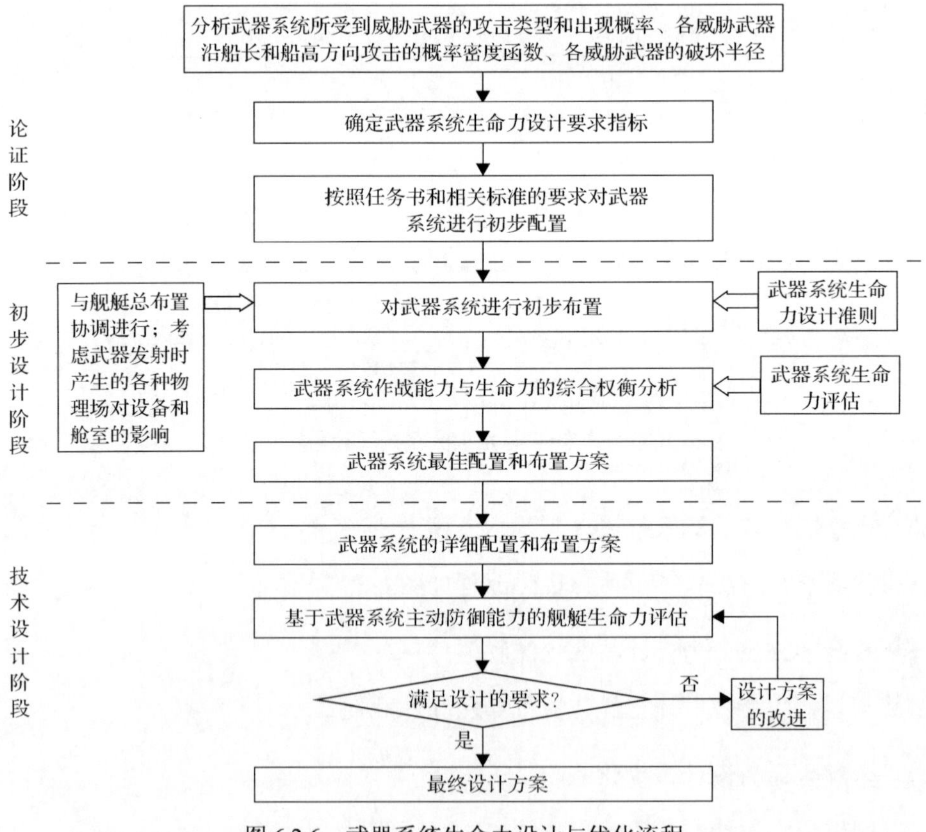

图 6.2.6　武器系统生命力设计与优化流程

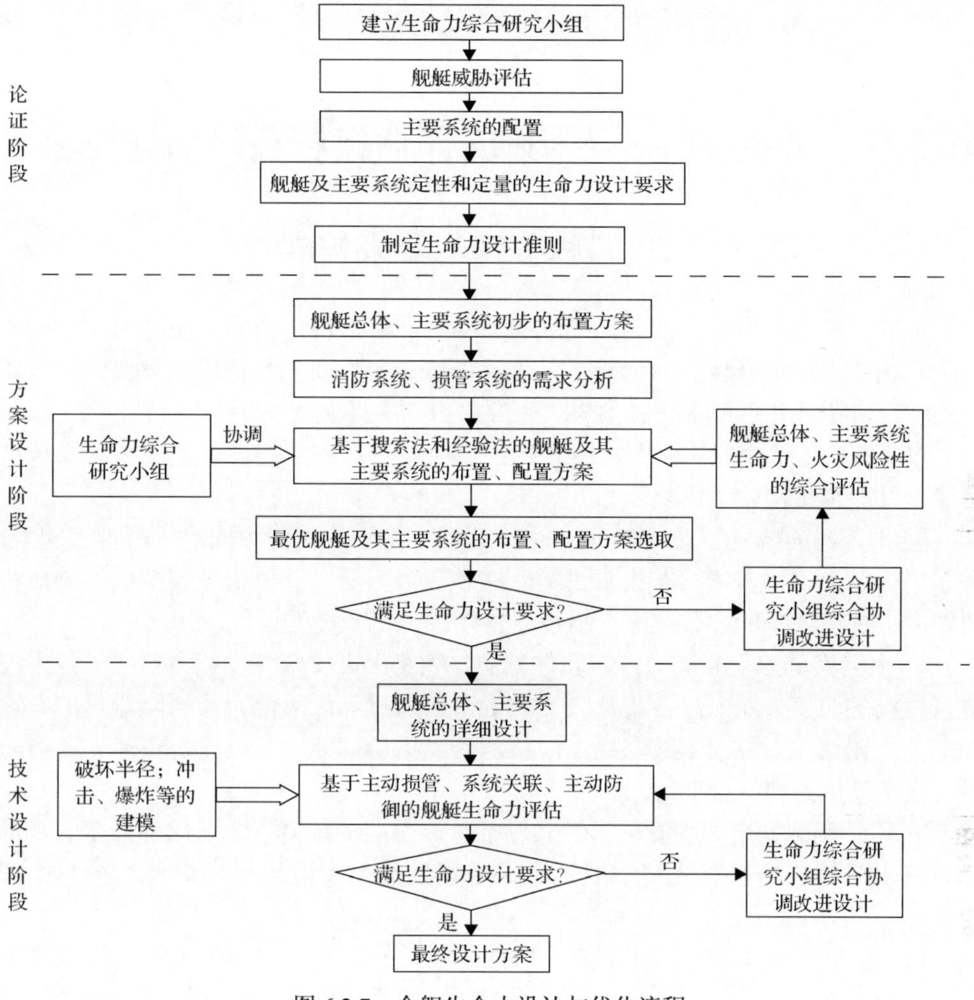

图 6.2.7　全舰生命力设计与优化流程

参考文献

[1] 侯岳，浦金云，张凤香. 舰艇技术设计阶段的生命力分析方法[J]. 舰艇科学技术，2013, 35(6): 32-37.

[2] 侯岳，张凤香，浦金云. 一种评估舰艇方案设计阶段生命力的模块化方法[J]. 海军工程大学学报, 2013, 25(1): 84-89.

[3] 董红，程智斌. 多种破坏因素下舰艇电力系统三维战损综合评估[J]. 中国舰艇研究，2010, 5(4): 66-71.

[4] Said M O. Theory and practice of total ship survivability for ship design[J]. Naval Engineering Journal, 1995, 107(4): 191-203.

[5] Doerry N. Zonal ship design[J]. Naval Engineering Journal, 2006, 118(4): 39-53.

第7章　可恢复性要素构成、评估指标及评估计算流程

7.1　可恢复性的要素构成

可恢复性是一项综合性能，受舰艇总体性能、抗沉能力、消防能力、生命力保障系统能力及维修性等的影响。为了保证可恢复性要素与抗损能力要素构成的一致性，对于战斗舰艇的可恢复性，最重要和最基本的性能有以下方面[1]：

(1) 平台完整性恢复能力。主要包括舰艇不沉性恢复能力、舰艇火灾安全恢复能力及船体结构强度恢复能力。

① 不沉性的恢复能力。在硬件方面，舰艇不沉性恢复能力取决于疏排水能力、姿态平衡能力、抗沉器材布设水平等。在软实力方面，其取决于舰员抗沉支援协同能力、抗沉决策能力、抗沉器材设备使用的熟练程度等。

② 火灾安全的恢复能力。在硬件方面，舰艇火灾安全恢复能力取决于各类消防系统设备的灭火能力、各类烟气治理设备的疏排和阻隔能力及消防器材的布设水平等。在软实力方面，其取决于舰员消防支援协同能力、灭火决策能力、消防器材设备使用的熟练程度等。

③ 船体结构强度的恢复能力。其包括总纵强度的恢复能力、局部强度的恢复能力。主要影响因素有载荷重量重心调整恢复能力及破损船体构件的抢修恢复能力。

(2) 机动性恢复能力。其主要是指推进能力的恢复能力和操纵能力的恢复能力。影响因素包括油、水、气(汽)、电等保障类系统设备供应的恢复能力及机动性相关系统设备的抢修能力。

(3) 战斗力恢复能力。其主要包括对空作战、对海作战、反潜作战及综合作战能力的恢复能力。影响因素包括油、水、气(汽)、电等保障类系统设备供应的恢复能力及各项作战能力相关系统设备的抢修能力。

7.2　可恢复性的评估指标

根据可恢复性的构成要素，可恢复性的评估指标需要与各个构成要素的评估指标相对应。可恢复性要素构成如图 7.2.1 所示。按照先底层、后顶层的分析思路，从评估要素的最底层出发，逐次分析各类、各层可恢复性的评估指标。

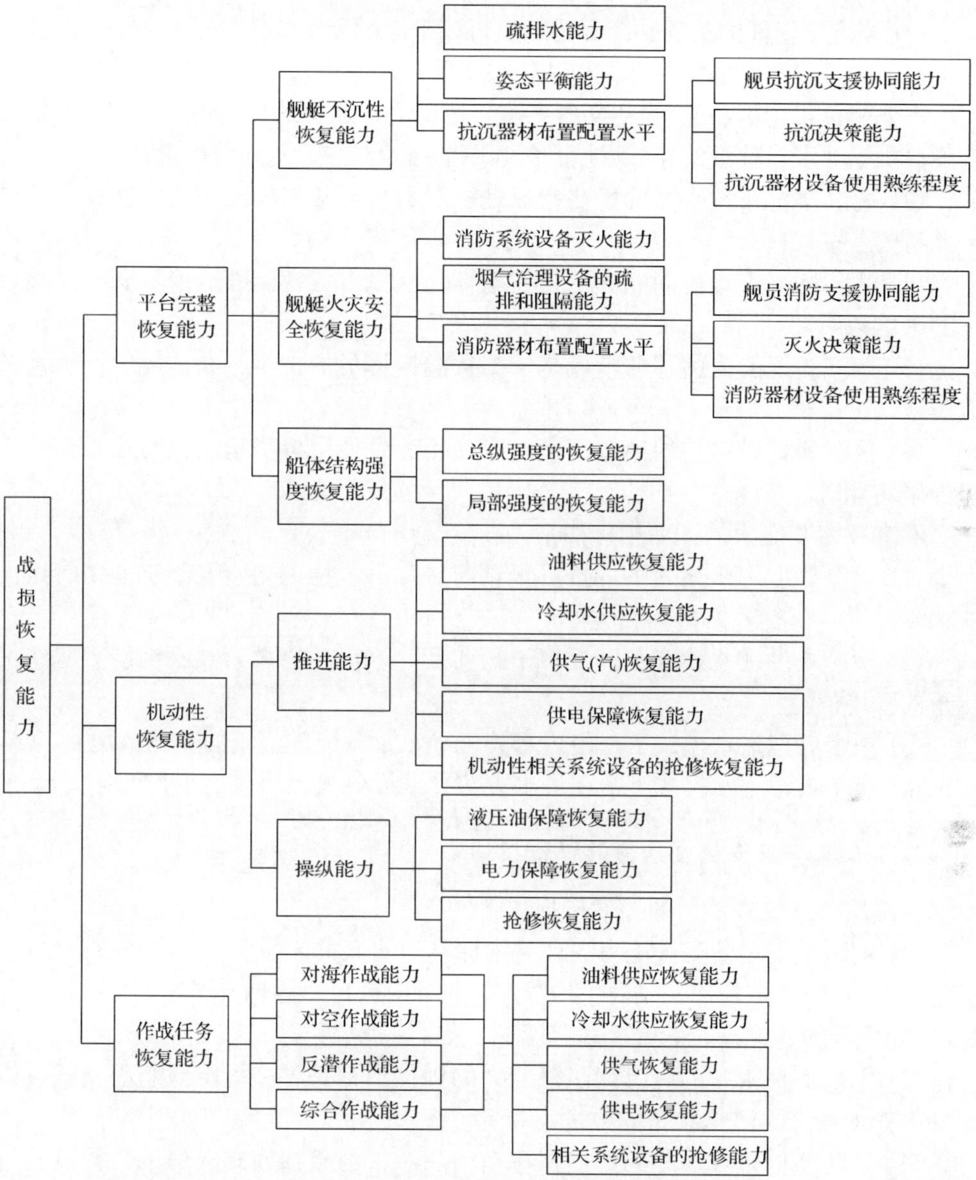

图 7.2.1　可恢复性要素构成

7.2.1　平台完整性恢复能力的评估指标

1. 舰艇不沉性恢复能力的评估指标

各底层要素恢复能力的评估指标如下：

(1) 疏排水能力的评估指标是疏排水泵的排量、排水泵之间的支援和协排能力。

(2) 姿态平衡能力的评估指标是最大可以平衡的姿态参数及平衡所需的时间。其中，最大可以平衡的姿态参数取决于典型装载状态下，可用平衡舱(可用液舱、可用压载舱、可用卸载舱等)的布置和配置情况、连通管的布设情况。平衡所需的时间取决于油水导移泵的导移流量、压载泵的压载流量、连通管的直径等。

(3) 抗沉器材布设水平的评估指标是抗沉器材与破损模式的适应性程度及抗沉器材的获取时间。

(4) 舰员抗沉支援协同能力的评估指标是从报告灾害到邻舱或者支援人员就位的平均耗时。

(5) 抗沉决策能力的评估指标是依据抗沉指挥员的抗沉方案，舰艇不沉性参数的改变量。

(6) 抗沉器材设备使用熟练程度的评估指标是使用各类抗沉器材设备消除灾害的平均耗时。

不沉性恢复能力的评估指标如下：

(1) 单个典型进水模式下，抗沉干预前后，不沉性诸要素及不沉能力等级的变化量。

(2) 多个典型进水模式下，抗沉干预前后，不沉性诸要素及不沉能力等级变化量的平均值。

(3) 单个典型进水模式下，由进水灾害导致设备失效清单的变化情况。

(4) 多个典型进水模式下，由进水灾害导致设备失效清单的平均变化情况。

2. 舰艇火灾安全恢复能力的评估指标

各底层要素恢复能力的评估指标如下：

(1) 消防系统设备灭火能力的评估指标是消防保护区域面积、消防灭火时间、火场诸参数(热释放速率、舱内平均温度、热辐射强度、热烟气温度、生成速度及流动速度等)的变化量、舱壁冷却降温速度等。

(2) 烟气治理设备的疏排和阻隔能力的评估指标是各类固定式和移动式排烟设备的排烟速度、防烟卷帘的数量及布置情况。

(3) 消防器材布设水平的评估指标是消防器材与破损模式的适应性程度及消防器材的获取时间。

(4) 舰员消防支援协同能力的评估指标是从报告灾害到邻舱或者支援人员就位的平均耗时。

(5) 灭火决策能力的评估指标是消防指挥员的消防方案和火场诸参数的改变量。

(6) 消防器材设备使用熟练程度的评估指标是使用各类消防器材设备消除灾害的平均耗时。

舰艇火灾安全恢复能力的评估指标如下：

(1) 单个典型火灾模式下，消防干预前后，舱室过火面积及失效设备清单变化情况。

(2) 多个典型火灾模式下，消防干预前后，舱室过火面积及失效设备清单变化的评价情况。

3. 船体结构强度恢复能力的评估指标

各底层要素恢复能力的评估指标如下：

(1) 载荷重心调整恢复能力。载荷重心调整前后，船体能够承受最大弯矩、结构应力等强度诸要素的改变量。

(2) 破损船体构件的抢修恢复能力。各类船体构件在各类损伤模式下，平均抢修恢复时间及最大抢修恢复时间。

船体结构强度恢复能力的评估指标如下：

(1) 单个典型船体结构破损模式下，恢复干预前后，总纵强度和局部强度诸要素的变化情况。

(2) 多个典型船体结构破损模式下，恢复干预前后，总纵强度和局部强度诸要素的平均变化情况。

综上所述，平台完整性恢复能力评估指标如下：

(1) 单个典型破损模式和灾害模式下，恢复干预前后，平台完整性损伤等级的变化情况。

(2) 多个典型破损模式和灾害模式下，恢复干预前后，平台完整性损伤等级的平均变化情况。

7.2.2　机动性恢复能力的评估指标

各底层要素恢复能力的评估指标如下：

(1) 油料供应恢复能力的评估指标是是否能够重新构成供油路径，新供油路径的流量和压力能否满足设备使用要求。

(2) 冷却水供应恢复能力的评估指标是是否能够重新构成冷却水供应路径，新供水路径的流量和压力能否满足设备使用要求。

(3) 供气(汽)恢复能力的评估指标是是否能够重新构成供气(汽)路径，新供气(汽)路径的流量和压力能否满足设备使用要求。

(4) 供电保障恢复能力的评估指标是是否能够重新构成供电路径，新供电路径的电压、电流、功率能否满足设备使用要求。

(5) 机动性相关系统设备的抢修恢复能力的评估指标是各类设备在各类损伤模式下，平均抢修恢复时间及最大抢修恢复时间。

推进能力恢复能力的评估指标如下：

(1) 单个典型破损模式下，恢复干预前后，推进输出功率及剩余航速的变化量。

(2) 多个典型破损模式下，恢复干预前后，推进输出功率及剩余航速的平均变化量。

操纵能力恢复能力的评估指标如下：

(1) 单个典型破损模式下，恢复干预前后，可用操舵设备(个数及工作模式)的变化情况。

(2) 多个典型破损模式下，恢复干预前后，可用操舵设备(个数及工作模式)的平均变化情况。

综上所述，机动性恢复能力的评估指标如下：

(1) 单个典型破损模式和灾害模式下，恢复干预前后，机动能力损伤等级的变化情况。

(2) 多个典型破损模式和灾害模式下，恢复干预前后，机动能力损伤等级的平均变化情况。

7.2.3 战斗力恢复能力的评估指标

各底层要素恢复能力的评估指标如下：

(1) 油料供应恢复能力的评估指标是是否能够重新构成供油路径，新供油路径的流量和压力能否满足设备使用要求。

(2) 冷却水供应恢复能力的评估指标是是否能够重新构成冷却水供应路径，新供水路径的流量和压力能否满足设备使用要求。

(3) 供气(汽)恢复能力的评估指标是是否能够重新构成供气路径，新供气路径的流量和压力能否满足设备使用要求。

(4) 供电恢复能力的评估指标是是否能够重新构成供电路径，新供电路径的电压、电流、功率能否满足设备使用要求。

(5) 相关系统设备的抢修能力评估指标是各类设备在各类损伤模式下，平均抢修恢复时间及最大抢修恢复时间。

各类作战能力恢复能力的评估指标如下：

(1) 单个典型破损模式下，恢复干预前后，典型作战能力剖面可用武器系统(可用的武器装备个数及工作模式)的变化情况。

(2) 多个典型破损模式下，恢复干预前后，典型作战能力剖面可用武器系统(可用的武器装备个数及工作模式)的平均变化情况。

分析得到的各类评估指标综合汇总如表 7.2.1～表 7.2.3 所示。

表 7.2.1　平台完整性恢复能力评估指标

编号	评估要素	评估指标
1	舰艇不沉性恢复能力	①单个典型进水模式下，抗沉干预前后，不沉性诸要素及不沉能力等级的变化量；②多个典型进水模式下，抗沉干预前后，不沉性诸要素及不沉能力等级的变化量的平均值；③单个典型进水模式下，进水灾害所导致设备失效清单的变化情况；④多个典型进水模式下，进水灾害所导致设备失效清单的平均变化情况
1.1	疏排水能力	①疏排水泵的排量；②疏排水泵之间的支援和协排能力
1.2	姿态平衡能力	①最大可以平衡的姿态参数；②平衡所需的时间
1.3	抗沉器材布设水平	①抗沉器材与破损模式的适应性程度；②抗沉器材的获取时间
1.4	舰员抗沉支援协同能力	从报告灾害到邻舱或者支援人员就位的平均耗时
1.5	抗沉决策能力	依据抗沉指挥员的抗沉方案，舰艇不沉性参数的改变量
1.6	抗沉器材设备使用熟练程度	使用各类抗沉器材设备消除灾害的平均耗时
2	舰艇火灾安全恢复能力	①单个典型火灾模式下，消防干预前后，舱室过火面积及失效设备清单变化情况；②多个典型火灾模式下，消防干预前后，舱室过火面积及失效设备清单变化的评价情况
2.1	消防系统设备灭火能力	①消防保护区域面积；②消防灭火时间；③火场诸参数(热释放速率、舱内平均温度、热辐射强度、热烟气温度、生成速度及流动速度等)的变化量；④舱壁冷却降温速度等
2.2	烟气治理设备的疏排和阻隔能力	①各类固定式和移动排烟设备的排烟速度；②防烟卷帘的数量及布置情况
2.3	消防器材布设水平	①消防器材与破损模式的适应性程度；②消防器材的获取时间
2.4	舰员消防支援协同能力	从报告灾害到邻舱或者支援人员就位的平均耗时
2.5	灭火决策能力	①消防指挥员的消防方案；②火场诸参数的改变量
2.6	消防器材设备使用熟练程度	使用各类消防器材设备消除灾害的平均耗时
3	船体结构强度恢复能力	①单个典型船体结构破损模式下，恢复干预前后，总纵强度和局部强度诸要素的变化情况；②多个典型船体结构破损模式下，恢复干预前后，总纵强度和局部强度诸要素的平均变化情况
3.1	总纵强度的恢复能力	①载荷重心调整前后，船体能够承受最大弯矩、结构应力等强度诸要素的改变量；②破损船体构件的抢修恢复能力。各类船体构件在各类损伤模式下，平均抢修恢复时间及最大抢修恢复时间
3.2	局部结构强度的恢复能力	
平台完整性恢复能力评估指标		①单个典型破损模式和灾害模式下，恢复干预前后，平台完整性损伤等级变化情况；②多个典型破损模式和灾害模式下，恢复干预前后，平台完整性损伤等级平均变化情况

表 7.2.2 机动性恢复能力评估指标

编号	评估要素	评估指标
1	推进能力恢复能力	①单个典型破损模式下，恢复干预前后，推进输出功率及剩余航速的变化量；②多个典型破损模式下，恢复干预前后，推进输出功率及剩余航速的平均变化量
1.1	油料供应恢复能力	①是否能够重新构成供油路径；②新供油路径的流量和压力能否满足设备使用要求
1.2	冷却水供应恢复能力	①是否能够重新构成冷却水供应路径；②新供水路径的流量和压力能否满足设备使用要求
1.3	供气(汽)恢复能力	①是否能够重新构成供气(汽)路径；②新供气(汽)路径的流量和压力能否满足设备使用要求
1.4	供电保障恢复能力	①是否能够重新构成供电路径；②新供电路径的电压、电流、功率能否满足设备使用要求
1.5	机动性相关系统设备的抢修恢复能力	各类设备在各类损伤模式下，平均抢修恢复时间及最大抢修恢复时间
2	操纵能力恢复能力	①单个典型破损模式下，恢复干预前后，可用操舵设备(个数及工作模式)的变化情况；②多个典型破损模式下，恢复干预前后，可用操舵设备(个数及工作模式)的平均变化情况
机动性恢复能力		①单个典型破损模式和灾害模式下，恢复干预前后，机动能力损伤等级的变化情况；②多个典型破损模式和灾害模式下，恢复干预前后，机动能力损伤等级的平均变化情况

表 7.2.3 战斗力恢复能力评估指标

编号	评估要素	评估指标
1	油料供应恢复能力	①是否能够重新构成供油路径；②新供油路径的流量和压力能否满足设备使用要求
2	冷却水供应恢复能力	①是否能够重新构成冷却水供应路径；②新供水路径的流量和压力能否满足设备使用要求
3	供气恢复能力	①是否能够重新构成供气路径；②新供气路径的流量和压力能否满足设备使用要求
4	供电恢复能力	①是否能够重新构成供电路径；②新供电路径的电压、电流、功率能否满足设备使用要求
5	相关系统设备的抢修能力	各类设备在各类损伤模式下，平均抢修恢复时间及最大抢修恢复时间
战斗力恢复能力		①单个典型破损模式下，恢复干预前后，典型作战能力剖面可用武器系统(可用的武器装备个数及工作模式)的变化情况；②多个典型破损模式下，恢复干预前后，典型作战能力剖面可用武器系统(可用武器装备个数及工作模式)的平均变化情况

7.3 可恢复性的评估计算流程

7.3.1 通用流程分析

可恢复性的计算是在易损性评估计算的基础上进行的，其一般计算步骤如图 7.3.1 所示。其中，可恢复性对舰艇战损结果的影响用虚线框表示[2]。

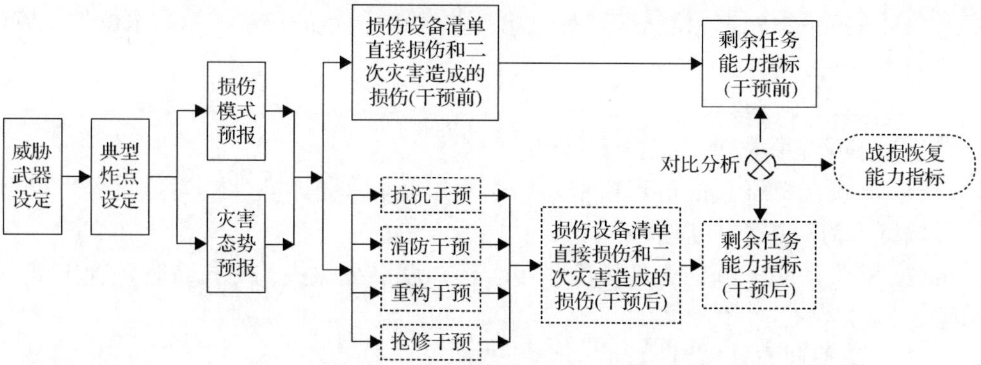

图 7.3.1　可恢复性一般计算步骤

第 1 步，威胁武器设定。参照易损性计算的一般步骤，首先根据舰艇的作战使命及敌方威胁武器情况，选择典型的威胁武器作为评估想定。

第 2 步，典型炸点设定。根据威胁武器的制导特点及舰艇声场、红外场、电磁场等信号分布特征，设定命中概率高或者损伤后果严重的炸点位置，作为典型炸点的想定。

第 3 步，根据目前易损性计算的模型，仿真船体、设备的损伤范围、损伤模式及进水和火灾的灾害态势，获得恢复干预前的损伤设备清单和灾害范围(包括直接损伤和二次灾害造成的损伤)。

第 4 步，通过抗沉干预模型、消防干预模型、重构干预模型、抢修性参数，对当前的损伤模式和灾害模式进行重新评估计算，并获得干预后的损伤设备清单和灾害范围(包括直接损伤和二次灾害造成的损伤)。

第 5 步，分别针对干预前后的损伤设备清单和灾害范围，计算剩余任务能力指标，并根据上述建立的可恢复性评估指标体系，通过对比分析的方法，得出可恢复性指标值。

可恢复性计算最为关键的一步就是对损管和抢修实施后的损伤设备清单和灾害范围进行仿真，这需要建立关键模型。

7.3.2　关键模型分析

根据前面的通用计算流程，为完成可恢复性的评估计算，除了传统易损性评估的损伤效应仿真模型、生命力分析模型之外，还需要构建以下三类关键模型。

1) 灾害的自由蔓延模型

灾害的自由蔓延模型具有如下两种：

(1) 舱室火灾的自由蔓延模型，主要是指火灾和烟气随时间发展、蔓延的时序特征，包括火灾的舱室、温度场的分布及烟气和其他有害气体浓度随时间变化的关系。

(2) 舱室进水的自由漫延模型，主要是指舱室进水的速度、舱室水位的高度、舰艇的不沉性参数随时间变化的时序特征。

2) 损管干预恢复模型

损管干预恢复模型具有如下两种：

(1) 舰员抗沉干预的仿真模型，用于模拟舰员和进水灾害的对抗过程，模拟舰员抗沉行为对进水态势的影响。

(2) 舰员消防干预的仿真模型，用于模拟舰员和火灾的对抗过程，模拟舰员消防行为对火灾态势的影响。

3) 抢修干预恢复模型

抢修干预恢复模型具有如下两种：

(1) 生命力保障系统的重构干预模型，主要是对各类油、水、气、电供应路径的损伤隔离和路径重构进行仿真。

(2) 抢修仿真模型，根据设备的平均抢修时间、最大抢修时间，各项作战能力恢复的最大允许时间，对设备抢修的有效性进行评估。

7.3.3 不沉性恢复能力评估计算流程

不沉性恢复能力的评估计算也可称为抗沉干预恢复能力的评估计算，实质是对舰艇的固有抗沉性能和舰员的抗沉干预能力进行仿真和评估。评估结果以不沉性诸要素的变化量和不沉性等级的变化量进行描述，如图 7.3.2 所示[3]。

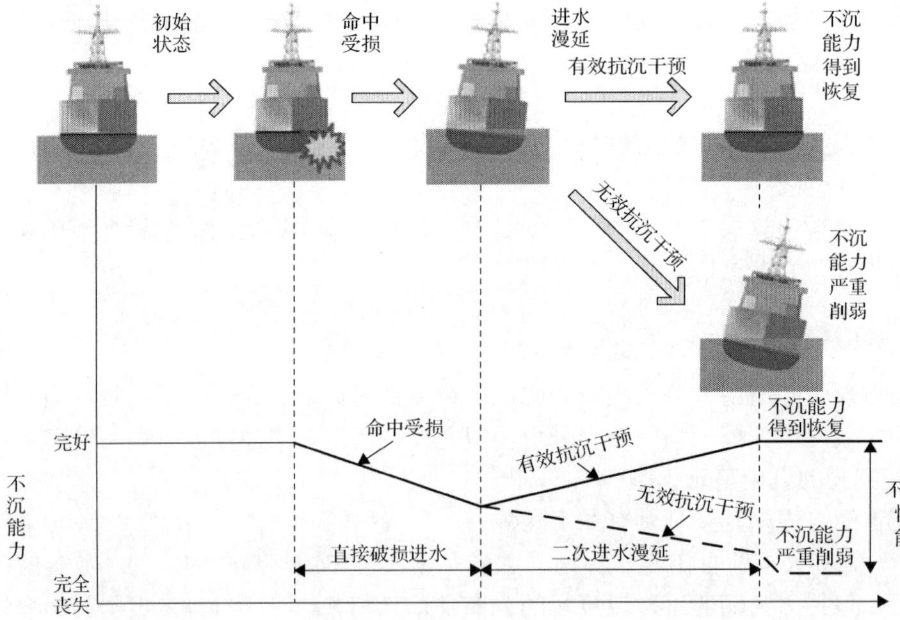

图 7.3.2　不沉性恢复能力示意图

计算舰员干预下的不沉性恢复能力，不仅增加了评估的客观性，也是对舰艇抗沉资源的配置和布置进行评估的基础。主要任务包括：

(1) 定量分析堵漏、支撑、排水等反应时间对不沉性实施的影响。

(2) 定量计算液舱布置对舰艇平衡能力的影响。

(3) 定量分析排水泵排量对不沉性恢复能力的影响。

(4) 定量分析抗沉设备生命力对不沉性恢复能力的影响。

然而，不同的舰员采用不同的抗沉策略和抗沉手段，这就使得不沉性恢复能力的评估变得难以实现。为了定量评估计算舰艇的不沉性恢复能力或者说抗沉能力，需要首先设计一个智能人工抗沉模型，然后利用此智能人工抗沉模型模拟人员的抗沉动作，最后计算智能抗沉措施实施后的不沉性参数，并以此来分析舰艇的不沉性恢复能力。

建立的不沉性恢复能力评估计算流程如图 7.3.3 所示。其中，抗沉干预对舰艇战损结果的影响用虚线框表示。

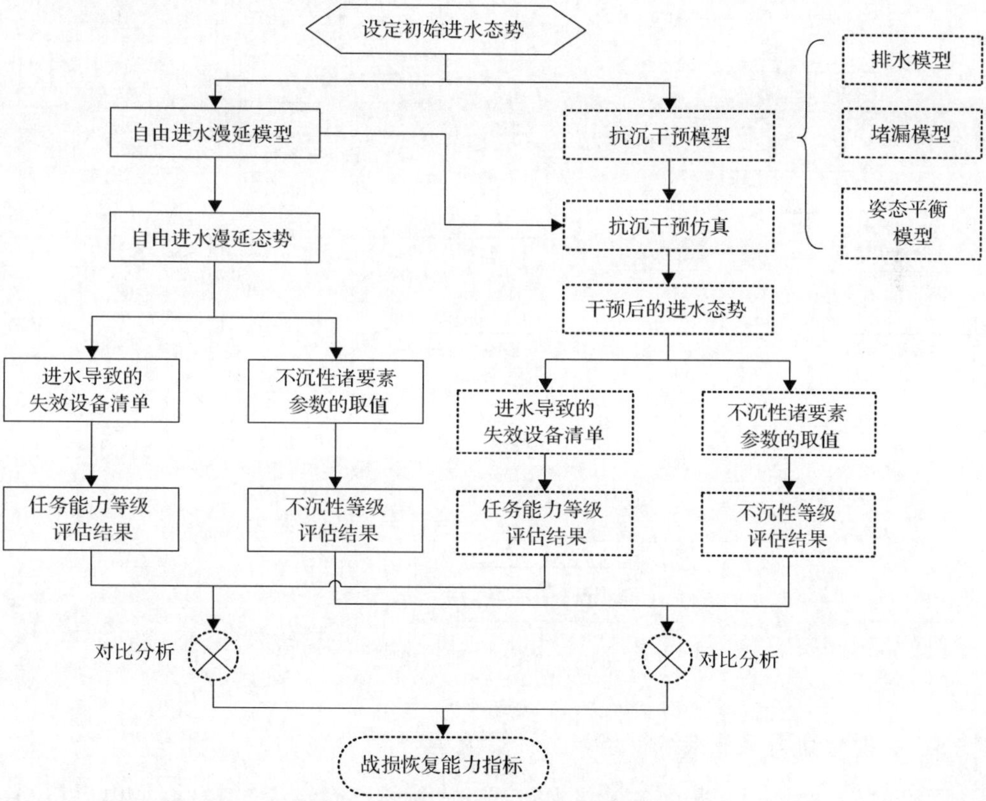

图 7.3.3　不沉性恢复能力评估计算流程

7.3.4　消防干预恢复能力评估计算流程

本书主要针对水灭火系统干预下的恢复能力进行仿真计算，实质是对舰艇的固有消防能力和舰员的消防干预能力进行仿真和评估。计算舰员干预下的火灾安全性能，不仅增加了评估的客观性，也是对舰艇消防资源配置和布置进行评估的基础。主要考虑的消防干预行为包括消防水枪直接灭火、舱壁喷淋冷却、烟气治理等消防行动。通过消防干预恢复能力的评估计算，一方面可以评估直接灭火和间接灭火的有效性；另一方面可以评估舰员的消防行为对消防成败的影响。消防干预恢复能力评估计算流程如图 7.3.4 所示。其中，消防干预对舰艇战损结果的影响用虚线框表示。

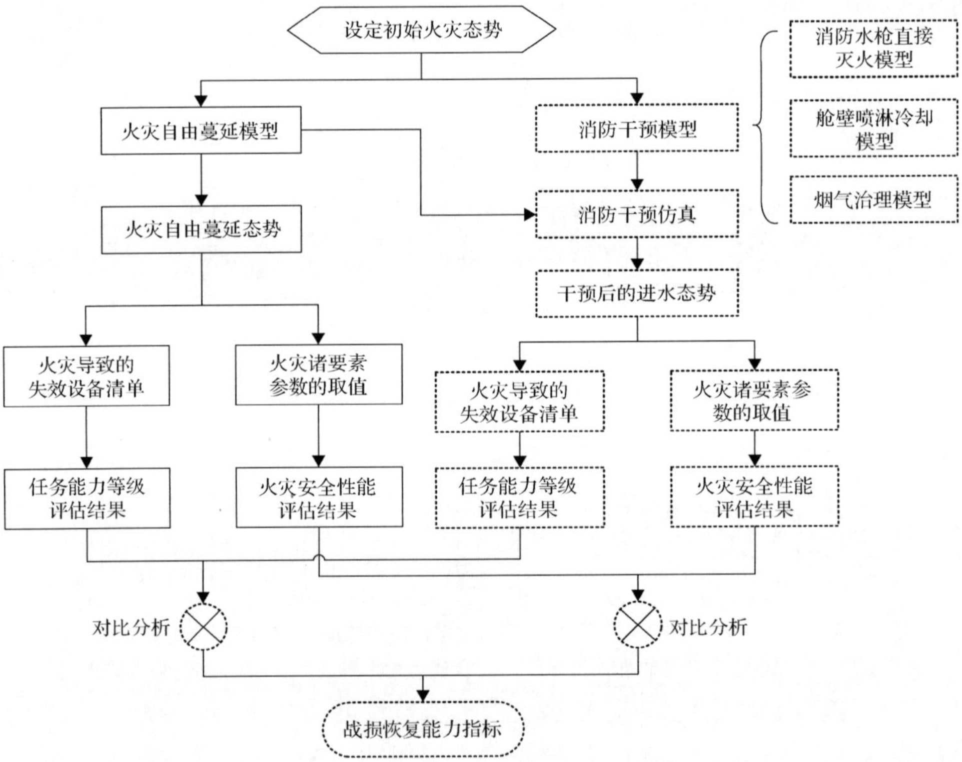

图 7.3.4　消防干预恢复能力评估计算流程

7.3.5　关键生命力保障系统恢复能力计算流程

本小节主要针对冗余、备份能力较强的全舰性“网络状”系统，如电力系统、水灭火系统等损伤后的可转换、可重构能力进行评估，并通过剩余的有效供电设备、剩余的有效供水设备、剩余任务能力变化的评估，定量计算恢复能力的指标。

1. 电力系统恢复能力计算流程

通过电力系统恢复能力的计算，主要达到以下目的：

(1) 分析评估电力系统自身固有的可恢复性。通过电力网络在隔离、转换前后，可用电力设备用户数量的不同，评估电力网络损伤后的自恢复能力，为电力系统自身可恢复性的评估提供依据。

(2) 将电力系统作为生命力构成要素的保障系统，通过电力网络受损后的隔离转换，评估电力供应路径丧失而导致的失效设备清单，作为任务能力计算的输入条件，并据此从任务能力完成的角度，评估电力系统的可恢复性。

电力系统恢复能力计算流程如图 7.3.5 所示。其中，电力系统隔离重构干预对舰艇战损结果的影响用虚线框表示。

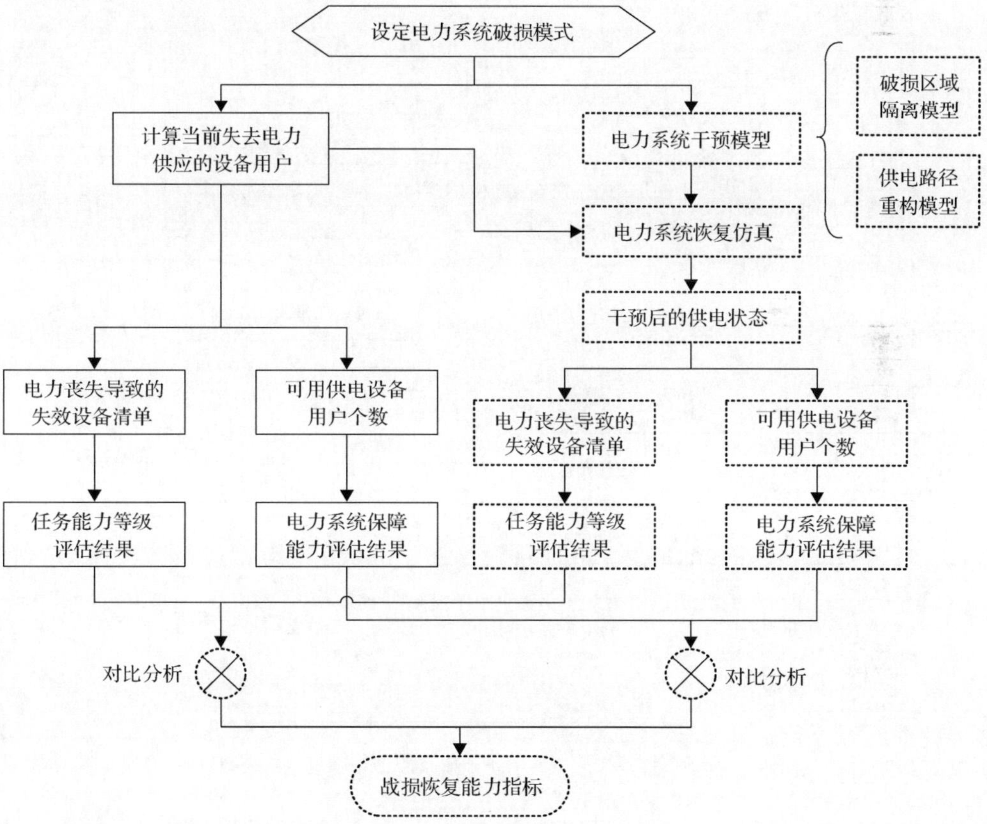

图 7.3.5　电力系统恢复能力计算流程

2. 水灭火系统恢复能力计算流程

通过水灭火系统恢复能力的计算，主要达到以下目的：

(1) 分析评估水灭火系统自身固有的可恢复性。通过消防水总管在隔离、转换前后，可用消防栓或者可用喷淋支管用户数量的不同，评估消防水总管损伤后的自恢复能力，为水灭火系统自身可恢复性的评估提供依据。

(2) 将水灭火系统作为生命力构成要素的保障系统，通过消防水总管受损后的隔离转换，评估冷却水供应路径丧失而导致的失效设备清单，作为任务能力计算的输入条件，并据此从任务能力完成的角度，评估水灭火系统的可恢复性。

水灭火系统恢复能力计算流程如图 7.3.6 所示。其中，水灭火系统隔离重构干预对舰艇战损结果的影响用虚线框表示。

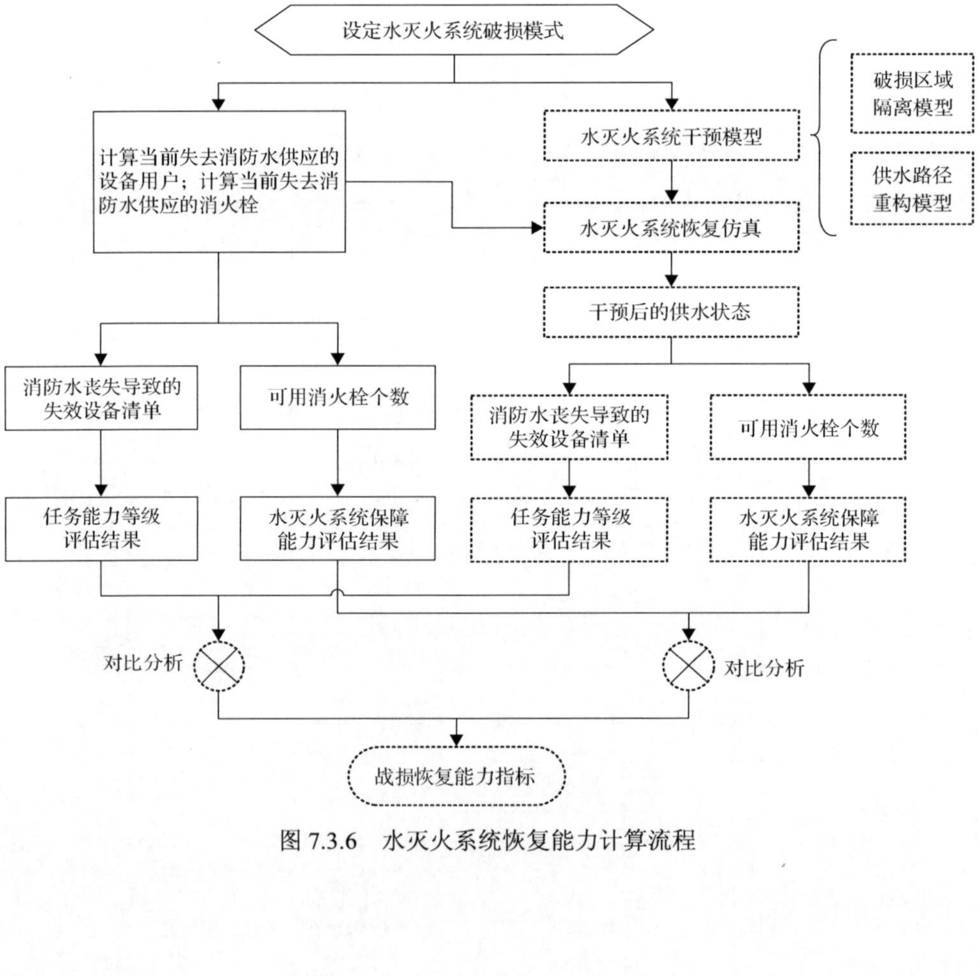

图 7.3.6　水灭火系统恢复能力计算流程

7.3.6　综合恢复能力评估计算流程

针对实战条件下的进水、火灾和生命力保障系统损伤的复杂态势，使用上述建立的恢复能力评估流程，分别计算干预和恢复对剩余任务能力的影响；并根据剩余任务能力变化的大小，掌握典型战斗破损条件下，舰艇的综合恢复能力指标。

综合恢复能力计算流程如图 7.3.7 所示。综合恢复能力对舰艇战损结果的影响用虚线框表示。

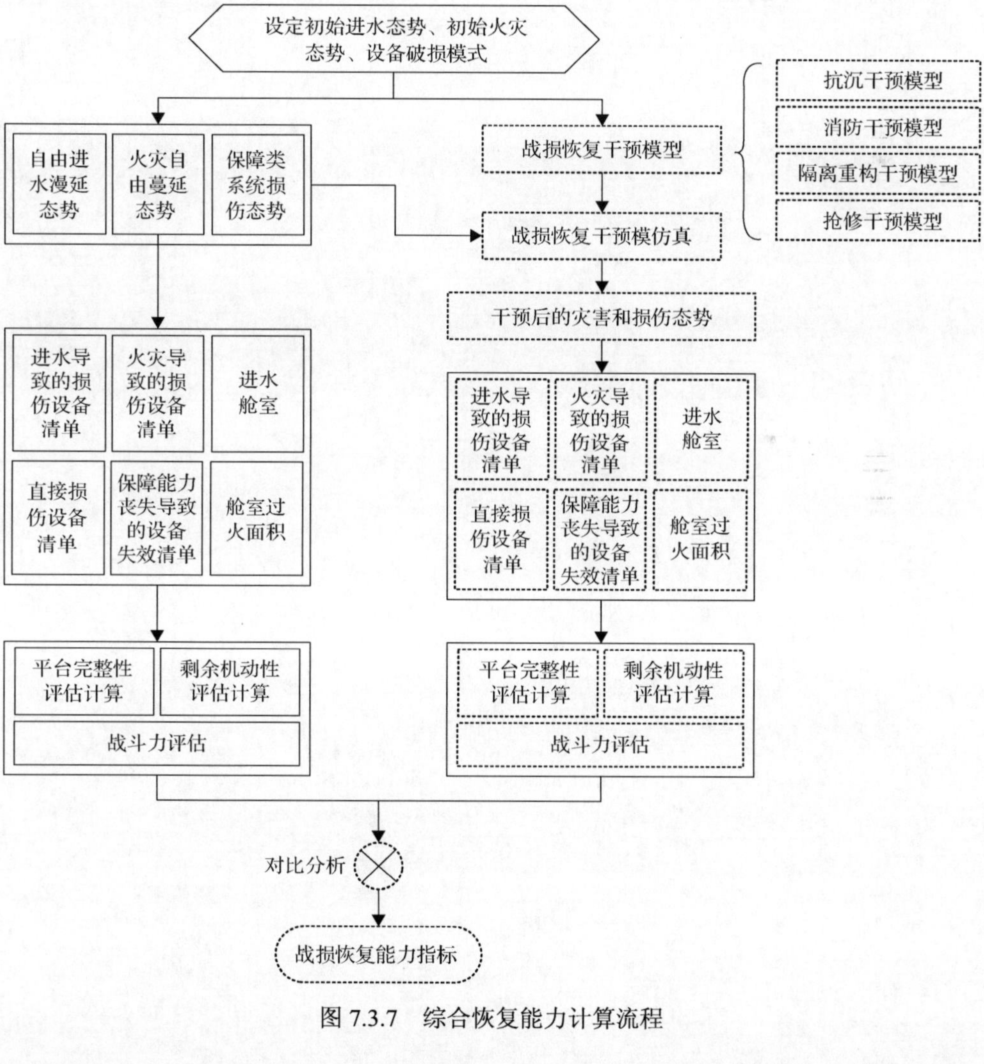

图 7.3.7　综合恢复能力计算流程

参考文献

[1] Kim K S, Lee J H. Integrated survivability assessment given multiple penetration hits[J]. Journal of Ocean Engineering and Technology, 2014, 28(1): 69-76.

[2] Shin Y H, Kwon J I, Chung J H. Development of a simplified vulnerability analysis program for naval vessel[J]. Journal of the Society of Naval Architects of Korea, 2013, 50(6): 383-389.

[3] Boulougouris E K, Papanikolaou A D. Optimisation of the survivability of naval ships by genetic algorithms[C]//The 3rd International Euro Conference on Computer Applications and Information Technologies in the Maritime Industries, COMPIT'04, Siguenza, 2004.

第 8 章　不沉性恢复能力仿真模型

8.1　进水漫延与抗沉干预过程

8.1.1　破损进水过程的三个阶段

如图 8.1.1 所示，破损进水过程主要分为三个阶段[1,2]。第一阶段为瞬态进水阶段。在这一阶段中，船体上产生了较大破口，海水通过破口涌入破损舱室，舰艇快速向破损一侧倾斜，并发生横摇晃荡。横摇晃荡的仿真如 3.2 节所述。大型水面舰艇具有较好的水密结构，因此在这一阶段不会倾覆沉没。

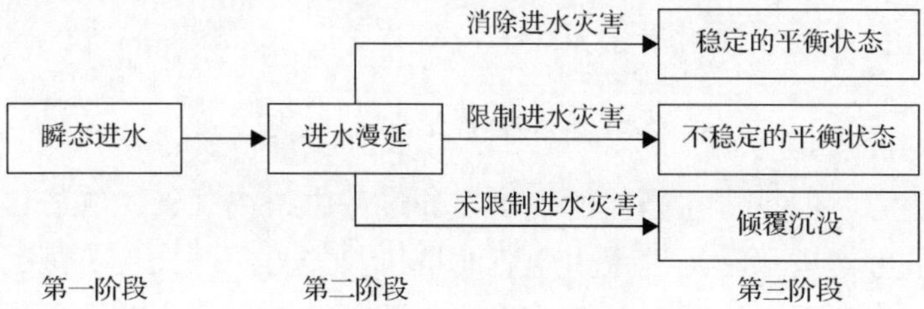

图 8.1.1　破损进水过程的三个阶段

这一阶段的时间较短，很难预测并采取损管措施。

第二阶段为进水漫延阶段。在这一阶段中，舰艇姿态不再发生剧烈变化，并且海水从破损舱室向相邻舱室漫延，如图 8.1.2 所示。开口流速的计算方法如 3.1 节所述。由于这一阶段的时间较长并处于准静态状态，可以预测进水漫延并采取损管措施。

第三阶段分为三种状态：稳定的平衡状态、不稳定的平衡状态或倾覆沉没。舰艇最终达到哪种状态取决于在进水漫延阶段采取的损管措施是否快速有效及是否限制消除了进水灾害。4.6 节能够对进水漫延过程结束后舰艇在静风和风浪条件下是否沉没进行评估。

8.1.2　当前不沉性研究需要解决的问题

在设计标准中明确要求了静风条件下舰艇能够承受的破损长度，即舰艇战损进水后的不沉性评估和计算是以舱室进水结束为前提的。此时，舱室内海水水位不再发生变化，破口处的海水也停止流动。与此同时，设计标准也规定了完整舰

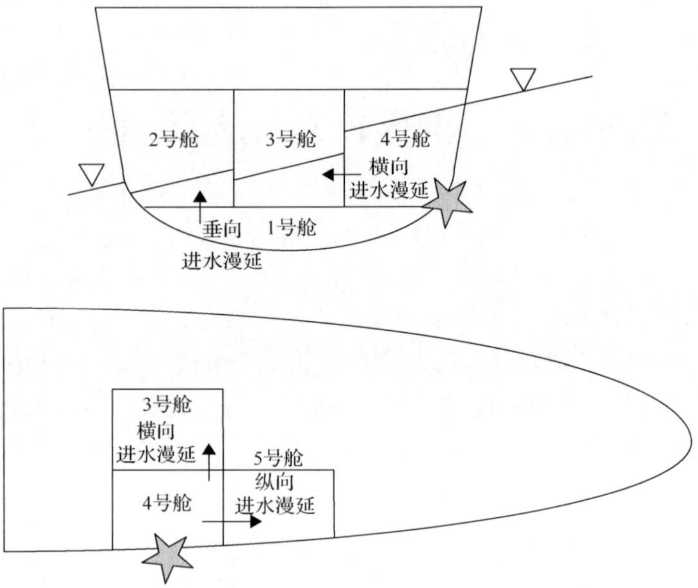

图 8.1.2　进水漫延流向示意图

艇的抗风浪能力。但是，在当前的舰艇设计过程中，尚未考虑舰艇破损后的抗风浪能力，更未考虑进水漫延过程中舰艇的抗风浪能力。例如，英国“谢菲尔德”号驱逐舰遭受攻击后，消防水总管的消防水灌入舱室后产生较大的自由液面，导致初稳度明显降低，最终造成该舰的抗风浪能力迅速下降。然而，英国军队未能对破损“谢菲尔德”号驱逐舰的稳性特别是抗风浪能力进行正确评估，就做出了拖航的决定，最终导致该舰在大风浪中翻沉。

大型舰艇的内部分舱复杂，水密舱、气密舱、平衡舱等舱室之间通过舱门、舱口盖、开口、连通管路等相互连接。破损或处于打开状态的舱门、舱口盖及开口就会造成海水在舱室之间沿舰艇横向、纵向和垂向漫延。尚未考虑人员的主动损管能力。现代舰艇一般配置较多的损管资源，在舰艇遭受攻击后，舰员肯定会进行一系列的抗沉动作(堵漏、排水、支撑和平衡)。因此，考虑基于损管的不沉性评估实际上也是对舰艇抗沉能力的评估，也是进行舰艇损管资源优化配置的基础[3,4]。

因此，对于大型舰艇而言，战斗破损后的进水过程是海水从一个舱室逐渐向其他相邻舱室漫延的动态过程。要进行大型舰艇抗沉能力的评估和分析，必须首先突破海水漫延全过程、漫延全时域的不沉性指标计算难题，并分析进水过程中的危险阶段和倾覆机理，这是指导当前大型舰艇抗沉能力设计的迫切需求，也是提高大型舰艇战损不沉能力的关键手段，军事意义极为显著。

目前，国内外在进行大型舰艇破损后的倾覆机理研究时，仍然参照中小型舰艇的研究方法，主要研究图 8.1.1 中的第三个进水阶段，即进水完成后的计算方法，没有针对进水漫延全过程即第二阶段的不沉性指标变化时域模型、变化规律及倾覆机理进行深入研究。然而，舰艇进水漫延阶段会出现多个舱室同时未进满海水的复杂灾害局面，产生大面积的自由液面，造成初稳度与扶正力臂的急剧下降。此时，舰艇的抗风浪能力显著下降，可能会出现比进水完成状态更加危险的情况。

通过进水漫延的时域仿真可以得出进水漫延过程中的以下关键时间节点：

(1) 进水漫延到具体舱室的时间。损管队员需要在该时间点之前对该舱室完成堵漏、支撑。这样可以避免海水漫延到该舱室，从而减小损失。

(2) 舱室的水位达到 1m 的时间。当舱室水位达到 1m 时，船员在该舱的行动极为不便，无法进行抗沉操作，并且由于设备进水和电路短路，该舱室的功能基本丧失。因此，当某舱室水位达到 1m 以后，可以考虑对该舱室做弃舱处理。

(3) 初稳度最低值出现的时间。此时，舰艇极有可能在风浪作用下发生翻沉。通过预测舰艇倾覆的时间，可以掌握弃船逃生时机，从而减少不必要的人员伤亡，还可保护重要资料不被毁坏。该时间节点可为有效抗沉时间和外部营救时间的预报提供关键依据。

初稳度的增量为

$$\Delta h=\frac{v}{V}\left(T_{\text{ini}}+\frac{\Delta T}{2}-z_v\right)-\frac{i_x}{V}=\frac{v}{V}\left(T_{\text{ini}}+\frac{\Delta T}{2}\right)-\frac{1}{V}\left(v\cdot z_v+i_x\right) \tag{8.1.1}$$

式中，v 表示破损舱室进水体积；V 表示舰艇排水体积(常量)；T_{ini} 表示吃水初始值(常量)；ΔT 表示吃水增量；z_v 表示进水容积中心的纵坐标；i_x 表示进水舱自由液面对平行于 x 轴的中心轴的面积惯性矩。

随着破损舱室进水量 v 的增加，ΔT、z_v 和 i_x 均会增加。即 $\frac{v}{V}\left(T_{\text{ini}}+\frac{\Delta T}{2}\right)$ 和 $\frac{1}{V}\left(v\cdot z_v+i_x\right)$ 均会增加。进水漫延仿真计算需要得出与差值最小的时刻。

8.1.3　进水漫延过程的全时域耦合关系

如图 8.1.3 所示，进水过程中进水、舰艇和损管等各方面因素之间存在相互作用的耦合关系。通过研究该动态耦合模型，可以实现进水漫延过程的全时域仿真[5-8]。

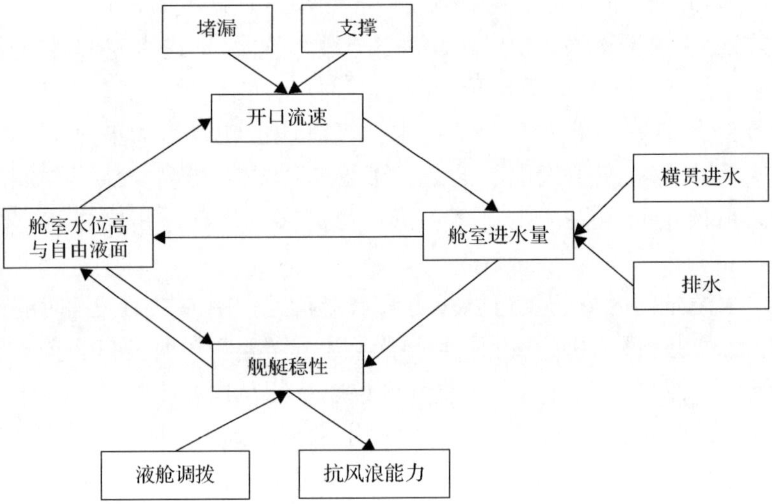

图 8.1.3　进水漫延过程动态耦合关系图

开口流速不仅与开口两侧的液位高有关，而且受到堵漏完成时间和抗沉干预时间的影响。

舱室上各个开口的流速之和为舱室进水量的变化量。此外，舱室进水量还受到横贯进水、排水泵排量和排水泵开启时间的影响。

通过计算破损舱室进水量和自由液面可以得到舰艇稳性参数。液舱调拨可以平衡舰艇消除负初稳度。根据舰艇的扶正力臂可以求得抗风浪能力。

破损舱室的水位高和自由液面受到舱室进水量和舰艇稳性的双重影响。

8.2　限制海水漫延

8.2.1　防水边界的生成

当舱室发生破损进水后，需要快速根据舱室相邻关系将进水舱室的相邻舱室设置为防水边界。在设置为防水边界的舱室中可以采取堵漏、支撑和排水的抗沉干预措施，限制海水漫延。

假设进水舱室的集合为$\{\alpha_1, \alpha_2, \cdots, \alpha_n\}$，搜索进水舱室相邻舱室的函数为$L(\cdot)$，则防水边界舱室的集合为

$$\{\beta_1, \beta_2, \cdots, \beta_m\} = L(\alpha_1) \cup L(\alpha_2) \cup \cdots \cup L(\alpha_n) - \{\alpha_1, \alpha_2, \cdots, \alpha_n\} \tag{8.2.1}$$

例如，对于如图 8.2.1 所示的防水边界示意图，需要将 6 个舱室设置为 3 个进水舱室的防水边界。

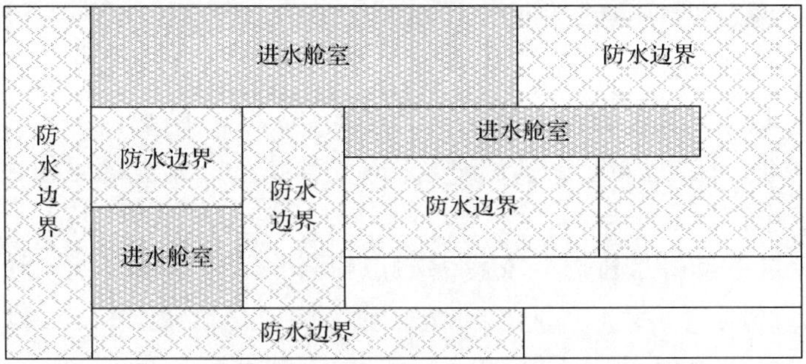

图 8.2.1　防水边界示意图

8.2.2　破口堵漏

为了阻止海水漫延到未破损舱室，需要对破口或开口进行堵漏操作。堵漏器材有堵漏毯、堵漏板、堵漏箱、堵漏螺杆、堵漏柱、堵漏木塞、垫料、黄沙、水泥和充气袋等。当破洞较小时，可选用各种轻便器材，如木塞、木板、木楔、木柱、钩头螺栓等从舷内堵塞。当破洞较大时，可将帆布制的轻型堵漏毯或用钢索制的重型堵漏毯悬挂在舷外遮挡破洞，以阻止大量进水，然后从舷内设置水泥箱，防止海水渗入。

舰员如果能够完成破口 C_i 的堵漏工作，那么破口 C_i 的流量将变为零。假设在 t_d 时刻破口 C_i 堵漏完成，当 $t \geqslant t_d$ 时，破口 C_i 的流量 $q_i=0$；$t < t_d$ 时，破口 C_i 的流量为 q_i 的计算方法见式(3.1.9)～式(3.1.15)。若舱室的所有破口均堵漏完成，则海水不会通过破口流入或流出舱室。

8.2.3　舱室排水

假设在 t_p 时刻，舰员可以打开排水泵排出舱室进水，则第 j 个舱室的进水流量为

$$q_{C_i}(t)=\begin{cases}\sum\limits_{j=1}^{n} q_j(t), & t<t_p \\ \sum\limits_{j=1}^{n} q_j(t)-q_{P,i(t)}, & t \geqslant t_p\end{cases} \tag{8.2.2}$$

式中，$q_j(t)$ 表示第 j 个舱室未排水时的舱室进水速率(m^3/s)，其计算方法见式(3.1.16)；$q_{P,i}(t)$ 表示第 j 个舱室的总排水速率(m^3/s)。

排水泵的类型包括潜水型消防排水泵、潜水型电动排水泵、喷射泵、移动式潜水型电泵等。

8.2.4　支撑加固

当邻舱进水时，水密舱壁会受到巨大压力。为了预防舱门、舱口盖或破损舱壁的泄漏与坍塌，限制海水漫延，需要采取支撑措施。常见的支撑设备有垫木、垫板、支柱及木楔等。

当对舱壁进行支撑加固时，支撑着力点应为水压作用中心处，约为 $H/3$ 的位置，如图 8.2.2 所示。

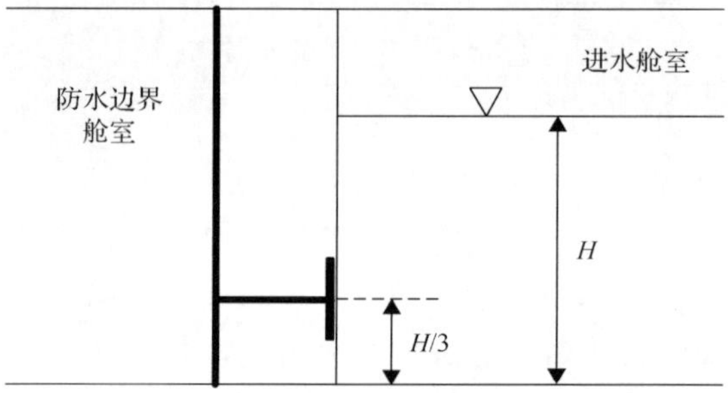

图 8.2.2　支撑着力点示意图

【案例链接】1988 年，美国“罗伯兹”号护卫舰遭受水雷攻击后，主机舱的海水向 2 号辅机舱和 3 号辅机舱漫延。该舰官兵迅速使用各类可以使用的工具堵住了 2 号辅机舱和 3 号辅机舱的破口，启动 P-250 型排水泵和喷射泵，有效地限制并消除了 2 号辅机舱和 3 号辅机舱的进水，最终保证了该舰不沉[9]。

该舰官兵还使用支撑柱对变形的舱壁和甲板进行 K 形支撑和 I 形支撑，降低了该舰进一步破损的可能性，如图 8.2.3 和图 8.2.4 所示。

图 8.2.3　“罗伯兹”号护卫舰 K 形支撑[9]

图 8.2.4　“罗伯兹”号护卫舰 I 形支撑[9]

2000 年 10 月 12 日，美国“科尔”号驱逐舰遭受一艘装载炸药的橡皮艇的袭击。炸药爆炸后在舷侧产生直径将近 10m 的破洞，导致大量海水涌入机舱。虽然该舰遭受重创，但是损管队员使用木楔、麻绳等简单而实用的方式，限制住了海水的漫延。在大破口情况下，有效的损管行动最终保证了“科尔”号驱逐舰不沉[10]。

8.3 堵漏器材配置布置的基本理念

为了能够使堵漏器材在较短时间内对所有重要舱室进行保护，堵漏器材的布置应遵循以下理念。

1）每个水密隔舱的抗沉器材应布置齐全

如图 8.3.1 所示，为了保证舰艇遭受水下武器攻击后仍保持较大的储备浮力，水线以下的甲板上设置有若干个主横舱壁。主横舱壁将舰艇划分为若干个水密隔舱。主横舱壁不允许开有舱门，必须遵守垂直交通制规则。不同水密隔舱之间抗沉支援较为不便，只可以在同一个水密隔舱内的不同舱室之间相互支援。因而需要将水密隔舱作为一个整体进行抗沉器材布置，各个水密隔舱的抗沉器材应配置齐全[11]。

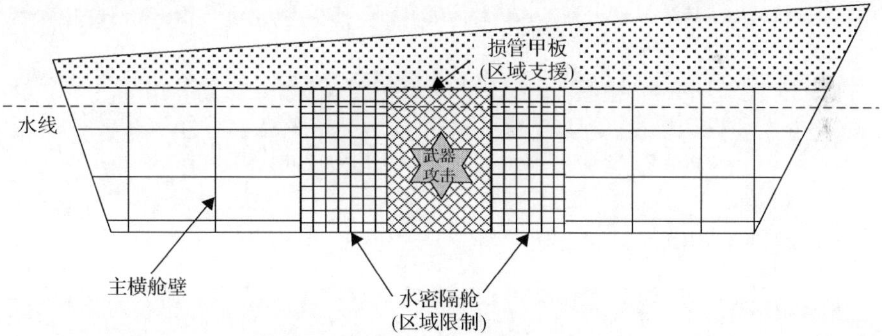

图 8.3.1 损管甲板与水密隔舱示意图

当某个水密隔舱发生管路破裂、碰撞、搁浅等较小的破损进水灾害时，可以在该水密隔舱内限制消除海水灾害。当某个水密隔舱遭受武器攻击等较大的破损进水灾害时，该水密隔舱的进水量过大无法消除，需要相邻水密隔舱采取损管措施限制海水漫延。

2）损管甲板为各水密隔舱提供损管支援

如图 8.3.1 所示，标记为点状填充的损管甲板为主横舱壁上层的甲板，一般为 2 甲板或上甲板。损管甲板为损管器材储藏舱、损管中心所在甲板。该甲板可为下方各水密隔舱的损管行动提供支援。

3) 抗沉器材分散布置

各器材应分别布置在舰艇左右舷、船艏、船艉及各甲板，特别要布置在关键舱室和通达性不好的舱室。这种布置方式可以降低舰艇遭受一次打击而遭到破坏的可能性，从而增强损管器材的生命力。这种布置方式还可以缩短损管队员从拿取抗沉器材到灾害地点的时间，极大地增强损管效率。

4) 抗沉器材靠近对称面布置

由于船舷一侧较容易遭受武器攻击、碰撞、搁浅等破坏，因此需要将舱室中的抗沉器材放置在靠近对称面处。这样可以降低抗沉器材遭受损害的可能性，从而提高抗沉器材的生命力，有利于在灾害发生后及时处置进水灾害。

5) 抗沉器材标准化分组

在抗沉行动中往往需要多个固定的抗沉器材同时配合使用。为了提升抗沉器材集成化水平，需要将经常配合使用、用途相近的抗沉器材装入同一个工具箱或袋子中。抗沉器材组包含的器材如表 8.3.1 所示。

表 8.3.1　抗沉器材组的器材表

序号	抗沉器材组名称	抗沉器材组所含器材
1	基本堵漏支撑器材组	松木板、松木支柱、铝合金支柱、帆布堵漏垫、软边堵漏板、堵漏箱、麻絮袋
2	特殊堵漏器材组	堵漏伞、快速泡沫堵漏器、防水席、活动螺丝架、双爪肋骨撑架、磁性堵漏垫、小孔堵漏器、成套铁胶泥
3	损管专用器材工具组	千斤顶、损管工具箱、太平斧、损管灯、重磅铁锤、电动手锯
4	木质堵漏器材组	包装箱、松木楔、松木塞、手扳锯、短柄斧、木工凿、木槌
5	支撑作业辅助器材组	包装箱、硬木楔、木槌、木工手锯、钉锤、双爪钉、C 形夹、铁钉、木工尺、卷尺、木工铅笔、损管尺
6	损管调查勘测器材组	皮制背包、调查记录本、笔、耐热手套、卷尺、防水手电、活动扳手、套筒
7	管路破损修复器材组	管路包扎器材(包装箱、链条管箍、铁锤、夹钳、不锈钢带、钢带存储器、防割手套、半圆钢管、钢带带扣)、管路堵漏器、管路包扎材料(普通管箍、橡皮、铅皮、铜皮、铁丝、油麻绳、麻絮、耐热手套)

6) 节省舱室空间，方便人员取用

充分利用舱室“死角”设置损管器材挂架和挂钩及抗沉器材组装载柜，如水密门和舱口盖后面的位置，储藏室、无人空间和舱壁上的空间。所有抗沉器材组均放在舱室角落。一方面可以充分利用舱室空间，不妨碍舱室功能；另一方面可以避免拥挤混乱状态，从而避免阻碍损管队员快速行动。可能会有多个抗沉器材组同时放置在舱室角落。利用舱室中的抗沉器材组装载柜可以充分利用舱室空间布置多个抗沉器材组，以避免舱室角落的抗沉器材组过于杂乱，如图 8.3.2 所示。

不同抗沉器材组涂有不同的颜色，并有文字标记，便于损管队员取用。

图 8.3.2　抗沉器材组装载柜

7) 根据具体舱室特点布置

要根据具体舱室的特点布置抗沉器材，例如：

(1) 需要对机舱和电站舱等重要舱室实施重点防护，配置种类丰富、数量众多的抗沉器材。

(2) 支撑器材较长，因此不能放置在狭小舱室，应方便损管队员取用。

(3) 在管路较多的舱室(如机舱、电站舱)多配备管路包扎器材。

(4) 弹药库、液舱中无法放置堵漏器材。

8.4　基于液舱调拨的姿态平衡模型

8.4.1　姿态平衡的基本方法和原则

舰艇在受到敌方威胁武器的攻击后，会出现多舱大面积自由液面进水的局面。舰艇也会因此产生倾斜和倾差，严重影响舰艇的安全性和作战能力。快速地平衡舰艇的横向倾斜和纵向倾差，尽量使舰艇恢复正直漂浮状态，是保证舰艇不沉的关键。

姿态平衡的基本方法有如下三种：

(1) 对角灌注法。在破损舱的对角或对端加灌油水或海水。

(2) 导移载荷法。将破损舱附近的油水移到破损舱的对角舱。

(3) 排出载荷法。排出破损舱附近的油水。

三种方法各有其特点，具体体现在以下方面：

(1) 对角灌注法速度快，如果灌注舱室低，还能提高稳度，但要损失储备浮力。

(2) 导移载荷法不再损失储备浮力，但速度慢，还有可能引起燃油渗水。

(3) 排出载荷法能节约储备浮力，但可排物不多，排出燃油会降低续航力和暴露航迹。

在根据上述基本方法制定姿态平衡的方案时，首先要明确舰艇产生倾斜、倾差的原因。造成舰艇倾斜、倾差的原因通常包括三种情况[12-14]：①倾斜、倾差仅由负初稳度造成；②倾斜、倾差仅由不对称进水造成；③倾斜、倾差由不对称进水和负初稳度联合造成。目前建立的舰艇抗沉平衡方法都只考虑第一种情况的破损进水态势，即通过施加反向力矩的方法平衡舰艇。在使用施加反向力矩的方法时，必须明确当前破损进水舱室的名称和进水位置。只有这样，才能准确计算扶正舱能够扶正的角度，对于破损进水舱室的不明进水局势，则无法准确对其进行扶正。但是在实战情况下，由于多舱大面积的破损进水，舰艇将会产生负初稳度。如果此时仍然通过施加反向力矩的方法平衡舰艇，不仅达不到平衡舰艇的效果，还可能造成更大的倾斜，甚至直接导致舰艇倾覆。

8.4.2 扶正方案生成方法

1. 对于仅由负初稳度引起的倾斜的扶正

对于第一种破损进水情况，舰艇扶正的基本策略是提高初稳度，并且不产生外加的倾斜力矩。对于该种情况，当初稳度恢复到正值时，舰艇自然扶正，不需要再施加反向力矩，具体扶正方法如图 8.4.1 所示。

首先设定能够消除负初稳度方案可利用的抗沉资源，然后针对不同抗沉资源分别生成消除负初稳度的单扶正方案。能够消除负初稳度的抗沉资源包括中性面以下可以压载的液舱或液舱对、中性面以上可以卸载的载荷、可以铅垂向下移动的载荷及可消除自由液面的进水舱室。

在进行单个扶正方案的生成时，重点考察舱室容积中心(或载荷重心)的空间位置，对上述不同抗沉资源生成的消除负初稳度单扶正方案设计分别如下。

(1) 对中性面以下可以压载的液舱或液舱对的抗沉资源，生成的单扶正方案为可压载方案。该方案具体包括：舱室容积中心横向对称，并且舱室容积中心在中性面以下的单个空油舱或单个空水舱；舱室容积中心左右舷对称，并且舱室容积中心都在中性面以下的一对空油舱或一对空水舱。

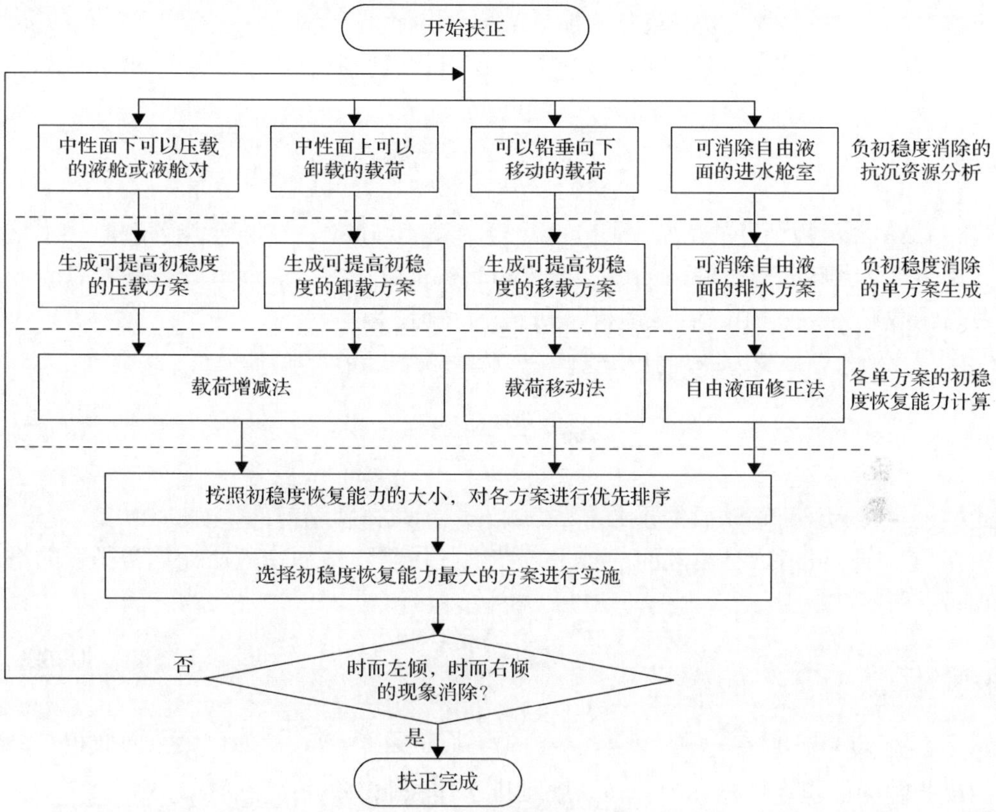

图 8.4.1　消除负初稳度流程图

(2) 对舰艇中性面以上可卸载的载荷的抗沉资源，生成的单扶正方案为可卸载方案。该方案具体包括：舱室容积中心横向对称，且舱室容积中心在中性面以上的弹药舱；舱室容积中心左右舷对称，并且舱室容积中心都在中性面以上的一对弹药舱；重心横向对称且在中性面以上的小艇、舢板等；舱室容积中心横向对称，并且舱室容积中心在中性面以上的单个满油舱或单个满水舱；舱室容积中心左右舷对称，并且舱室容积中心都在中性面以上的一对满油舱或一对满水舱。

(3) 对可以铅垂向下移动的载荷的抗沉资源，生成的单扶正方案为可移载方案。该方案具体包括：液体载荷(油料和淡水)从上部到下部导移且不引起横向倾斜；固体载荷(弹药和其他可移动载荷)从上部到下部导移且不引起横向倾斜。

(4) 可消除自由液面的进水舱室的抗沉资源，生成的单扶正方案为可消除自由液面的排水方案。该方案具体包括：船体破损进水且存在自由液面的舱室；消防积水且存在自由液面的舱室。

对所有单扶正方案，首先分别计算其实施后的初稳度增加量，然后对所有初稳度增加量进行比较，选取初稳度增加量最大的单扶正方案实施船体扶正，单个扶正方案的优劣排序仅有初稳度的增加量这一个指标，其计算方法包括以下三种情况。

(1) 对于可压载方案和可卸载方案，使用载荷增减法计算初稳度的增加量：

$$\Delta h=\frac{q_{\mathrm{w}}}{P+q_{\mathrm{w}}}\left(T+\frac{\Delta T}{2}-h_{\mathrm{ini}}-z_q\right) \tag{8.4.1}$$

式中，Δh 表示初稳度的增加量(m)；q_{w} 表示载荷重量(t)；P 表示当前舰艇排水量(t)；ΔT 表示吃水变化量(m)；h_{ini} 表示初始初稳度(m)；z_q 表示载荷重心高(m)。若是压载则 q_{w} 为正值；若是卸载，则 q_{w} 为负值。

(2) 对于可移载方案，使用载荷移动法计算初稳度的增加量：

$$\Delta h=\frac{q_{\mathrm{w}}(z_2-z_1)}{Ph} \tag{8.4.2}$$

式中，z_2 表示载荷移动后的重心高(m)；z_1 表示载荷移动前的重心高(m)。

(3) 对于可消除自由液面的排水方案，使用自由液面修正法计算初稳度的增加量：

$$\Delta h=\frac{\rho_1 i_x}{\rho_{海}V} \tag{8.4.3}$$

式中，ρ_1 为舱内液体密度(t/m^3)；$\rho_{海}$ 为海水密度(t/m^3)；i_x 为自由液面面积对液面横倾轴的面积惯性矩(m^4)；V 为舰艇排水体积(m^3)。

单扶正方案实施舰艇扶正后，判断舰艇是否存在不定期停留在左舷或右舷的现象，也就是判断舰艇的初稳度是否依然是负值；若存在，则按照上述过程继续生成最优的单扶正方案实施，直到舰艇初稳度为正值，此时舰艇将恢复到正直状态；若不存在，则说明舰艇扶正完成，舰艇已恢复到正直状态。

2. 对于仅由不对称进水引起的倾斜的扶正

对于第二种破损进水情况，舰艇扶正的基本策略是通过液舱调整施加反向力矩。在实际的进水灾害中，破损进水舱室往往无法完全查明，因此必须采取试探性分布修正调整的方法扶正。试探性分布修正调整扶正的基本思想如下：首先选择一个较小的角度进行试扶正，然后根据扶正结果对标板图进行修正，进行再扶正。具体步骤如下：

(1) 检测当前舰艇的破损倾斜角度 $\theta_{破损倾斜}$，根据破损倾斜角度确定试扶角度 $\theta_{试扶}$，试扶角度为当前破损倾斜角度的 1/3，即 $\theta_{试扶}=\theta_{破损倾斜}/3$。

(2) 在标板图上选取横倾角变化量相加与试扶角度相近的一组扶正舱室进行压载。记选取的一组扶正舱室的横倾角变化量相加为标板扶正角度 $\theta_{标板扶正}$，标板扶正角度与第一次试扶角度相近的标准为 $\theta_{标板扶正}=\theta_{试扶}\pm 1°$；一组扶正舱室可以包括一个舱室或多个舱室。如果有多个试扶正方案，那么以既能消除横倾又能消除纵倾，并且 $\theta_{试扶}$与 $\theta_{标板扶正}$相差最小的方案为优先选用方案。

(3) 压载实施后，检测舰艇的扶正倾斜角度 $\theta_{扶正倾斜}$，若扶正倾斜角度 $\theta_{扶正倾斜}$小于等于 1°，则说明舰艇扶正完成，结束操作；若扶正倾斜角度 $\theta_{扶正倾斜}$大于 1°，则进入下一步。

(4) 根据扶正倾斜角度确定实际扶正角度：$\theta_{实际扶正}=\theta_{破损倾斜}-\theta_{扶正倾斜}$，根据实际扶正角度和标板扶正角度计算修正系数：

$$k=\frac{\theta_{实际扶正}}{\theta_{标板扶正}}\frac{P}{P+q} \tag{8.4.4}$$

式中，P 为舰艇当前排水量；q 为扶正舱室的载荷增量，压载为正值，卸载为负值。

(5) 根据修正系数对标板图上的横倾角变化量进行修正，修正方法为将标板图上的每个舱室的横倾角变化量都乘以修正系数；在修正后的标板图上选取横倾角变化量相加与扶正倾斜角度相近的一组扶正舱室进行压载扶正，一组扶正舱室可以包括一个舱室或多个舱室。记选取修正后的一组扶正舱室的横倾角变化量相加为修正标板扶正角度 $\theta_{修正标板扶正}$，修正标板扶正角度与扶正倾斜角度相近的标准为 $\theta_{修正标板扶正}=\theta_{试扶}\pm1°$。当检测的舰艇横倾角在 1°之内时，即可认为是安全状态。

3. 对于由负初稳度和不对称进水联合引起的倾斜的扶正

对于第三种破损进水情况，首先消除负初稳度，然后采取试探性分布修正调整的方法施加反向力矩进行扶正。消除负初稳度的方法与上述第一种破损进水情况的处置方法相同，试探性分布修正调整扶正的方法与上述第二种破损进水情况的处置方法相同。

8.4.3　液舱调整案例计算

如图 8.4.2 所示，在液舱不沉性标板图案例中，每个舱室的左上角数字表示液舱容积，右上角数字表示液舱灌注引起的倾差值，左下角数字表示液舱灌注后的横倾角变化量，右下角数字表示液舱灌注后的初稳度变化量。针对第二种破损进水情况，设当前舰艇左舷艉部进水，但具体进水的舱室不明。已知当前舰艇向左倾斜 6°，即破损倾斜角度 $\theta_{破损倾斜}=6°$，则使用试探法(施加反向力矩法)实施的步骤如下(假设舰艇排水量 P 为 1000t)：

(1) 选取试扶角度为当前破损倾斜角度的 1/3，即 $\theta_{试扶}=\theta_{破损倾斜}/3=2°$。

(2) 在标板图上选择一组扶正舱室进行压载，使其扶正角度尽量为试扶角度。由于左舷艉部进水，因此选择右舷艏部的舱进行压载。1 号舱压载后，正好扶正 2°，与试扶角度相等，因此首先选择 1 号舱压载实施。

(3) 1 号舱压载实施后，现测得舰艇仍然向左倾斜 2°，这说明实际扶正角度为 6°–2°=4°，则修正系数 k 为

$$k=\frac{\theta_{实际扶正}}{\theta_{标板扶正}}\frac{P}{P+q}=\frac{4}{2}\times\frac{1000}{1000+14}\approx 1.97$$

(4) 对于标板图中每个液舱压载后的横倾角扶正值都乘以 1.97，可得 3 号舱压载后横倾角变化量为 2.56°。在该舱压载后，舰艇将向右舷倾斜 0.56°(2.56°–2°)，右倾 0.56°的舰艇可认为处于安全状态。综上所述，舰艇扶正方案为先压载 1 号舱，再压载 3 号舱，舰艇扶正完毕。

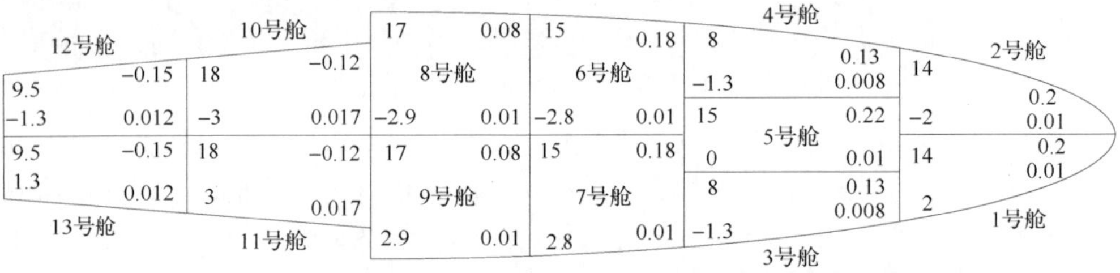

图 8.4.2　液舱不沉性标板图

8.5　横贯进水干预模型

舰艇发生破裂、碰撞、搁浅后产生的不对称进水会使舰艇产生严重的横倾。为减少不对称进水导致的倾覆危险，一种常见的平衡舰艇的方式为横贯进水。横贯进水通过连通管将破损舱室的海水导入另一舷的平衡舱。

为了对直线型连通管的平衡干预能力进行仿真，本节首先归纳前人提出的横贯进水时间的计算方法，然后提出连通管流速的计算公式，为横贯平衡舱及连通管的参数设计和舰艇横贯进水过程中的不沉性评估提供依据与参考。

8.5.1　连通管的基本样式

当前的连通管有三种基本样式：直线型、反 U 型、双管型。连通管的位置与大小对于最终横贯进水的性能具有重要影响，需要对其影响进行分析。

1. 直线型连通管

直线型连通管是所有横贯进水样式中最简单的，如图 8.5.1 所示。其将船舷低端的两个液舱用直管连接起来。这是一种完全被动式系统，当液面高于连通管时，它会自动开始横贯进水。当空舱引起船两舷不对称时，经常使用直线型连通管。

然而直线型连通管不适合连接两个液舱，因为连接两个液舱会增加自由液面，还会导致两种液体混合而互相污染。也可以在直线型连通管中添加阀门以避免在正常状态下液体的混合。这意味着灾害发生后，需要人工开启阀门，人员行动需要时间可能导致额外风险和横贯进水时间延迟。

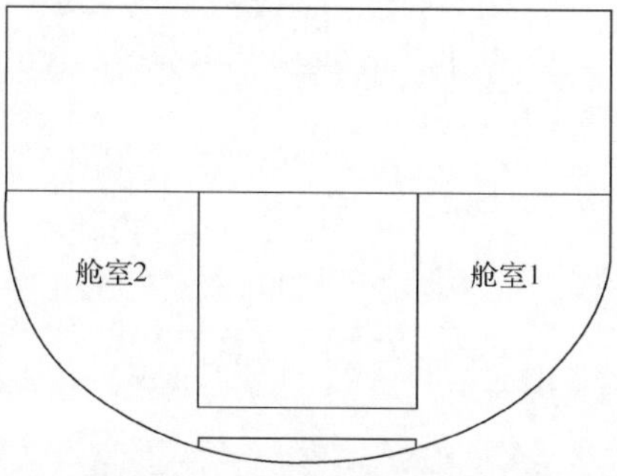

图 8.5.1　直线型连通管横截面

2. 反 U 型连通管

反 U 型连通管以与直线型连通管相同的方式将两液舱连接起来，如图 8.5.2 所示。反 U 型连通管减少了舰艇正常运动期间液体混合的可能性。只要反 U 型管的顶端持续低于水线，舰艇受损后液体将可以进行横贯进水。如果反 U 型连通管管道顶端高于水线，那么反 U 型连通管将失去作用。反 U 型连通管需要仔细设计以保证舰艇受损后能发挥作用。

双底液舱的管道布置与反 U 型连通管相似，将双底液舱连接起来，如图 8.5.3 所示。在正常状态下，液舱中的液体将无法混合。如果受损后连通管持续低于水线，液舱将发生横贯进水。

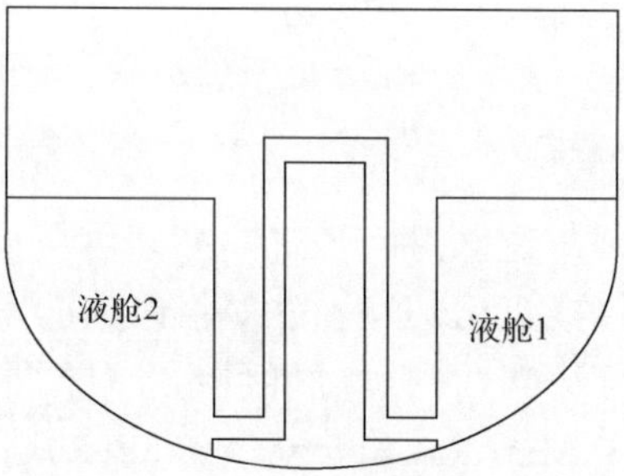

图 8.5.2　反 U 型连通管横截面

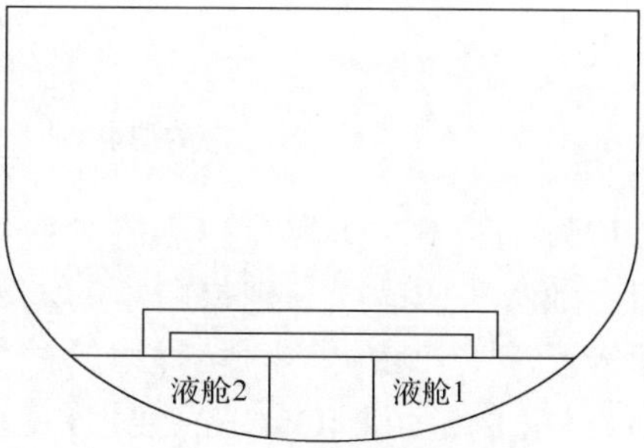

图 8.5.3　双底液舱横截面

3. 双管型连通管

双管型连通管如图 8.5.4 和图 8.5.5 所示。由于两条连通管的入口较高，液舱内的液体达到一定高度后才会开始横贯进水，因此双管型连通管的布置方式可以减少甚至避免液舱之间的混合。

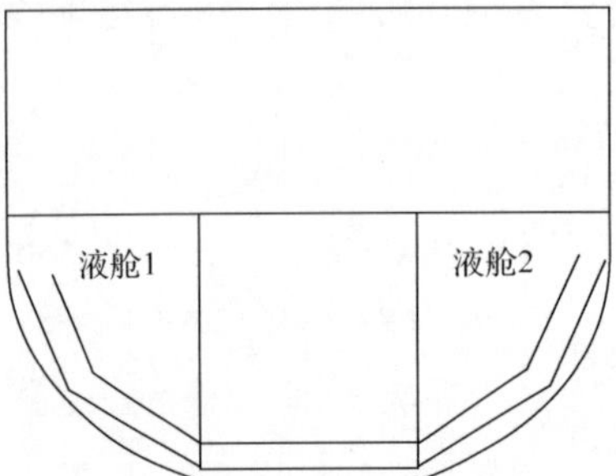

图 8.5.4　双管型连通管横截面

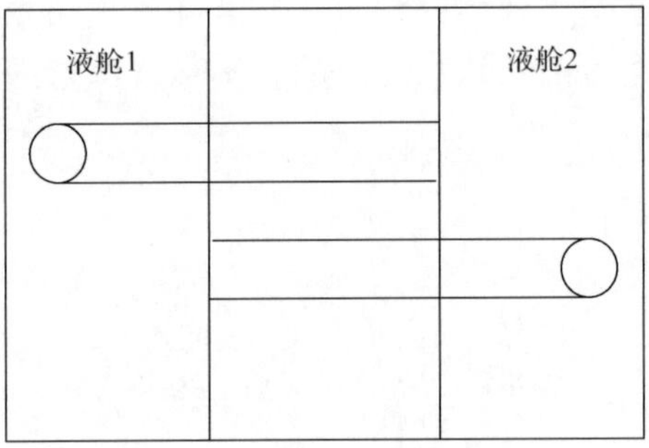

图 8.5.5　双管型连通管俯视图

8.5.2　横贯进水时间的计算公式

对于直线型流通管，其横贯进水的过程如图 8.5.6 所示。横贯进水的初始条件是不对称进水。在 t=0 时刻，海水通过直线型连通管开始横贯进水。在横贯进水过程中，忽略可能出现的液面晃荡，假设液面始终保持水平。

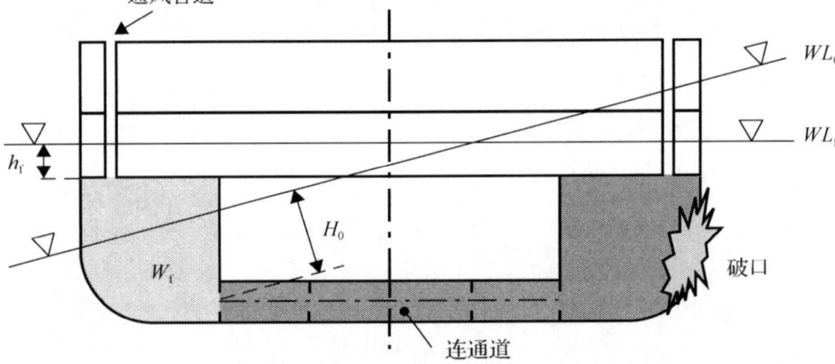

图 8.5.6　横贯进水示意图

1961 年，Solda 基于以下两个假设提出了横贯进水时间公式：横倾角与管道出口有效水头的减少与破损舱室的进水体积直接成正比；海水立即将破损舱室和连通管灌满[15]。依据 Solda 提出的横贯进水简化公式，国际海事组织经过四十多年的修订，制定了 MCS.362(92)(MCS 的全称为 Maritime Safety Committee)评估横贯进水的标准方法的推荐性标准，得出了式(8.5.1)～式(8.5.3)[16]。

横倾角从 θ_0 到 θ_f 所用的时间为

$$t_{\mathrm{f}}=\frac{2W_{\mathrm{f}}}{S_{\mathrm{p}}C_{\mathrm{d,eff}}}\frac{1}{\sqrt{2gH_0}}\frac{1}{1+\sqrt{\dfrac{h_{\mathrm{f}}}{H_\theta}}} \tag{8.5.1}$$

横倾角从 θ 到 θ_{f} 所用的时间为

$$t_\theta=\frac{2W_\theta}{S_{\mathrm{p}}C_{\mathrm{d,eff}}}\frac{1}{\sqrt{2gH_\theta}}\frac{1}{1+\sqrt{\dfrac{h_{\mathrm{f}}}{H_\theta}}} \tag{8.5.2}$$

横倾角从 θ_0 到 θ 所用的时间为

$$t_{\mathrm{cf}}=t_{\mathrm{f}}-t_\theta \tag{8.5.3}$$

式中，$C_{\mathrm{d,eff}}$ 为所有连通管的等效流量系数，无量纲；S_{p} 为连通管的横截面积(m^2)；θ_0 为横贯进水开始时的横倾角；θ_{f} 为最终平衡时的横倾角；θ 为横贯开始与结束之间任意时刻的横倾角(°)；W_{f} 为使舰艇的横倾角从 θ_0 变为 θ_{f} 的横贯水量；W_θ 为使舰艇的横倾角从 θ 变为 θ_{f} 的横贯水量(m^3)；H_0 为横贯进水开始时的水头；H_θ 为横倾角 θ 对应的水头；h_{f} 为横贯进水结束时的水头(m)。

其中，横贯水量为经过连通管从受损舱室到平衡舱室的水量，当 $h_{\mathrm{f}}=0$ 时，平衡舱室的液面与海平面一样高；$\theta_{\mathrm{f}}\leqslant\theta$ 恒成立。

所有连通管的有效流量系数为

$$C_{\mathrm{d,eff}}=\frac{1}{\sqrt{\left(\sum k_i\right)+1}} \tag{8.5.4}$$

如果连通管的横截面不是圆形，那么连通管等效横截面积的表达式为

$$S_{\mathrm{equiv}}=\frac{4\pi\cdot A^2}{p^2} \tag{8.5.5}$$

式中，A 为横截面面积(m^2)；p 为横截面周长(m)。

8.5.3　连通管流速的计算

对于直线型流通管，其流量系数为

$$C_{\mathrm{d}}=\frac{1}{\sqrt{1+f\dfrac{L_{\mathrm{p}}}{D_{\mathrm{p}}}}} \tag{8.5.6}$$

式中，f 为 Darcy 摩擦因子，取常量 0.02；L_{p} 为连通管的长度；D_{p} 为连通管的等效直径。

不带遥控阀的连通管的进水速度为

$$q = C_{\mathrm{d}} \cdot S_{\mathrm{p}} \sqrt{2g(H_{\mathrm{out}} - H_{\mathrm{in}})} \tag{8.5.7}$$

式中，S_{p} 为连通管的横截面积；g 为重力加速度；H_{out} 为破损舱室的水位高；H_{in} 为平衡舱室的水位高。

带遥控阀的连通管的进水速度为

$$q = \begin{cases} 0, & t < t_{\mathrm{s}} \\ C_{\mathrm{d}} \cdot S_{\mathrm{p}} \sqrt{2g(H_{\mathrm{out}} - H_{\mathrm{in}})}, & t \geqslant t_{\mathrm{s}} \end{cases} \tag{8.5.8}$$

式中，t_{s} 为遥控阀开启时间。

平衡舱的进水量为

$$v_{\mathrm{b}} = \sum_{t} (\Delta t \cdot q) \tag{8.5.9}$$

8.6　调整舰艇姿态的自动平衡装置

当舰艇受到攻击后，舰艇会破损进水并且发生横向倾斜和纵向倾差。为了提高舰艇的浮性和稳性，必须迅速调整舰艇的姿态，尽量使舰艇处于正直漂浮状态。由于海水漫延的速度较快，因此必须在很短的时间内，根据舰艇当前的姿态、油舱装载状态、水舱装载状态、舱室破损状况等信息，合理遥控控制压载泵、排水泵、平衡阀、燃油泵、淡水泵，对舱室进行压载、卸载和(或)移载，进而扶正舰艇。舰艇液舱可调整方案较多，因此如何自动有效地控制上述设备和阀门，进行舱室压载、卸载和移载，是舰艇破损进水后必须解决的问题。

要实现舰艇姿态的自动平衡调整，需要实时探测舰艇的横倾角、艏吃水、艉吃水、舱室破损进水状态、液舱液位高度及各舱灌注要素值，即各舱灌注进水后，对舰艇横倾角、艏吃水、艉吃水和初稳度的影响。然而，目前各舱灌注要素值是记录在纸质不沉性标板图上的。由于其他监控设施和不沉性标板图之间相互独立，无法进行数据交换，因此舰员必须综合分析两者的信息才能得出准确的调整方案。面对舰艇的破损进水，舰员在紧张的心理压力下，必然会降低姿态平衡指挥的速度。因此，迫切需要一种能够同时融合舰艇姿态信号、舱室进水信号、液舱液水位高度信号、不沉性标板图数据信息及压载泵、排水泵、平衡阀、燃油泵、淡水泵等平衡设施控制信号的自动平衡装置，以提高舰艇平衡决策和实施的速度。

另外，舰艇在进行姿态平衡的调整时，首先要进行试扶正。试扶正后，舰员需要根据舰艇实际扶正的横倾角度与标板图上标注角度的比例关系，对不沉性标板图的舱室灌注要素值进行修正，并利用修正后的数据进行再扶正。然而，传统的手工修正方法将严重影响舰艇姿态平衡的准确度和效率。自动平衡装置可根据当前舱室进水信号、各液舱液位高度信号、试扶正方案及舱室灌注后的舰艇横倾角的变化情况，自动修正舱室灌注要素值，进而决策下一步的扶正方案，提高姿态平衡实施的速度。

8.6.1　自动平衡装置的组成

本小节介绍一种集舱室进水信号、液舱液位高度信号、舰艇姿态信号、舱室灌注要素数据、平衡设施控制信号于一体的，具备舱室灌注要素数据自动修正、平衡设施自动开启控制的自平衡装置。

自平衡装置是以网络化、分布式测量与控制系统为核心进行数据采集、监视报警、数据修正、智能决策和自动控制的，装置通过计算机屏幕、按键、鼠标进行人机交互，采用双冗余通信网络和屏幕方式显示。上部安装液晶显示器，下部安装微机、打印机和不间断电源。自平衡装置主要硬件设备包括传感器设备模块、数据采集模块、上位管理机模块、控制设备模块和通信接口模块五个部分。

1）传感器设备模块

传感器设备模块包括液舱液位高度传感器设备、舱室破损进水传感器设备及舰艇姿态参数传感器设备。液舱液位高度传感器设备包括各类油舱液位高度传感器、各类淡水舱液位高度传感器。油舱和淡水舱均采用模拟量液位传感器。舱室破损进水传感器设备包括一般舱室进水传感器、防爆式舱室进水传感器及手动呼叫报警器。舰艇姿态参数传感器设备包括舰艇横倾角传感器、舰艇艏吃水传感器及舰艇艉吃水传感器。

2）数据采集模块

数据采集模块包括油舱液位数据采集模块、水舱液位数据采集模块、阀门开关数据采集模块、吃水数据采集模块和横倾角数据采集模块。

3）上位管理机模块

上位管理机模块包括模拟量接口模块、数字量接口模块、微处理器模块和控制接口模块。

模拟量接口模块包括液舱液位高度传感器的模拟量接口和舰艇姿态参数传感器的模拟量接口。

数字量接口模块包括一般舱室进水传感器的数字量接口、防爆式舱室进水传感器的数字量接口及手动呼叫报警器的数字量接口。

微处理器模块包括舱室灌注要素显示模块、平衡调整逻辑智能推理模块、舱室灌注要素修正控制逻辑和控制接口模块。

舱室灌注要素显示模块通过屏幕显示方式实现，主要包括：舰艇舱室布置的显示，舱室灌注要素指标的显示，舱室是否破损进水的显示，舱室液位高度的显示，舰艇横倾角、艏吃水和艉吃水的显示，姿态调整控制方案的显示。

平衡调整逻辑智能推理模块分为两个阶段。第一个阶段是试平衡阶段。自平衡装置首先根据各液舱的液位高度和舱室破损进水、舰艇当前的姿态、舰艇各舱室具体分布情况，通过软件的逻辑判断，优先选出用于平衡当前舰艇姿态的舱室或舱室对(即确定姿态平衡方案)，经舰员确认后进行试扶正。如图 8.6.1 所示，在确定试扶正方案之后，自平衡装置将通过逻辑控制关系表，发出逻辑控制信号。逻辑控制信号经过控制逻辑关系分解模块，将控制信号一一对应到执行机构的控制器上。控制器将控制执行机构的启闭，并改变液舱的液位高度和舱室破损进水的状态。当液舱的液位高度和舱室破损进水的状态改变后，舰艇的横倾角、艏吃水和艉吃水将发生改变。自平衡装置将根据试扶正后的舰艇姿态，判断是否安全，若仍不安全，则首先需要按照图 8.4.2 所示的不沉性标板图和图 8.6.2 所示的舱室灌注要素修正控制逻辑对灌注要素进行修正，再按照图 8.6.1 的自平衡调整逻辑进行姿态调整，这就是自平衡的第二个阶段。

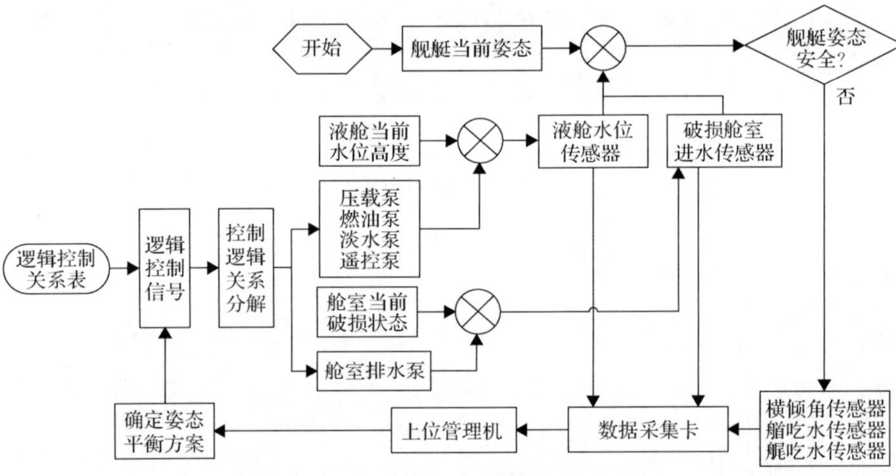

图 8.6.1　自平衡调整逻辑智能推理模块

舱室灌注要素修正控制逻辑如图 8.6.2 所示。初始修正系数为 1。在 t=0 时刻，上位管理机将舰艇当前的横倾角值记入内存。在 $t=t_1$ 时刻，确定试扶正方案并按照控制逻辑实施后，自平衡装置将自动采集舰艇试扶正后的横倾角，并与 t=0 时刻的横倾角度做差值计算。差值是实际扶正的舰艇横倾角度。将实际扶正的舰艇横倾角度与理论扶正的横倾角度做除法运算，得到修正系数。接下来，将修正系数与舱室灌注要素的横倾角值做乘积运算，实现对舱室灌注要素的修正。在第二个阶段的自平衡控制时，将按照修正后的舱室灌注横倾角进行扶正。

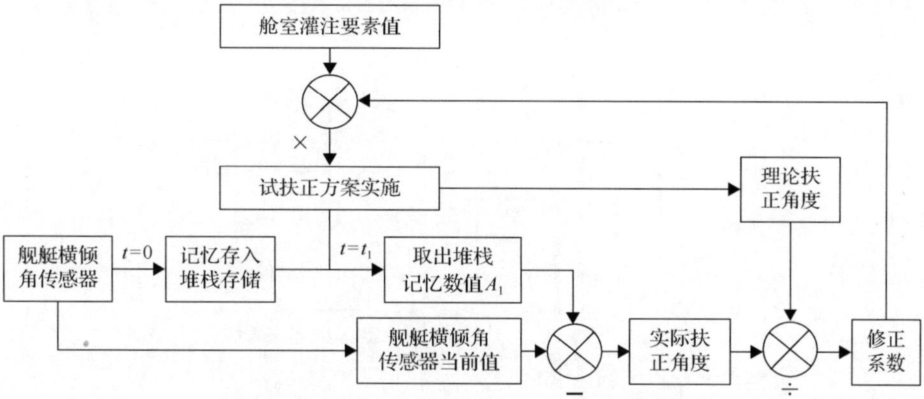

图 8.6.2　舱室灌注要素修正控制逻辑

本小节设计的自平衡调整逻辑智能推理模块(图 8.6.1)、舱室灌注要素修正控制逻辑(图 8.6.2)和不沉性标板图(图 8.4.2)集成于上位管理机模块中。

控制接口模块包括逻辑控制模块、控制逻辑关系分解模块、控制结果反馈模块。舰艇单步姿态调整方案通过逻辑控制关系表与控制逻辑相对应，并通过控制逻辑关系分解模块，将逻辑控制关系分解到具体的控制单元和执行机构上。控制单元和执行机构的完成情况、故障情况将通过控制结果反馈模块反馈到控制接口模块和微处理器模块上。

4) 控制设备模块

控制设备模块包括压载泵控制器、平衡阀控制器、排水泵控制器、燃油泵控制器和淡水泵控制器。

5) 通信接口模块

通信接口模块包括液舱液位通信接口模块和舰艇姿态通信接口模块。通信接口模块接入全舰平台网络，进而将相关信息传送到驾驶室、主推进监控台等相关部位。

8.6.2　自动平衡装置的实施流程

当舰艇破损进水后，自平衡装置将根据当前舰艇横倾角传感器、舰艇艏吃水传感器和舰艇艉吃水传感器的值，判断舰艇当前的漂浮姿态是否安全。若不安全，则自平衡装置将根据当前液舱液位高度传感器、舱室破损进水传感器的读数，通过自平衡控制逻辑进行自动平衡的实施。如图 8.6.1 和图 8.6.3 所示，该调整舰艇姿态的自平衡装置，以通信网络为核心，实现数据采集模块、控制设备模块、上位管理机模块、通信接口模块的互联。

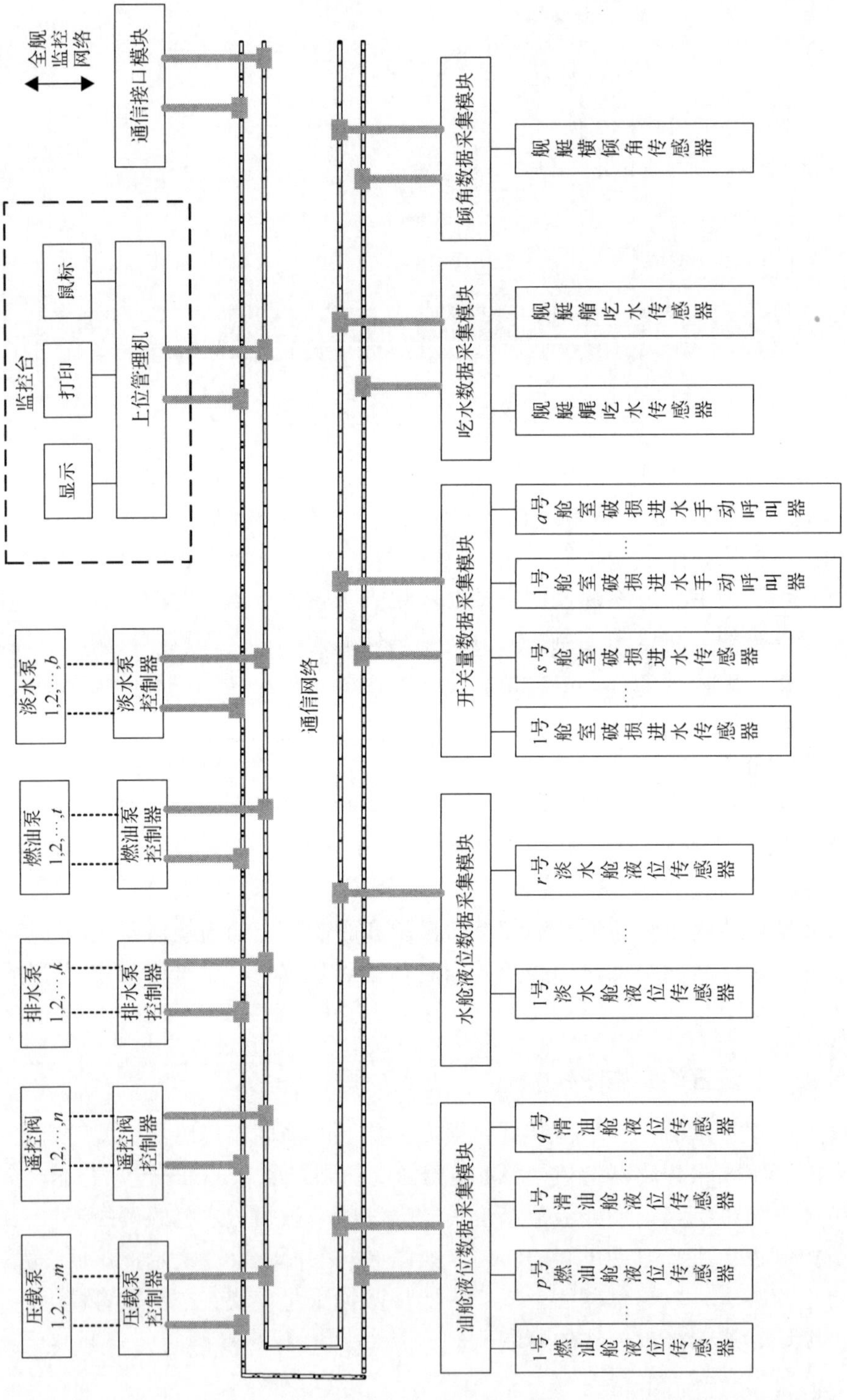

图 8.6.3　自平衡装置结构组成

通信网络可以采用现场总线网络、工业以太网或其他网络架构，主要实现数据传输的功能。现场传感器的信号经过数据采集模块的处理后，接入双冗余通信网络。采用双冗余网络是为了提高系统的可靠性和战损时的生命力。

数据采集模块与传感器配合使用，用于处理传感器的输出信号，处理后转化为数字信号，发送到通信网络。油舱数据采集模块与燃油舱液位传感器、滑油舱液位传感器配合使用，水舱数据采集模块与淡水舱液位传感器、灰水舱液位传感器、黑水舱液位传感器配合使用，开关量数据采集模块与舱室破损进水传感器、舱室破损进水手动呼叫器配合使用，吃水数据采集模块与舰艇艏吃水传感器、舰艇艉吃水传感器配合使用，倾角数据采集模块与舰艇横倾角传感器配合使用。传感器类型和数量可以根据具体舰艇的舱室布置情况选用，数据采集模块类型和数量可以根据传感器的类型和具体数量选用。

上位管理机通过通信网络获取各数据采集模块发送的数据，包括各液舱液位、横倾角、艏吃水、艉吃水、舱室破损进水状态，根据上述数据和舰艇舱室布置情况、舱室灌注要素进行智能决策，然后通过通信网络发出控制信号。上位管理机监控台的显示功能和控制功能包括舱室灌注要素显示、液舱液位显示、舱室破损进水显示、艏吃水显示、艉吃水显示、横倾角显示、压载泵控制、遥控阀控制、排水泵控制、燃油泵控制和淡水泵控制。

控制器包括压载泵控制器、遥控阀控制器、排水泵控制器、燃油泵控制器、淡水泵控制器。控制器通过通信网络接收上位管理机发出的控制信号，根据控制信号实施泵或遥控阀的控制。压载泵控制器用于控制压载泵的启闭，遥控阀控制器用于控制遥控阀的启闭，排水泵控制器用于控制排水泵的启闭，燃油泵控制器用于控制燃油泵的启闭，淡水泵控制器用于控制淡水泵的启闭。泵或遥控阀的类型和数量可以根据具体舰艇的布置情况选用。

通信接口模块用于自平衡装置网络与全舰平台网络的转换和互联，实现自平衡装置与驾驶室等相关部位的数据传输。

参 考 文 献

[1] Ruponen P. Adaptive time step in simulation of progressive flooding[J]. Ocean Engineering, 2014, 78: 35-44.

[2] Ruponen P. Progressive flooding of a damaged passenger ship[D]. Helsinki: Helsinki University of Technology, 2007.

[3] Boulougouris E, Papanikolaou A. Risk-based design of naval combatants[J]. Ocean Engineering, 2013, 65: 49-61.

[4] 林力，张维英，胡丽芬. 舰艇损害管制技术发展综述[J]. 舰艇科学技术, 2015, 37(3): 1-9.

[5] Katayama T, Ikeda Y. An experimental study of fundamental characteristics of inflow velocity from damaged opening[C]//Proceedings of the 8th International Ship Stability Workshop, Istanbul, 2005.

[6] Gao Z, Vassalos D, Gao Q. Numerical simulation of water flooding into a damaged vessel's compartment by the volume of fluid method[J]. Ocean Engineering, 2010, 37: 1428-1442.

[7] Zhang A M, Cao X Y, Ming F R, et al. Investigation on a damaged ship model sinking into water based on three dimensional SPH method[J]. Applied Ocean Research, 2013, 42: 24-31.

[8] 李佳. 船舶破舱浸水的横摇运动时域计算及破舱稳性研究[D]. 上海: 上海交通大学, 2009.

[9] Peniston B. No Higher Honor-Saving the USS Samuel B. Roberts in the Persian Gulf[M]. Annapolis: Naval Institute Press, 2006.

[10] 韩洋. 海军濒海作战的“轻骑兵”——沿海作战舰艇[J]. 现代军事, 2003,(4): 43, 44.

[11] 笪靖. 浅谈船舶堵漏措施[J]. 中国水运, 2007, 5(7): 11, 12.

[12] 胡丽芬, 马坤, 纪卓尚, 等. 破损舰艇最小初稳性高计算方法研究[J]. 武汉理工大学学报(交通科学与工程版), 2012, 36(6): 1225-1227.

[13] 胡丽芬, 马坤, 纪卓尚. 负初稳性高不对称进水时舰艇抗沉方案研究[J]. 中国造船, 2010, 51(4): 142-148.

[14] 胡丽芬. 舰艇抗沉辅助决策系统研究[D]. 大连: 大连理工大学, 2009.

[15] Solda G S. Equalization of unsymmetrical flooding[J]. Transactions of the Royal Institution of Naval Architects, 1961, 103: 219-225.

[16] MSC.362(92). Resolution revised recommendation on a standard method for evaluating cross-flooding arrangements[S]. International Maritime Organization, 2013.

第 9 章　损伤管网的隔离与路径重构

现代舰艇在设计过程中就考虑到了网络状管系中的设备和管网之间的冗余备份，使得当舰艇遭受损伤后设备不会全部损伤，从而提高舰载系统的最大剩余任务能力。当管系发生破损后，需要舰员能够对破损设备进行隔离，避免灾害向相邻的舱室和设备蔓延，并且需要舰员重构路径，使完好设备尽可能地发挥作用。

9.1　水灭火系统的损伤隔离与路径重构

9.1.1　舰艇水灭火系统图模型

舰艇水灭火系统贯穿全舰，系统中含有众多的隔离阀和管路，其连接关系非常复杂。水灭火系统的功能(管路压力、流量)与其部件(泵、管路、隔离阀)之间的映射为网状关系，任意部件的损伤都会导致整个系统运行状态的变化。因此，为了定性地描述水灭火系统结构的不同状态，需要对其进行图形建模，即建立起具有一定规范的水灭火系统图模型。本节将采用基于封闭区域与节点功能分类的系统图形建模方法，完成水灭火系统在正常与受损两种状态下的图模型建立。

9.1.2　封闭区域模型

舰艇上的水灭火系统具有明显的点线特征，因此都可以建立图模型。运用图论中的有关知识建立图模型的连通矩阵，从而建立其水灭火系统的数学模型。

为了便于建立有关系统模型，需要定义以下基本概念。

(1) 封闭区域是指损伤后对水灭火系统生命力造成相同影响的设备集合。

(2) 包含能够向系统有效供水的消防泵的封闭区域为源封闭区域。源封闭区域属于特殊的封闭区域，具有封闭区域的基本特性。

(3) 对于水灭火系统图模型 $\boldsymbol{G}=(\boldsymbol{V}, \boldsymbol{E})$，即 $v_i\in \boldsymbol{V}$ $(i=1, 2, \cdots, n)$为图中的顶点，代表系统的封闭区域；$e_k\in \boldsymbol{E}$ $(k=1, 2, \cdots, m)$为图中的线，代表系统中的阀门。令 v_i、v_j 为 e_k 的两个端点，构造矩阵 $\boldsymbol{L}=(l_{i,j})_{n\times n}$ $(n=|\boldsymbol{V}|)$，若 $l_{i,j}$ 的取值满足

$$l_{i,j}=\begin{cases}1, & \langle v_i, v_j\rangle\in \boldsymbol{E}\text{且}e_k\text{开启}\\ 0, & \text{其他}\end{cases} \tag{9.1.1}$$

则称矩阵 $\boldsymbol{L}$ 是图 $\boldsymbol{G}$ 的连通矩阵。

连通矩阵是反映水灭火系统图模型中连接各封闭区域的阀门开闭状态的数学

模型。连通矩阵是从图的邻接矩阵演化产生的。邻接矩阵不能反映出阀门的开闭状态。水灭火系统图模型与一般的图不同，图中的线代表阀门，它有开启和关闭两种状态。为了全面反映系统图模型的信息，特别定义了连通矩阵。

系统图模型的建立规则为：将水灭火系统图中的封闭区域收缩成一个点，将图中的阀门拉伸成一条线。

因为本节仅以水灭火系统为研究对象，下面将截取某两型舰艇的部分水灭火系统图，分别对单线式水灭火系统和环形式水灭火系统进行建模。

1. 单线式水灭火系统

某舰艇的某段水灭火系统图模型如图 9.1.1 所示。F_i(i=1～5)代表阀门，C_i(i=1～6)代表封闭区域。图 9.1.1 中各设备装备状态良好。在图 9.1.1 中，由泵、消火栓、阀门 F_1 及其相互连接的管路构成封闭区域 C_1；同样，阀门 F_1、F_2、F_3 之间的连接管路及管路上的消火栓构成封闭区域 C_2。

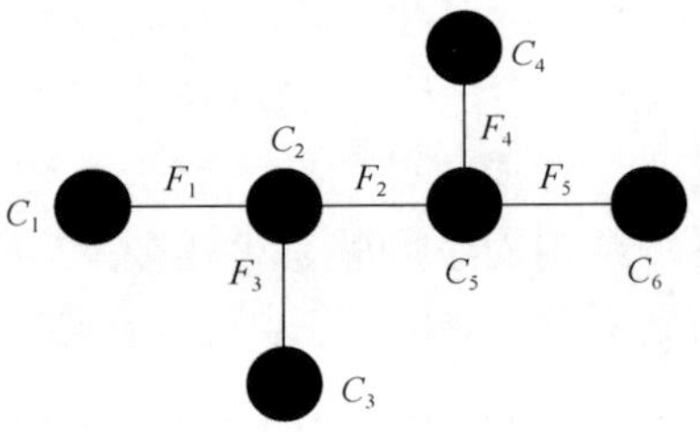

图 9.1.1　单线式水灭火系统图模型

当图 9.1.1 中的阀门都处于开启状态时，根据连通矩阵的定义，可建立如式(9.1.2)所示的连通矩阵 $\boldsymbol{L}_1$。

$$
\boldsymbol{L}_1 = \begin{array}{c} \\ C_1 \\ C_2 \\ C_3 \\ C_4 \\ C_5 \\ C_6 \end{array}
\begin{array}{c} \begin{array}{cccccc} C_1 & C_2 & C_3 & C_4 & C_5 & C_6 \end{array} \\
\begin{bmatrix} 0 & 1 & 0 & 0 & 0 & 0 \\ 1 & 0 & 1 & 0 & 1 & 0 \\ 0 & 1 & 0 & 0 & 0 & 0 \\ 0 & 0 & 0 & 0 & 1 & 1 \\ 0 & 1 & 0 & 1 & 0 & 1 \\ 0 & 0 & 0 & 1 & 1 & 0 \end{bmatrix} \end{array}
\tag{9.1.2}
$$

2. 环形式水灭火系统

某舰艇的水灭火系统消防水总管对应的图模型如图 9.1.2 所示。其中，F 表示隔离阀，C 表示隔离阀之间的封闭区域。

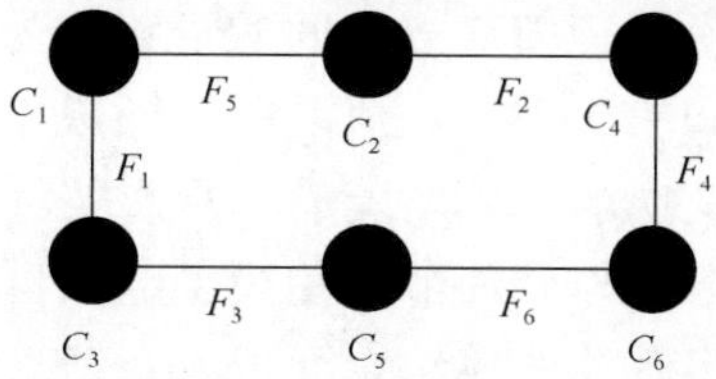

图 9.1.2　环形式水灭火系统图模型

通过图 9.1.2 所示的图模型，可建立其连通矩阵 $\boldsymbol{L}_2$，如式(9.1.3)所示。

$$
\boldsymbol{L}_2 = \begin{array}{c} \\ C_1 \\ C_2 \\ C_3 \\ C_4 \\ C_5 \\ C_6 \end{array} \begin{array}{c} \begin{matrix} C_1 & C_2 & C_3 & C_4 & C_5 & C_6 \end{matrix} \\ \begin{bmatrix} 0 & 1 & 1 & 0 & 0 & 0 \\ 1 & 0 & 0 & 1 & 0 & 0 \\ 1 & 0 & 0 & 0 & 1 & 0 \\ 0 & 1 & 0 & 0 & 0 & 1 \\ 0 & 0 & 1 & 0 & 0 & 1 \\ 0 & 0 & 0 & 1 & 1 & 0 \end{bmatrix} \end{array} \tag{9.1.3}
$$

9.1.3　节点模型

基于节点功能分类的水灭火系统图形建模方法包括以下四类节点：

(1) 第一类节点。将水灭火系统中来自不同方向管路的交叉点或交汇点定义为第一类节点。这类节点的特征是当管路中高压水流流经该点时，其流量与流动方向均发生改变。

(2) 第二类节点。将水灭火系统中的泵与各消防设备(如消火栓)定义为第二类节点。这类节点的特征是可被人为控制而用于改变舰艇水灭火系统内的供水总量，是决定水灭火系统供水状态的节点。

(3) 第三类节点。将水灭火系统中管路间的折转点或拐点定义为第三类节点。这类节点的特征是当管路中高压水流流经该点时，其流动方向发生改变，而流量大小保持不变。

(4) 虚拟节点。虚拟节点是指当舰艇水灭火系统出现损伤时，在图形建模过程中依据损伤情况与受损位置新添加的节点。由于该类节点在水灭火系统中没有表示实际的物理设备，故称为虚拟节点。在建模过程中虚拟节点将被视为图模型中实际存在的节点，而定义此类节点的目的是使原有的水灭火系统图模型可以根据出现的受损状态迅速地进行修正与更新。虚拟节点是实现受损舰艇水灭火系统图模型构建及系统运行状态参数仿真计算的关键节点。

舰艇水灭火系统的图模型由上述的第二类节点、第三类节点及虚拟节点构成。

在流动路径图模型中，任意两相邻节点之间的管路称为一个管路段，各管路段在图模型中用两相邻节点之间的边表示。流动路径图模型主要用于搜索舰艇水灭火系统内的供水路径及分析受损水灭火系统的修复方案。

这里采用邻接表结构存储与处理节点图模型的数据。邻接表是一种数据的链式存储结构，它由一个或多个单链表组合而成。单链表由一个表头节点与多个邻接节点组成。其中，表头节点是单链表的起始节点，它由 3 个域组成，分别用于存储节点的地址(location)、节点名称(name)及邻接点的地址指针(pointer)。邻接节点是在单链表中与表头节点相邻的节点，其结构只比表头节点少了一个节点名称域，其名称可由存储地址反映。两种节点的结构如图 9.1.3 所示。

表头节点

location	name	pointer

邻接节点

location	pointer

图 9.1.3　表头节点与邻接节点结构

在建立水灭火系统流动路径图模型对应的邻接表时，模型中的任一节点都将视为一个单链表的表头节点，而在图模型中与该节点相邻的节点将被视为单链表的邻接节点，因此流动路径图模型中的每个节点都对应于一个单链表。将所有节点对应的单链表按一定顺序排列，便可形成水灭火系统流动路径图模型的邻接表。根据邻接表的定义，结合图 9.1.4 可建立系统的邻接表结构，如图 9.1.5 所示。

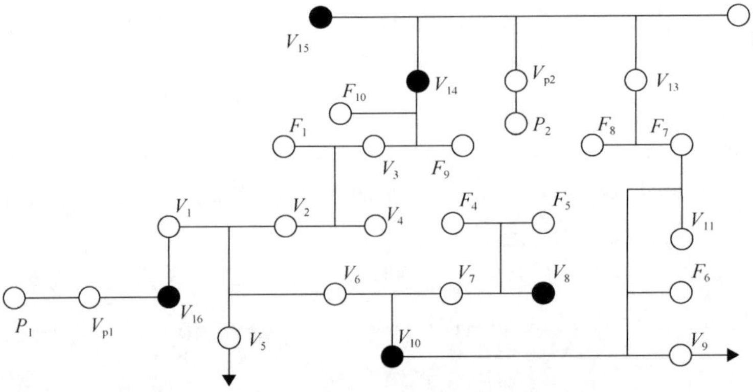

图 9.1.4　环形式水灭火系统图模型

通过图 9.1.5 中的邻接表可以很容易搜索到水消防节点图模型中任意一个节点所包含的所有邻接节点。例如，依据图 9.1.5 中的第三行，节点 V_3 所含邻接节点有 V_2、V_4、F_1、V_{14}、F_9、F_{10}。采用邻接表结构存储与处理图模型数据具有两个特点：①表头节点可以用顺序结构进行存储(如图 9.1.5 所示的表头节点地址为 0～31 排列)，这样便于访问与查找任意一个节点对应的单链表；②图模型中的隔离阀也被视作邻接表中的节点，从而使邻接表的建立过程不必考虑图模型中节点与

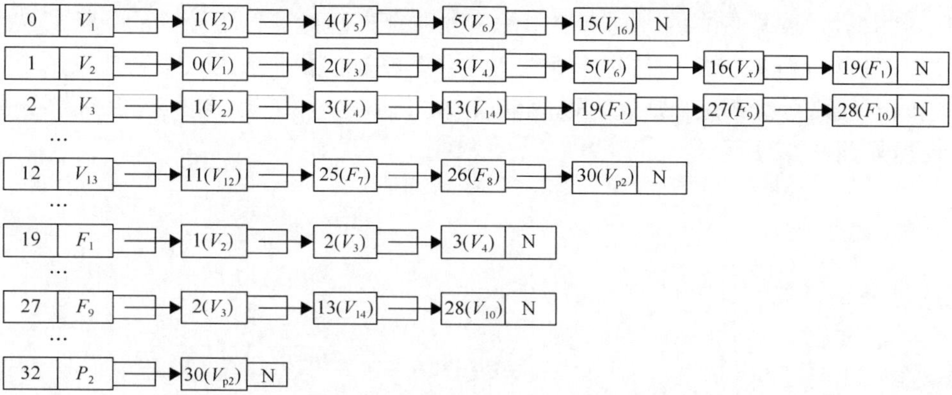

图 9.1.5　流动路径图模型的邻接表

边的连接关系及隔离阀的状态分类情况。这些特点使得邻接表结构的建立与修改可通过添加或删除邻接节点的方式快速进行，有利于根据战时受损情况对水灭火系统流动路径图模型的数据信息进行快速修正。

9.2　燃油供应系统应急使用研究

9.2.1　燃油供应模型

某动力系统的燃油供应如图 9.2.1 所示。下面以水下远距离非接触爆炸下的生命力分析为例，说明该系统的评估对象。当动力系统受到水雷攻击时，即在远距离非接触爆炸的情况下，供应管路的主要损伤模式是阀门因受冲击而损伤，一般情况下，管路不会损伤。因此，在生命力分析时，一般不将管路作为分析对象。该系统的评估对象包括：4 个输入源（T_1～T_4）分别表示 1～4 号油柜；4 个输出源（E_1～E_4）分别表示 1～4 号主机；燃油供应路径上 1～14 号油阀用 F_1～F_{14} 表示。

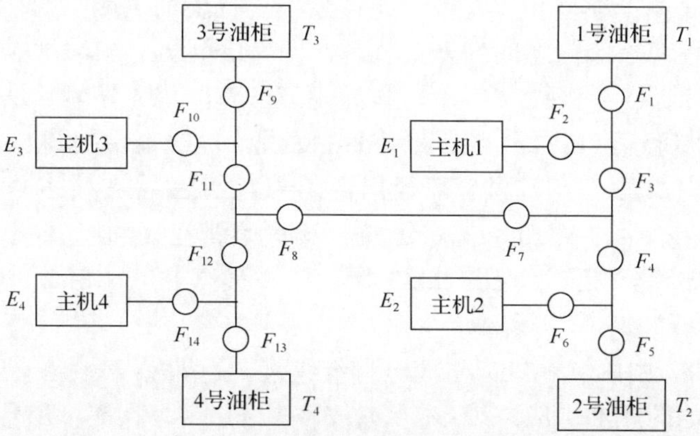

图 9.2.1　动力系统燃油供应图

由于动力系统燃油供应具有明显的点线特征，因此可以用图论的分析方法对其进行建模。将图 9.2.1 中的每个评估对象作为图模型的一个顶点，若任意两个顶点之间有油路直接相连，则认为这两个顶点之间存在一条边。图 9.2.1 所示系统的图模型如图 9.2.2 所示。

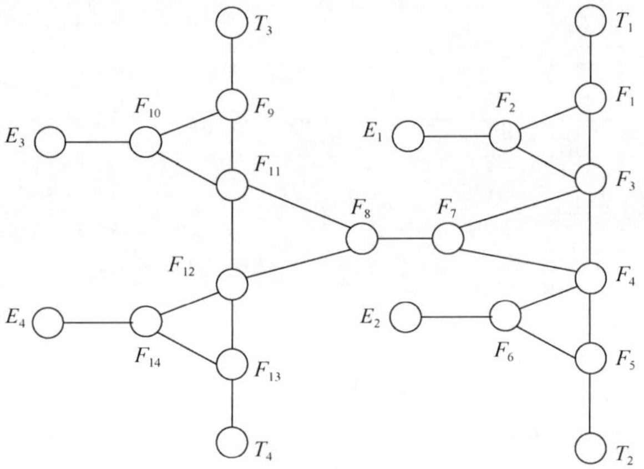

图 9.2.2　燃油供应的图模型

可以使用顶点的节点相邻集表示图的逻辑结构，因此使用数组 $L(C_i)$ 表示所有与图中元素 C_i 直接相邻的元素集合。例如，图 9.2.2 中，$L(F_{10})=\{F_9,F_{11},E_3\}$。

在此基础上，定义顶点 C_i 关于顶点 C_j 的节点相邻集 $L(C_i|C_j)$ 是指 C_i 的节点相邻集中除去元素 C_j 的剩余元素所构成的集合。若 C_j 为空集 $\varnothing$，则 $L(C_i|\varnothing)=L(C_i)$。以图 9.2.2 所示的图模型为例，$L(F_{10}|E_3)=\{F_9,F_{11}\}$；$L(F_9|T_3)=\{F_{10},F_{11}\}$。

9.2.2　燃油供应路径搜索

当输出源确定时，为说明所有燃油供应路径的查找过程，下面首先介绍如何使用数学中的“图”模型和“宽度优先搜索”进行燃油供应图的功能逻辑建模。以下的建模过程考虑阀门之间的开关状态，即考虑舰员对燃油供应路径的重构。

以 E_3 的燃油供应路径生成为例，按照上述的宽度优先搜索算法构建的部分多叉树如图 9.2.3 所示。其中，实线表示搜索过程，虚线表示回溯过程。在图 9.2.3 展示的多叉树中，有 3 个燃油供应路径集合 $A_1=\{T_3, F_9, F_{10}, E_3\}$；$A_2=\{T_3, F_9, F_{11}, F_{10}, E_3\}$；$A_3=\{T_4, F_{13}, F_{12}, F_{11}, F_{10}, E_3\}$。$A_1$ 中所有元素都在 A_2 中，A_2 不是最小燃油供应路径，应被删除。因此，在图 9.2.3 展示的多叉树中，只有 2 个燃油供应路径 A_1 和 A_3。

若对图 9.2.3 中的燃油供应生成过程继续展开，即对 F_8 的扩展树继续展开，则可以得到其他的燃油供应路径：$A_4=\{T_1, F_1, F_3, F_7, F_8, F_{11}, F_{10}, E_3\}$；$A_5=\{T_2, F_5, F_4, F_7, F_8, F_{11}, F_{10}, E_3\}$。综上可知，$E_3$ 的燃油供应路径有 4 个。

(1) A_1: $\{T_3, F_9, F_{10}, E_3\}$。

(2) A_3: $\{T_4, F_{13}, F_{12}, F_{11}, F_{10}, E_3\}$。

(3) A_4: $\{T_1, F_1, F_3, F_7, F_8, F_{11}, F_{10}, E_3\}$。

(4) A_5: $\{T_2, F_5, F_4, F_7, F_8, F_{11}, F_{10}, E_3\}$。

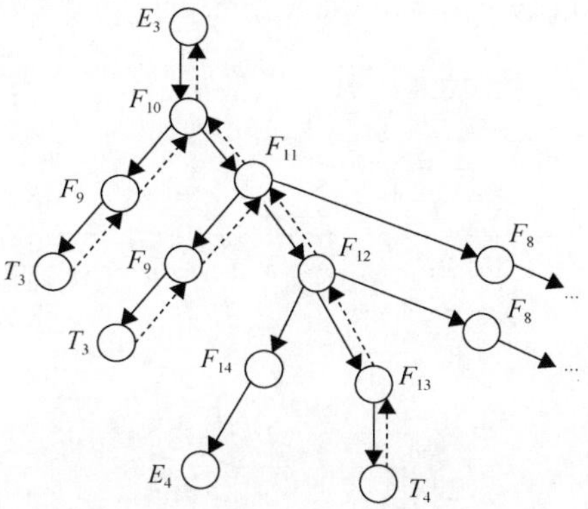

图 9.2.3　燃油供应路径生成过程

9.3　蒸汽动力系统的损伤隔离与路径重构

本节能够根据蒸汽动力系统的阀门破损情况，建立损伤隔离及影响分析算法，给出破损阀门隔离方案，并预报可用的主汽轮机个数及具备蒸汽供应能力的锅炉个数，即 X 炉 X 机工作制[1]。该算法可以辅助舰艇指挥员掌握动力系统的剩余工作能力，提高舰艇指挥员分析评估损伤状态的速度和准确度。

9.3.1　算法开发

本小节首先建立基于功能树和双层有向图耦合的主汽轮机功能可用模型，然后建立破损阀门隔离算法和供汽路径搜索算法；最后建立阀门损伤影响的分析算法，即"蒸汽动力系统工作制"分析算法[2]。

1. 基于功能树和双层有向图耦合的主汽轮机功能可用模型

主汽轮机功能可用这一事件，是由主汽轮机机体和辅助设备(燃油泵、除氧器等)通过逻辑与和逻辑或的关系构成的。因此，按照演绎分析方法，"主汽轮机可用"可以看作这一功能树的顶事件，它可根据主汽轮机系统包含设备的功能关系，建立对应的功能树。然而，主汽轮机机体及其辅助设备能够正常工作，还需要蒸汽的供应保障。因此，"主汽轮机可用"这一顶事件还与提供蒸汽供应的蒸汽管网系统密切相关。

如图 9.3.1 所示，构建的主汽轮机功能可用模型分为两部分。上半部分是主汽轮机机体及其辅助设备之间的树状功能树模型，该模型的逻辑关系是线性的。下半部分是保障主汽轮机机体及其辅助设备蒸汽供应的蒸汽管网系统。该管网系统由锅炉产生蒸汽，并通过网络状的蒸汽管系传输到主汽轮机机体及其辅助设备。很显然，描述主汽轮机机体及其辅助设备功能供应关系的模型是非线性的。

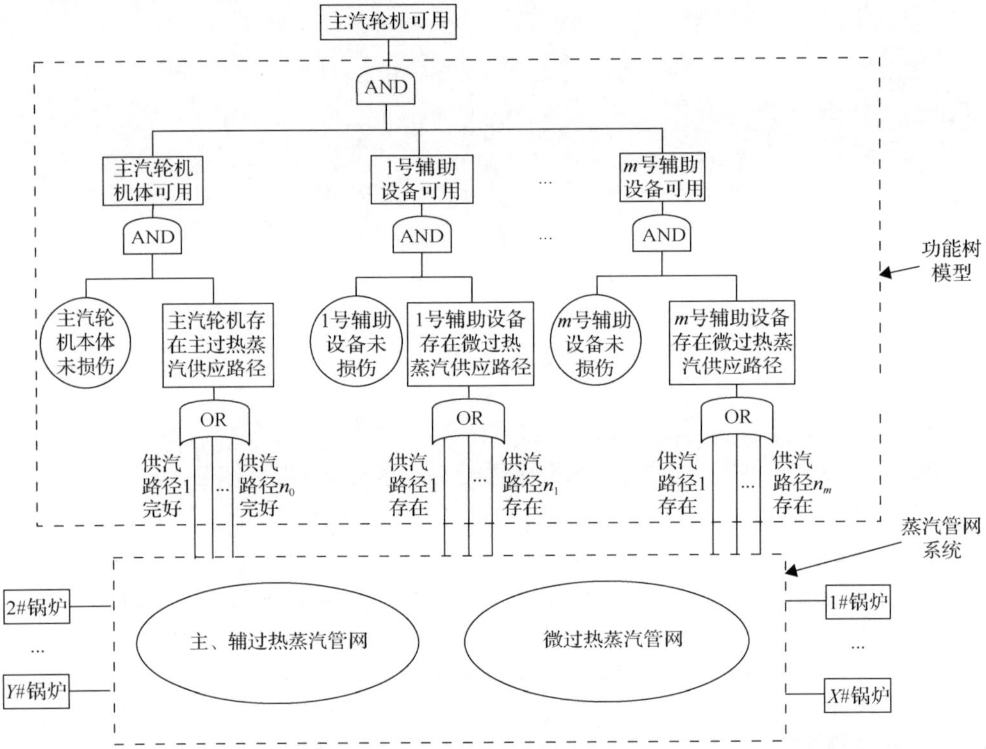

图 9.3.1　基于功能树和双层有向图耦合的主汽轮机功能可用模型

使用数学中的有向图模型，建立蒸汽管系的功能逻辑模型。由于蒸汽管网分为主、辅过热蒸汽管网和微过热蒸汽管网两个部分，因此蒸汽管系也由双层有向图模型构成。无论哪种类型的蒸汽管网，功能逻辑模型的建模方法并没有区别，主要建模步骤如下：

第 1 步，蒸汽管网功能有向图的顶点建模。设计的顶点分为三种类型，即圆点、节点和阀门点。圆点表示实际设备，即设备实体顶点都用“○”表示。节点表示管系物理连接的交汇点，用“△”表示。阀门点表示阀门所在的位置，用“□”表示。

第 2 步，蒸汽管网功能有向图的边建模。单段蒸汽管系的上下游分别与圆点、节点、阀门点的任意两个顶点相连，构成图模型的边。边是具有方向的，方向为从蒸汽上游圆点到蒸汽下游圆点。

第 3 步，蒸汽管网功能有向图的逻辑建模。使用顶点连接关系表描述蒸汽管网的功能逻辑关系。

顶点连接关系表的分析对象是各个顶点，主要记录与各个顶点相连的顶点数组。设计的顶点连接关系表数据字段格式如表 9.3.1 所示。

表 9.3.1　顶点连接关系表数据字段格式

序号	字段名称	字段含义
1	Vertex-num	顶点编号
2	Vertex-name	顶点名称
3	Vertex-adjoin-arry	与该顶点相邻接的顶点数组
4	Vertex-kind	顶点类型，取值为圆点、节点和阀门点中的任意一种
5	Vertex-condition	对于阀门顶点，若处于“打开”状态，则取值为 1；若处于“关闭”状态，则取值为 0。对于其他类型的顶点，该字段不填写
6	Vertex-lower	与该顶点相邻接的蒸汽供应下游顶点数组

2. 算子定义

为了构建破损阀门隔离算法及供汽路径搜索算法，首先给出两个算子定义。

算子 1：$L(V)$ 算子。该算子的输入为任意顶点 V，输出为与 V 相邻的顶点数组集合 $L(V)$。可通过查找顶点连接关系表的 Vertex-adjoin-arry 字段获得。

算子 2：顶点 V 的扩展树操作 Tree (V)。Tree (V) 是指以顶点 V 为根节点，以顶点 V 的下游相邻集合中的元素为子节点进行扩展所构成的一棵多叉树。可通过查找顶点连接关系表的 Vertex-lower 字段获得。

3. 破损阀门隔离算法

设计破损阀门隔离算法的主要目的是隔离破损阀门区域，并且修改顶点连接关系表的 Vertex-condition 字段值。这是设计供汽路径搜索算法的基础。

已知当前破损阀门为 V_D，设计的算法步骤如下：

第 1 步，根据当前阀门的开关状态，初始化顶点连接关系表的 Vertex-condition 字段值，并将堆栈清空。

第 2 步，针对 V_D，通过 $L(V_D)$ 算子，获得与 V_D 相连接的所有顶点数组，并将该数组的元素压入堆栈。

第 3 步，弹出当前堆栈最顶部的元素。若该元素顶点类型为阀门点，则将该元素对应的阀门关闭。若该元素顶点类型为节点或圆点，则通过查找顶点连接关系表，获得与其相连接的所有顶点数组，并将该数组的元素压入堆栈尾部。

第 4 步，对于在第 3 步中关闭的阀门，修改顶点连接关系表，将被关闭阀门对应的 Vertex-condition 字段取值设置为 0。

第 5 步，判断当前堆栈是否为空。若为空，则算法结束；若不为空，则跳转到第 3 步。

4. 供汽路径搜索算法

对于任意锅炉 Y_i 和主汽轮机 Y_j，在破损阀门隔离算法实施的基础上，设计供汽路径搜索算法如下：

第 1 步，建立多叉树 Tree-search，并将锅炉 Y_i 作为当前多叉树 Tree-search 的第一层叶子。

第 2 步，对于当前多叉树 Tree-search 的每个最底层叶子 V_i，执行 Tree(V_i)操作。

第 3 步，针对每个 Tree(V_i)的所有叶子，若存在阀门点，则在当前修改后的顶点连接关系表中查找该阀门点的 Vertex-condition 字段值，若为 0 或者该阀门点为破损点，则将该叶子从 Tree(V_i)的叶子中删除。

第 4 步，对于每个 Tree(V_i)的每个当前叶子，若存在主汽轮机 Y_j 元素，则说明存在锅炉 Y_i 到主汽轮机 Y_j 的供汽路径，算法结束；若不存在，则跳转到第 2 步。

供汽路径搜索算法是下面基于功能树和双层有向图耦合的工作制分析算法的基础。

5. 基于功能树和双层有向图耦合的工作制分析算法

第 1 步，初始化锅炉个数为 m，主汽轮机个数为 n，搜索循环号 t=1，可工作的锅炉个数为 k=m，可工作的主汽轮机个数为 s=0。

第 2 步，针对第 t 个主汽轮机，建立基于功能树和主、辅过热蒸汽管网及微过热蒸汽管网双层有向图耦合的主汽轮机功能可用模型。

第 3 步，对于当前破损阀门 V_D，利用破损阀门隔离算法，关闭相关阀门，并修改顶点连接关系表。

第 4 步，根据修改后的顶点连接关系表，利用供汽路径搜索算法，从任何一个锅炉顶点开始，对第 t 个主汽轮机机体及其辅助设备进行分析，看其是否存在供汽路径。如果不存在，那么认为第 t 个主汽轮机机体或者其辅助设备为损伤状态；如果存在一条或一条以上供汽路径，那么认为其是完好状态。

第 5 步，针对第 t 个主汽轮机机体及辅助设备的当前状态，利用功能树模型的布尔代数的运算法则，判断第 t 个主汽轮机机体是否能够工作。若能够工作，则 s=s+1。

第 6 步，t=t+1，判断 t 是否大于 n，若不大于 n，则转到第 2 步；若大于 n，则转到第 7 步。

第 7 步，对于当前所有可用的主汽轮机，汇总分析给其供汽的锅炉顶点个数(不计重复的顶点)，将该个数记为 k，并转到第 8 步。

第 8 步，当前蒸汽动力系统的工作制为“k 炉 s 机”。

9.3.2　案例计算

如图 9.3.1 所示，其顶事件为主汽轮机可用。若该顶事件成立，必须满足主汽轮机机体可用及 1～m 号辅助设备可用，即为 AND(与)的逻辑关系。对于主汽轮机机体及 1～m 号辅助设备，其功能可用必须满足自身未损伤且存在供汽(主、辅过热蒸汽及微过热蒸汽)路径，该关系同样是 AND(与)的逻辑关系。然而，对于主汽轮机机体及 1～m 号辅助设备，其供汽路径可能有多条，因此，对于供气路径存在这一中间事件，其与每条供汽路径 i 存在之间是 OR(或)的关系。然而，供汽路径 i 存在这一中间事件，与蒸汽动力系统之间是非线性关系，即无法用 AND(与)、OR(或)等基本逻辑符号描述的关系。

为了解决该问题，必须首先使用数学的有向图模型，建立供汽路径 i 存在与蒸汽动力系统之间的功能逻辑关系。然后，通过设计供汽路径搜索算法判断存在的供汽路径个数是否不少于 1 个，即是否存在供汽路径。

因此，通过供汽路径存在这一中间事件，将功能树模型和蒸汽管系的有向图模型进行耦合建模。

以图 9.3.2 所示的蒸汽动力系统物理模型为例，该蒸汽动力系统的基本构成为 4 个锅炉、2 个主汽轮机。在正常使用时，1 号锅炉和 2 号锅炉给 1 号主汽轮机供应蒸汽，3 号锅炉和 4 号锅炉给 2 号主汽轮机供应蒸汽。图 9.3.2 中共有 20 个顶点，其中阀门顶点 12 个，设备实体顶点 6 个，管系物理交汇点 2 个。图 9.3.3 是图 9.3.2 的有向图模型。使用顶点连接关系表对图 9.3.3 进行描述。在该蒸汽动力系统的初始工作条件下，阀门 6 和阀门 7 处于关闭状态，其他都处于打开状态。因此，对于阀门点 V_1～V_{12} 的 Vertex-condition 值，除了 V_6 和 V_7 对应的是 0，其他都为 1，如表 9.3.2 所示。

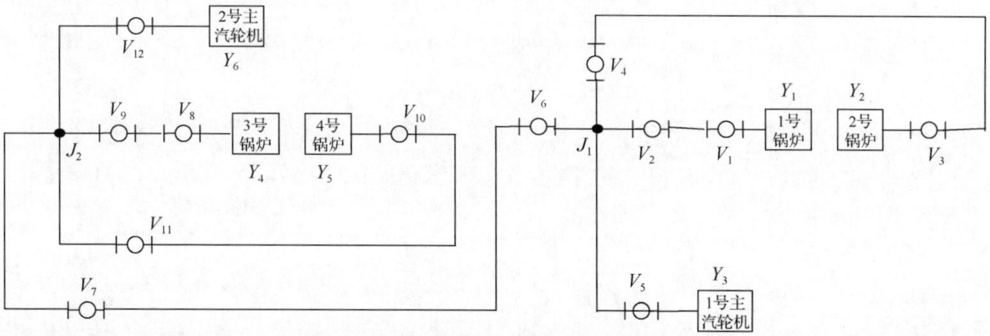

图 9.3.2　蒸汽动力系统物理模型

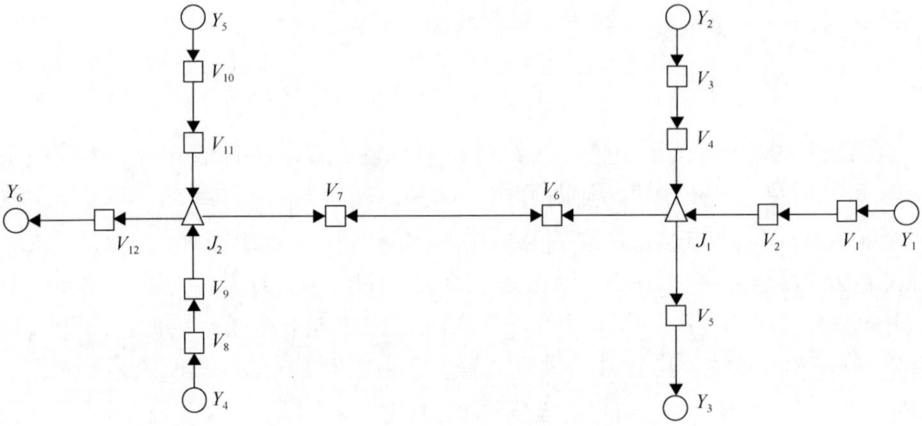

图 9.3.3　蒸汽动力系统的有向图模型

表 9.3.2　顶点连接关系表示例

Vertex-num	Vertex-name	Vertex-adjoin-arry	Vertex-kind	Vertex-condition	Vertex-lower
1	V_1	$\{V_2, Y_1\}$	阀门点	1	$\{V_2\}$
2	V_2	$\{V_1, J_1\}$	阀门点	1	$\{J_1\}$
3	V_3	$\{V_4, Y_2\}$	阀门点	1	$\{V_4\}$
4	V_4	$\{V_3, J_1\}$	阀门点	1	$\{J_1\}$
5	V_5	$\{Y_3, J_1\}$	阀门点	1	$\{Y_3\}$
6	V_6	$\{V_7, J_1\}$	阀门点	0	$\{V_7\}$
7	V_7	$\{V_6, J_2\}$	阀门点	0	$\{V_6\}$
8	V_8	$\{V_9, Y_4\}$	阀门点	1	$\{V_9\}$
9	V_9	$\{V_8, J_2\}$	阀门点	1	$\{J_2\}$
10	V_{10}	$\{V_{11}, Y_5\}$	阀门点	1	$\{V_{11}\}$
11	V_{11}	$\{V_{10}, J_2\}$	阀门点	1	$\{J_2\}$
12	V_{12}	$\{Y_6, J_2\}$	阀门点	1	$\{Y_6\}$
13	Y_1	$\{V_1\}$	圆点		$\{V_1\}$
14	Y_2	$\{V_3\}$	圆点		$\{V_3\}$
15	Y_3	$\{V_5\}$	圆点		$\varnothing$
16	Y_4	$\{V_8\}$	圆点		$\{V_8\}$
17	Y_5	$\{V_{10}\}$	圆点		$\{V_{10}\}$
18	Y_6	$\{V_{12}\}$	圆点		$\varnothing$
19	J_1	$\{V_2, V_4, V_5, V_6\}$	节点		$\{V_5, V_6\}$
20	J_2	$\{V_7, V_{11}, V_{12}, V_9\}$	节点		$\{V_7, V_{12}\}$

对于破损阀门隔离算法，假设当前破损阀门为 V_6，且初始工作条件下，阀门

6 和阀门 7 处于关闭状态，其他阀门都处于打开状态。根据该算法，如图 9.3.4 所示，首先将与 V_6 相邻接的顶点压入堆栈，即将 V_7 和 J_1 压入堆栈。然后，顺序弹出 V_7，并将 V_7 设置为关闭状态(当前 V_7 已经是关闭状态，因此其对应的 Vertex-condition 字段值不改变)。然后，弹出 J_1，由于 J_1 是节点而不是顶点，因此需要将 J_1 相邻的顶点 V_2、V_4、V_5 和 V_6 都压入堆栈。接着，V_2、V_4、V_5 和 V_6 依次出栈，并将上述 4 个元素对应的 Vertex-condition 字段值修改为 0。算法结束。

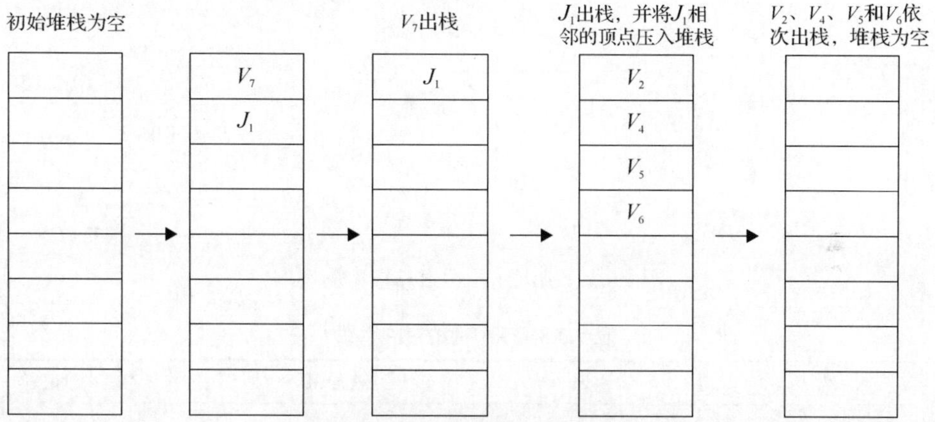

图 9.3.4　破损隔离算法实施案例

对于供汽路径搜索算法，同样假设当前破损阀门为 V_6，则通过破损阀门隔离算法修改完成 Vertex-condition 字段值后，即可实施供汽路径搜索算法。以图 9.3.5(a)为例，分析 Y_4(3 号锅炉)到 Y_6(2 号主汽轮机)是否存在供汽路径。首先对 Y_4 进行展开，扩展为单一叶子 V_8 的树。然后对 V_8 展开，扩展成叶子为 V_9 的树。再对 V_9 展开，扩展为叶子为 J_2 的树。由于 J_2 的下游相邻接顶点为 V_{12} 和 V_7，而 V_7 处于关闭状态，因此接下来扩展为叶子为 V_{12} 的树。然后，V_{12} 继续扩展为叶子为 Y_6(2 号主汽轮机)的树。很显然，通过上述树的扩展操作，可以发现 Y_4(3 号锅炉)到 Y_6(2 号主汽轮机)是存在供汽路径的，供汽路径为 Y_4—V_8—V_9—J_2—V_{12}—Y_6。

再举例分析 Y_1(1 号锅炉)到 Y_3(1 号主汽轮机)是否存在供汽路径。如图 9.3.5(b)所示，首先对 Y_1 进行展开，扩展为单一叶子 V_1 的树。然后对 V_1 展开，扩展为叶子为 V_2 的树。但是，由于在破损阀门隔离算法中，V_2 已经被设置为关闭状态，因此该树无法再进行扩展。很显然，Y_1(1 号锅炉)到 Y_3(1 号主汽轮机)是不存在供汽路径的。

同样假设当前破损阀门为 V_6，使用基于功能树和双层有向图耦合的工作制分析算法，可以得到表 9.3.3 所示的分析结果。

通过表 9.3.3 可以看出，当前工作制为“2 炉 2 机”。

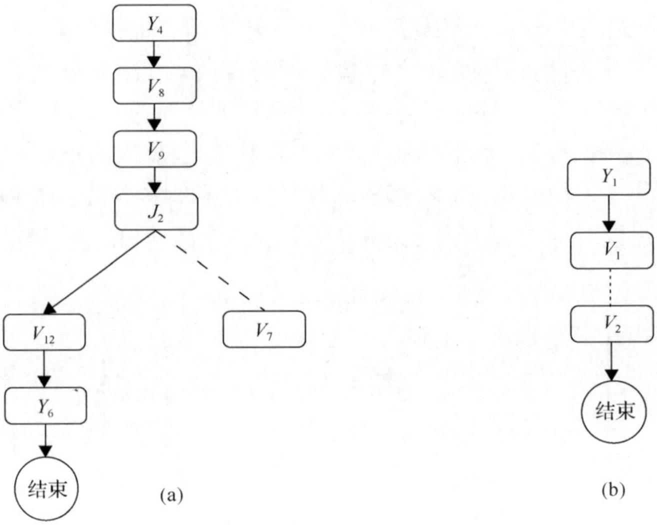

图 9.3.5　供汽路径搜索算法实施案例

表 9.3.3　工作制的分析结果

序号	锅炉	主汽轮机	是否存在供汽路径
1	1 号	1 号	不存在
2	2 号	1 号	不存在
3	3 号	1 号	不存在
4	4 号	1 号	不存在
5	1 号	2 号	不存在
6	2 号	2 号	不存在
7	3 号	2 号	存在
8	4 号	2 号	存在

参 考 文 献

[1] 侯岳, 浦金云, 李彦强, 等. 一种舰艇蒸汽动力管系损伤隔离及剩余工作制获取方法: 中国, ZL 2015103344994[P]. 2015-12-30.

[2] Schofield J. Tri-service survivability assessment SURVIVE and SURVIVE Lite[C]//European Survivability Workshop, Malvern, 2008.